装甲车辆武器系统检测与故障诊断

主　编　张金忠　李　华
副主编　杜恩祥　苏忠亭　魏曙光　赵富全

国防工业出版社

·北京·

内容简介

本书内容包括故障树分析诊断方法、导弹发控系统检测与故障诊断、振动信号检测与故障诊断、压力检测技术、光学检测技术、枪炮噪声检测技术、温度测量技术、虚拟仪器检测与诊断技术、人工智能故障诊断专家系统等。

本书可作为相关普通高等院校兵器工程专业的教材，也可作为相关科研院所、企业与部队人员的参考用书。

图书在版编目(CIP)数据

装甲车辆武器系统检测与故障诊断/张金忠,李华主编． —北京:国防工业出版社,2022.11
ISBN 978-7-118-12582-5

Ⅰ．①装… Ⅱ．①张… ②李… Ⅲ．①装甲车-武器系统-检测②装甲车-武器系统-故障诊断 Ⅳ．①TJ811

中国版本图书馆 CIP 数据核字(2022)第 189769 号

※

国防工业出版社出版发行
(北京市海淀区紫竹院南路 23 号　邮政编码 100048)
北京虎彩文化传播有限公司印刷
新华书店经售

*

开本 710×1000　1/16　插页 2　印张 22¼　字数 410 千字
2023 年 2 月第 1 版第 1 次印刷　印数 1—1000 册　定价 168.00 元

(本书如有印装错误，我社负责调换)

国防书店：(010)88540777　　书店传真：(010)88540776
发行业务：(010)88540717　　发行传真：(010)88540762

前言

本书主要介绍装甲车辆武器系统检测与故障诊断的研究现状与国内外发展情况，以及未来的发展趋势与技术展望等，是作者团队对多年从事相关技术领域研究与工程实践的总结，在写作过程中坚持问题导向、实用与理论相结合和一体化的系统设计思想。

全书共分9章。第1章绪论，从系统角度概述装甲车辆武器系统检测与故障诊断的研究内容，不仅介绍装甲车辆武器系统的检测与故障诊断的概念、分类及目的意义，还从系统角度引出装甲车辆武器系统的检测与故障诊断技术，并且介绍了国内外发展趋势，使读者对装甲车辆武器系统的检测与故障诊断有一个系统的概念和认知。第2章故障树分析诊断方法，主要通过对机械系统的基本构造进行分析，然后根据机械系统的结构特性和部队的使用情况寻找故障特点，对故障机理进行分析，重点利用故障树分析法找出武器系统故障间的关系，并针对每个故障，结合机构特点确定检测参数，为检测方法的确定奠定基础。第3章导弹发控系统检测与故障诊断，主要就典型电控类武器导弹发控系统的检测与故障诊断方法进行探讨，详述通过功能检查仪来完成导弹发控系统的检测与诊断方法。第4章振动信号检测与故障诊断，主要介绍坦克装甲车辆武器系统的振动信号检测与故障诊断方法，重点讲解信号在时域、频域、幅值域、相关域的特点、常用的诊断方法及其适用场合，并通过反后坐装置振动监测的实例分析加以说明。第5章压力检测技术，对火炮射击过程中的铜柱测压法、应变测压法、压阻测压法和压电测压法的基本原理、系统结构组成以及工程设计进行详尽阐述。第6章光学检测技术，对各类光学传感器（如光电管、光电倍增管、光敏电阻、光电池和光电三极管）的工作原理进行详尽阐述，着重介绍光学星形测径仪、光栅测径仪和火炮窥膛镜的结构组成和工作原理。第7章枪炮噪声检测技术主要介绍对枪炮噪声的测量、防范和治理，并提出噪声安全要求。第8章温度测量技术，主要介绍常用热电偶和热电阻的温度测量方法及火炮在设计及使用过程中的温度测量技术，重点介绍身管内壁温度测量、身管外壁温度测量、膛内火药燃气温度测量、反后坐装置液体温度测量等。第9章虚拟仪器检测与诊断技术，详细介绍典型的PXI总线式虚拟仪器测试系统的结构及工作原理，提出坦克炮综合检测总体方案及测试平台设计。第10章人工智能故障诊断专家系统，本章概述故障诊断技术的研究现状，重点介绍故障诊断技术的研究热点,并以装甲车辆通用炮塔电控系统故障诊断为例,详细阐述基于人工智能的装甲车辆通用炮塔电控系统故障诊断的设计方案、诊断专家系统的建立、遗传算法优化模糊神经网络的设计、通用炮塔故障诊断专家系统的实现以及系统诊断平台软件设计。

本书各章内容经团队反复研讨,分工协作,经过反复修改而成,在实际教学中使用了三年。本书的主要分工如下:第1章,张金忠;第2章,李华;第3章,杜恩祥;第4章,李华;第5章,苏忠亭;第6章,苏忠亭;第7章,魏曙光;第8章,魏曙光;第9章,苏忠亭;第10章,苏忠亭。

本书撰写过程中,陆军装甲兵学院的许多教授、专家对本书初稿提出了许多有益的修改意见。在此,对大家的大力支持和辛勤劳动一并表示衷心感谢。

由于时间仓促,加之我们学识有限,书中难免有疏漏之处,恳请广大读者批评指正。

编著者

2022 年 3 月

目录

第1章 绪论 ... 1
1.1 故障的概念与分类 ... 1
1.1.1 故障的概念 ... 1
1.1.2 故障的分类 ... 2
1.1.3 故障维修方式分类 ... 3
1.2 装甲车辆武器系统检测与故障诊断技术 ... 4
1.2.1 装甲车辆武器系统检测与故障诊断的概念 ... 4
1.2.2 装甲车辆武器系统检测与故障诊断的内容 ... 4
1.2.3 装甲车辆武器系统故障诊断的类型 ... 6
1.3 检测与故障诊断的目的和任务 ... 7
1.3.1 状态检测和故障诊断的目的 ... 8
1.3.2 装甲车辆武器系统状态检测和故障诊断的任务 ... 8
1.4 检测与故障诊断技术的发展 ... 9
1.4.1 状态检测与故障诊断的技术地位 ... 9
1.4.2 机械状态检测与故障诊断的发展方向 ... 11

第2章 故障树分析诊断方法 ... 14
2.1 故障机理及检测方法概述 ... 14
2.1.1 故障树分析的基本概念 ... 15
2.1.2 故障树分析使用的符号 ... 16
2.1.3 建立故障树 ... 18
2.2 坦克炮故障机理及检测方法 ... 20
2.2.1 炮身故障机理分析及检测方法 ... 20
2.2.2 炮闩的故障机理及检测方法 ... 25
2.2.3 反后坐装置的故障机理及检测方法 ... 34
2.2.4 高低机的故障机理及检测方法 ... 49
2.2.5 方向机故障机理分析及检测方法 ... 52
2.2.6 其他部件故障机理及检测方法 ... 57
2.3 自动武器故障机理及检测方法 ... 59
2.3.1 30mm 自动炮常见故障分析及检测方法 ... 59

  2.3.2 25mm 自动炮供弹机构故障分析及检测方法 ………………… 65
 2.4 车载机枪故障机理及检测方法 ……………………………………… 69
  2.4.1 小口径机枪故障分析及检测方法 ………………………… 69
  2.4.2 大口径高射机枪故障分析及检测方法 …………………… 73
  2.4.3 小口径并列机枪故障分析及检测方法 …………………… 76
 2.5 自动装弹机故障机理及检测方法 …………………………………… 78
  2.5.1 自动装弹机结构及功能分析 ……………………………… 78
  2.5.2 自动装弹机工作过程分析 ………………………………… 86
  2.5.3 自动装弹机控制系统故障分析 …………………………… 90
  2.5.4 自动装弹机典型故障的故障树 …………………………… 95

第 3 章 导弹发控系统故障模式分析与检测技术 ………………………… 103
 3.1 导弹发控系统的故障模式分析 ……………………………………… 103
  3.1.1 发射装置故障模式及其形成机理 ………………………… 103
  3.1.2 电视测角仪故障模式及其形成机理 ……………………… 106
  3.1.3 控制盒故障模式及其形成机理 …………………………… 108
 3.2 导弹发控系统检测技术 ……………………………………………… 111
  3.2.1 发射装置检测技术 ………………………………………… 111
  3.2.2 电视测角仪检测技术 ……………………………………… 113
  3.2.3 控制盒检测技术 …………………………………………… 114

第 4 章 振动信号检测与故障诊断 ……………………………………………… 118
 4.1 概述 …………………………………………………………………… 118
  4.1.1 振动检测原理 ……………………………………………… 118
  4.1.2 振动诊断内容 ……………………………………………… 119
 4.2 振动信号故障诊断 …………………………………………………… 124
  4.2.1 建立设备诊断档案 ………………………………………… 124
  4.2.2 振动信号故障诊断方法 …………………………………… 125
  4.2.3 测振系统的组成 …………………………………………… 129
 4.3 反后坐装置测试与诊断 ……………………………………………… 130
  4.3.1 反后坐装置振动信号及其特点 …………………………… 130
  4.3.2 坦克炮反后坐装置振动信号采集系统 …………………… 131
  4.3.3 反后坐装置振动信号特征提取 …………………………… 137
  4.3.4 反后坐装置振动信号特征分析 …………………………… 154

第 5 章 压力检测技术 …………………………………………………………… 157
 5.1 概述 …………………………………………………………………… 157

  5.1.1 压力的概念 …………………………………………………… 157
  5.1.2 火炮工程中压力测试的内容及其重要性 ………………………… 157
  5.1.3 火炮射击过程中的压力测量方法 ………………………………… 158
 5.2 铜柱(铜球)测压法 ………………………………………………………… 158
  5.2.1 铜柱测压法系统组成及工作原理 ………………………………… 159
  5.2.2 铜柱测压器和测压铜柱的选取 …………………………………… 162
  5.2.3 铜柱压力表的编制 ………………………………………………… 163
  5.2.4 铜柱测压时的压力换算 …………………………………………… 165
  5.2.5 铜柱测压数据处理 ………………………………………………… 168
  5.2.6 铜柱测压法特点 …………………………………………………… 169
  5.2.7 铜球测压法简介 …………………………………………………… 170
 5.3 应变测压法 ………………………………………………………………… 171
  5.3.1 概述 ………………………………………………………………… 171
  5.3.2 应变式压力测量系统的组成 ……………………………………… 171
  5.3.3 应变测压法的数据处理 …………………………………………… 178
  5.3.4 应变测压法特点 …………………………………………………… 179
 5.4 压电测压法 ………………………………………………………………… 179
  5.4.1 压电式压力测量系统的组成 ……………………………………… 179
  5.4.2 压电式压力传感器结构与工作原理 ……………………………… 180
  5.4.3 信号调理器的选取与应用 ………………………………………… 182
  5.4.4 压电测压法的数据处理 …………………………………………… 183
 5.5 压阻测压法 ………………………………………………………………… 183
  5.5.1 压阻式压力测量系统的组成 ……………………………………… 183
  5.5.2 压阻式压力传感器 ………………………………………………… 184
  5.5.3 电压放大器 ………………………………………………………… 185
  5.5.4 压阻式压力测量系统(传感器)特点 ……………………………… 186
 5.6 压力测量系统的标定 ……………………………………………………… 186
  5.6.1 概述 ………………………………………………………………… 186
  5.6.2 压力测量系统的静态标定 ………………………………………… 187
  5.6.3 压力测量系统的动态标定 ………………………………………… 189
 5.7 炮口冲击波压力测试 ……………………………………………………… 192
  5.7.1 炮口冲击波的概念 ………………………………………………… 192
  5.7.2 炮口冲击波压力的安全标准 ……………………………………… 194
  5.7.3 冲击波压力的测量方法 …………………………………………… 195

5.7.4　冲击波压力测量系统的标定 ······ 198
　5.8　放入式电子测压系统 ······ 199
　　　5.8.1　放入式电子测压器结构 ······ 199
　　　5.8.2　放入式电子测压器工作原理 ······ 200
　　　5.8.3　放入式电子测压器分类及性能指标 ······ 201

第6章　光学检测技术 ······ 202
　6.1　光电式传感器 ······ 202
　　　6.1.1　光电管和光电倍增管 ······ 202
　　　6.1.2　光敏电阻 ······ 203
　　　6.1.3　光电池 ······ 206
　　　6.1.4　光电三极管 ······ 207
　　　6.1.5　光电式传感器应用及分类 ······ 207
　6.2　装甲车辆武器系统常用光学检测手段 ······ 209
　　　6.2.1　光学星形测径仪 ······ 209
　　　6.2.2　光栅测径仪 ······ 211
　　　6.2.3　火炮窥膛镜 ······ 214

第7章　枪炮噪声检测技术 ······ 217
　7.1　噪声的物理度量 ······ 217
　　　7.1.1　声压级 ······ 217
　　　7.1.2　声强级 ······ 218
　　　7.1.3　声功率级 ······ 218
　　　7.1.4　分贝的运算 ······ 219
　7.2　噪声的主观评定 ······ 221
　　　7.2.1　纯音的响度级和等响曲线 ······ 221
　　　7.2.2　宽带噪声的主观评定 ······ 222
　7.3　信号测量系统组成及其工作原理 ······ 224
　　　7.3.1　声级计 ······ 224
　　　7.3.2　频率分析仪 ······ 226
　7.4　枪炮噪声的安全标准 ······ 226
　7.5　声学特性与测量要求 ······ 230
　7.6　枪炮脉冲噪声与冲击波测试仪 ······ 232

第8章　温度测量技术 ······ 238
　8.1　温度测量基础 ······ 238
　8.2　热电偶测温技术 ······ 241

  8.2.1 热电偶测温原理 …………………………………………… 242
  8.2.2 热电偶的种类和基本特性 ………………………………… 244
  8.2.3 热电偶基本结构 …………………………………………… 246
  8.2.4 热电偶的冷端温度补偿 …………………………………… 247
  8.2.5 热电偶的测温电路 ………………………………………… 250
  8.2.6 热电偶测温误差分析 ……………………………………… 251
 8.3 热电阻测温技术 ……………………………………………………… 252
  8.3.1 金属丝电阻温度计 ………………………………………… 253
  8.3.2 半导体电阻温度计 ………………………………………… 254
 8.4 热辐射测温技术 ……………………………………………………… 254
  8.4.1 全辐射高温计 ……………………………………………… 255
  8.4.2 比色高温计 ………………………………………………… 257
  8.4.3 红外辐射测温仪 …………………………………………… 259
 8.5 火炮温度测量技术 …………………………………………………… 260
  8.5.1 身管内壁温度测量 ………………………………………… 261
  8.5.2 身管外壁温度测量 ………………………………………… 263
  8.5.3 膛内火药燃气温度测量 …………………………………… 263
  8.5.4 反后坐装置液体温度测量 ………………………………… 264

第9章 虚拟仪器检测与诊断技术 ………………………………………… 265
 9.1 虚拟仪器技术 ………………………………………………………… 265
 9.2 相关的信号采集、处理技术 ………………………………………… 269
  9.2.1 多路模拟开关 ……………………………………………… 269
  9.2.2 取样保持 …………………………………………………… 270
  9.2.3 模/数转换原理 …………………………………………… 271
  9.2.4 频混现象与采样定理 ……………………………………… 272
  9.2.5 测量过程中消除噪声的方法 ……………………………… 272
  9.2.6 信号的预处理 ……………………………………………… 273
  9.2.7 滤波器 ……………………………………………………… 274
 9.3 坦克火炮综合检测总体方案及测试平台设计 ……………………… 275
  9.3.1 综合检测测试条件分析 …………………………………… 276
  9.3.2 综合检测装置总体方案 …………………………………… 277
  9.3.3 各指标检测方案设计 ……………………………………… 279
  9.3.4 综合检测测试平台设计 …………………………………… 284
 9.4 综合检测软件设计及测试应用 ……………………………………… 288

  9.4.1 软件功能定位 ·················· 288
  9.4.2 软件总流程图 ·················· 288
  9.4.3 软件开发环境 ·················· 289
  9.4.4 软件功能模块设计 ················ 291
  9.4.5 综合检测测试应用及结果分析 ··········· 294

第10章 人工智能故障诊断专家系统 ················ 297
 10.1 故障诊断技术研究概述 ················ 297
  10.1.1 故障诊断专家系统 ················ 297
  10.1.2 人工神经网络与专家系统的结合 ········· 301
 10.2 基于人工智能的装甲车辆通用炮塔电控系统故障诊断 ··· 303
  10.2.1 系统总体介绍 ·················· 303
  10.2.2 诊断专家系统的建立 ··············· 307
  10.2.3 遗传算法优化模糊神经网络的设计 ········ 317
  10.2.4 通用炮塔故障诊断专家系统的实现 ········ 323
  10.2.5 系统诊断平台软件设计 ·············· 331
  10.2.6 故障诊断系统应用实例 ·············· 340

参考文献 ·································· 344

第1章 绪　论

装甲车辆武器系统主要包括火炮、自动装弹机、导弹与自动武器等,结构越来越复杂,技术越来越先进。在现代战场上,以坦克武器为代表的装甲车辆武器系统火力越来越猛,复杂程度越来越高,维修也越来越复杂。

早期的装甲车辆武器系统维修体制基本是事后维修,即装甲车辆武器系统发生故障后再进行检测维修。随着流程化工业的推广,这种落后的管理模式直接导致的一大弊端就在于:由于过于强调以时间节点为送修依据,而不是以装备的实际技术状况(故障状况)为送修依据,在送修之前,既没有确定装备是否适于继续使用或者需要修理,也没有评定装备损坏的程度和待修理范围、等级,导致装备技术状况检查工作在很大程度上被忽略或被认为是可有可无,从而对装备管理、维修没有起到评定和指导作用。

装甲车辆武器系统不断发展的性能评价、技术状况判定、工况监测以及故障诊断等技术,是提高部队战斗力、可维修性及快速维修性的重要措施。在现代战争中,如何提高战时装备保障的及时性、准确性,使战损装甲车辆能迅速再次投入战斗,成为一个迫切需要解决的问题。测试技术对武器装备发展的支持作用越来越突出,性能测试及故障诊断能力已成为制约武器装备作战效能发挥的关键因素之一。

装甲车辆武器系统检测与故障诊断技术是测量装甲车辆武器系统状态信息、研究装甲车辆武器系统故障特征、判断装甲车辆武器系统故障、实现状态维修的一门课程,它利用各种仪器对装甲车辆武器系统状态进行测试,并对测试信号进行分析处理,提取装甲车辆武器系统的故障信息,据此判断装甲车辆武器系统的状态。

1.1　故障的概念与分类

1.1.1　故障的概念

简单地说,装甲车辆武器系统的故障是指装甲车辆武器系统功能的失常。

具体地说,装甲车辆武器系统的故障是指装甲车辆武器系统的各项技术指标(包括经济指标)偏离了它的正常状态,如:零件损坏,丧失了它的工作能力;反后坐装置漏气漏液,后坐位移过长;工作机构工作能力降低,润滑油消耗增加等,统称为故障。

1.1.2 故障的分类

随研究的角度不同,装甲车辆武器系统故障的分类方法也不同。通常有以下几种分类方法。

1. 按部件损坏程度分类

按部件损坏程度分可分为功能停止型故障、功能降低型故障和质量降低型故障3类。

(1) 功能停止型故障是指零件或装备损坏,丧失了工作能力。如自动装弹机不能启动,无法运转;火控计算机不能发动,无法计算;炮塔方向机无法转动,不能操纵炮塔转动等。

(2) 功能降低型故障是指装甲车辆武器系统虽能工作,但运行过程中装甲车辆武器系统功率降低或油耗增加。如反后坐装置工作过程中漏气漏液等。

(3) 质量降低型故障是指装备虽能工作,但在工作中出现漏油、漏电、异常噪声、喘振、不规则跳动、失稳等。

2. 按故障持续时间分类

按故障持续时间分可分为临时性故障和持久性故障两类。

(1) 临时性故障是装甲车辆武器系统在很短时间内发生的装备丧失某些局部功能的故障。这种故障发生后不需要修复或更换零部件,只需对故障部位进行调整即可恢复丧失的功能。

(2) 持久性故障是造成装备功能的丧失一直持续到更换或修复故障零部件后,才能恢复装备工作能力的故障。

3. 按故障是否发生分类

按故障是否发生分可分为实际故障和潜在故障。

(1) 实际故障是指装备已经发生的故障。

(2) 潜在故障是指装备自身可能存在故障的隐患。在生产过程中,如果严格执行装备的使用和维修规程,采取有效的故障诊断措施,能防止潜在故障发展成为实际故障。

4. 按故障发生时间分类

按故障发生时间分可分为突发性故障和渐进性故障两类。

(1) 突发性故障的发生与装备的状态变化以及装备的使用时间无关,一般是在无明显故障预兆的情况下突然发生。因此,故障的发生具有偶然性和突发性。这类故障一般在实际工作中难以预测,故又称不可监测故障。对于这类故障,如果故障发生后易于排除,则可采用事后维修的方式进行维修;如果不易排除,则需采用连续监测的方式来发现故障。

(2) 渐进性故障是由于装备质量的劣化(如磨损、腐蚀、疲劳、老化等)逐渐发展而成,故障发生的概率与装备的使用时间有关。这类故障一般是可以预测的,因此常称为可检测故障。对于这类故障可以采用定期维修或状态监测的方式来预防故障的发生。

1.1.3 故障维修方式分类

装备故障与维修方式密不可分,不同的装备故障需用不同的维修方式。目前,常用的装备故障维修方式主要有以下几种。

1. 事后维修

事后维修(break-down maintenance,BDM)即故障发生后再修理,也称坏了再修。它是最早、最常用的维修方式。由于零件坏了无法再利用,因此,事后维修的维修费用高。另外,若某些重要装备的关键零部件坏了会造成重大事故,因此使用这种维修方式要承担一定的风险。

2. 定期维修

定期维修(time-based maintenance,TBM)是按一定的时间间隔定期检修,如汽车的大修、小修等。它是为了预防装甲车辆武器系统损坏而进行的维修,故又称预防维修(preventive maintenance)。采用定期维修方式时,不管装备有无故障,一到规定的时间都要进行定期检修、更换关键零部件。因此,这种维修方式一方面可能存在过剩维修;另一方面又可能出现提前失效而具有一定的危险性。

3. 状态监测

状态监测(condition-based maintenance,CBM)是对装备进行监测,根据装备有无故障及装备性能的恶化程度决定是否需要进行维修。因此,状态监测又称预测维修(predictive maintenance)或视情维修。它克服了以上两种维修方式的不足,具有许多优点。

(1) 避免过剩维修,防止因不必要拆卸使装甲车辆武器系统精度降低,从而延长装甲车辆武器系统使用寿命;

(2) 减少维修时间,提高生产效率和经济效率;

(3) 减少和避免重大事故;

(4) 降低维修费用。

多年来人们习惯使用的维修方式是事后维修和定期维修，因此，目前生产中大多仍使用事后维修、定期维修。加快进行维修体制的改革，由事后维修、定期维修向状态监测过渡，实行状态监测，进行装备故障诊断势在必行。

1.2　装甲车辆武器系统检测与故障诊断技术

1.2.1　装甲车辆武器系统检测与故障诊断的概念

简单地说，装甲车辆武器系统状态检测与故障诊断就是对装甲车辆武器系统的运行状态作出判断。具体来说，它一般是指装甲车辆武器系统在不拆卸的情况下，用仪器、仪表获取有关输出参数和信息，并据此判断装甲车辆武器系统运行状态的一种技术手段。

装甲车辆武器系统的状态检测与故障诊断可比拟为人体疾病诊断。常用的人体疾病诊断方法有量体温、化验、量血压、测脉搏、听心音、做心电图、X射线检测、超声波诊断等。对应地，装甲车辆武器系统状态检测与故障诊断方法有温度诊断、油样诊断、应力应变测量、振动和噪声诊断、声发射诊断、红外诊断、超声波无损探伤等。表1-1所列为装甲车辆武器系统故障诊断与人体疾病诊断的比较。

表1-1　装甲车辆武器系统故障诊断与人体疾病诊断的比较

人体疾病诊断方法	装甲车辆武器系统故障诊断方法	原理及特征信息
量体温	温度诊断	观察温度变化
化验（验血、验尿）	油样诊断	观察磨粒及其他成分变化
量血压	应力应变测量	观察压力和应力变化
测脉搏、听心音、做心电图	振动和噪声诊断、声发射诊断	通过振动和噪声的大小及变化规律来诊断
X射线检测、超声波诊断	红外诊断、超声波无损探伤	观察机体内部缺陷

1.2.2　装甲车辆武器系统检测与故障诊断的内容

装甲车辆武器系统检测与故障诊断主要包括以下几部分内容。

1. 状态信号采集

对运行中装甲车辆武器系统的状态进行正确的测试，获取合理的信号——状态信号。状态信号是装甲车辆武器系统异常或故障信息的载体，能够真实、充分地采集到足够数量，客观反映诊断对象的状态信号，是故障诊断成功的关键;否则,以后各环节再完善也是无效的。因此,状态信号采集的关键就是要确保采集到的信号的真实性。

2. 故障特征提取

采集到的信号是表征装甲车辆武器系统运行过程中的原始状态信号。一般故障信息混杂在大量背景噪声、干扰中,为提高故障诊断的灵敏度和可靠性,必须采用信号处理技术,排除噪声、干扰的影响,提取有用故障信息,以突出故障特征。

3. 故障识别

对提取反映装甲车辆武器系统故障特征的信息进行分析、比较、识别,判断装甲车辆武器系统运行中有无异常征兆,以进行早期诊断。若发现故障,则判明故障位置和故障原因。

4. 状态预测

当识别出装甲车辆武器系统状态异常或故障后,必须进一步对装甲车辆武器系统异常或故障的原因、部位和危险程度进行评估,即根据所得信息,预测装甲车辆武器系统运行状态和发展趋势。

要进行装甲车辆武器系统的状态检测与故障诊断,首先要获取装甲车辆武器系统运行过程中的诊断信息,常用的方法有直接观察、振动和噪声测量、磨损残余物测量和性能指标测量等。

对装甲车辆武器系统进行直接观察和直接测量,可以获得装甲车辆武器系统运行状态的第一手资料。直接观察是通过人的感观(手摸、耳听、眼看)或借助于一些简单仪器(光学内孔检查仪、热敏涂料、裂纹着色渗透剂等)直接观察装甲车辆武器系统的工作状态。直接测量就是利用一些简单方法、简单仪表和仪器(如超声波探测仪、红外测温仪等)直接测量装甲车辆武器系统零件的性能状况,如直接测量管壁的厚度了解管壁的腐蚀情况等。这类方法只局限于能够直接观察和测量到的零部件。

振动和噪声是装甲车辆武器系统运行过程中的重要信息。运行装备和静止装备的主要区别就是运行过程中装备产生了振动和噪声,而且装备的振动和噪声越大说明装备性能越差、工作状态越差。因此,振动和噪声反映了装甲车辆武器系统的工作状态。

装甲车辆武器系统中使用过的润滑油中磨损残余物及其他杂质的形状、大小、数量、粒度分布及元素组成反映装甲车辆武器系统零件(轴承、齿轮、活塞环、缸套等)在运行过程中的完好状态。

装甲车辆武器系统的性能指标反映了装甲车辆武器系统的工作状态和工作性能,可用来判断装甲车辆武器系统的故障。

1.2.3　装甲车辆武器系统故障诊断的类型

装甲车辆武器系统故障诊断的分类方法很多,下面主要按诊断的目的、要求来进行分类。

1. 功能诊断和运行诊断

功能诊断是针对新安装或刚维修后的装甲车辆武器系统,检查它们的运行工况和功能是否正常,并根据检测和判断的结果对其进行调整,如发动机安装或修理好后的检查。功能诊断的主要目的是观察装甲车辆武器系统能否达到规定的功能。

运行诊断是针对正常运行中的装甲车辆武器系统,监视其故障的发生和发展而进行的诊断。运行诊断的目的是观察正常工作中的装甲车辆武器系统是否发生异常现象,以便及早发现、及早排除故障。

2. 定期诊断和连续诊断

定期诊断是每隔一定时间间隔对工作状态下的装甲车辆武器系统进行常规检查和测量诊断。它不同于定期维修。定期维修是每隔一定的时间间隔,不管装甲车辆武器系统的状态如何,都要对其进行维护修理,更换关键零部件。而定期诊断则是每隔一定的时间间隔对装甲车辆武器系统进行测量和诊断,在诊断中发现装甲车辆武器系统有故障时才进行修理。

连续诊断是采用仪器及计算机信号处理系统对装甲车辆武器系统的运行状态进行连续的监视或检测,因此,连续诊断又称连续监测、实时监测或实时诊断。

对于一台装甲车辆武器系统,究竟采用哪种诊断方法主要取决于以下因素。

（1）装甲车辆武器系统的关键程度;

（2）装甲车辆武器系统产生故障后对整个装甲车辆武器系统影响的严重程度;

（3）运行中装甲车辆武器系统性能下降的快慢;

（4）装甲车辆武器系统故障发生和发展的可预测性。

表1-2列出了采用定期诊断或者连续诊断的条件。

表1-2　采用定期诊断或者连续诊断的条件

性能下降速度	故障不可预测	故障可预测
快	连续诊断	定期诊断
慢	定期诊断	定期诊断

3. 直接诊断和间接诊断

直接诊断是直接确定关键零部件的状态,如轴承间隙、齿轮齿面磨损、轴或叶片的裂纹、腐蚀环境下管道的壁厚等。直接诊断迅速而且可靠,但往往受到装甲车辆武器系统结构和工作条件的限制而无法实现。一般仅用于装甲车辆武器系统中易于测量的部位。

间接诊断是利用装甲车辆武器系统产生的二次信息来间接判断装甲车辆武器系统中关键零部件的状态变化,如用润滑油的温升反映主轴承的磨损状态,用振动、噪声反映装甲车辆武器系统的工作状态等。由于二次信息属于综合诊断信息,因此在间接诊断中可能出现伪警或漏检。

4. 简易诊断和精密诊断

简易诊断是用比较简单的仪器、方法对装甲车辆武器系统总的运行状态进行诊断,给出正常或异常的判断,相当于人的初级健康诊断。简易诊断简单易行,方法比较成熟,目前较为普及。简易诊断主要用于装甲车辆武器系统性能的监测、故障劣化趋势分析及早期发现故障等。

精密诊断是针对简易诊断中判断大概有异常的装甲车辆武器系统进行专门的诊断,以进一步了解装甲车辆武器系统故障发生的部位、程度、原因,预测故障发展趋势。精密诊断需要较为精密的仪器才能进行。它的主要目的是分析装甲车辆武器系统异常的类型、原因、危险程度,预测其今后的发展。

5. 在线诊断和离线诊断

在线诊断是对现场正在运行中的装甲车辆武器系统进行的自动实时诊断。

离线诊断是通过记录仪或计算机将现场测量的状态信号记下,带回实验室再结合诊断对象的历史档案作进一步分析和诊断。

6. 常规诊断和特殊诊断

常规诊断是在装甲车辆武器系统正常工作条件下采集信息进行的诊断。大多数情况下的诊断都属于常规诊断。

1.3 检测与故障诊断的目的和任务

随着生产的发展和科学技术的进步,装甲车辆武器系统的结构越来越复杂,功能越来越完善,自动化程度也越来越高。由于各种各样不可避免的因素的影响,导致装甲车辆武器系统出现各种故障,以致降低或失去其预定的功能,造成严重的甚至灾难性的事故。因此,保证装甲车辆武器系统的安全运行,消除事故,是十分迫切的研究课题。

装甲车辆武器系统运行的安全性与可靠性取决于两个方面:①保证装甲车

辆武器系统设计与制造中各项技术指标的实现,如采用可靠性设计、提高安全性措施等;②落实装甲车辆武器系统安装、运行管理、维修和诊断措施。现在装甲车辆武器系统设备诊断技术、修复技术和润滑技术已列为我国设备管理和维修工作的3项基础技术,成为推进装甲车辆武器系统管理现代化、保证装甲车辆武器系统安全可靠运行的重要手段。

1.3.1 状态检测和故障诊断的目的

(1) 及时、正确地对装甲车辆武器系统各种异常状态或故障状态做出诊断,预防或消除故障,提高装甲车辆武器系统运行的可靠性、安全性和有效性,将装甲车辆武器系统故障的损失降低到最低水平。

(2) 保证装甲车辆武器系统发挥最大的工作能力,制定合理的检测维修制度,充分挖掘装甲车辆武器系统潜力,延长装甲车辆武器系统服役期限和使用寿命,降低其全寿命周期费用。

(3) 通过检测监视、故障分析、性能评估等,为装甲车辆武器系统结构修改、优化设计、合理制造及生产过程提供有效的数据和信息。

总之,装甲车辆武器系统状态检测与故障诊断既要保证装甲车辆武器系统的安全可靠运行,又要获取更大的经济和社会效益。

1.3.2 装甲车辆武器系统状态检测和故障诊断的任务

通常装甲车辆武器系统的状态可分为正常状态、异常状态和故障状态几种情况。正常状态指装甲车辆武器系统的整体或局部没有缺陷,或虽有缺陷但其性能仍在允许的限度内。异常状态指缺陷已有一定程度的扩展,使装甲车辆武器系统状态信号发生一定程度的变化,装甲车辆武器系统性能已劣化,但仍能维持工作。此时,注意装甲车辆武器系统性能的发展尤为重要。故障状态则是指装甲车辆武器系统性能指标大幅下降,已不能维持正常工作。装甲车辆武器系统的故障状态还有严重程度之分,包括已有故障萌生并有进一步发展趋势的早期故障;故障程度尚不严重,装甲车辆武器系统尚可勉强"带病"运行的一般功能性故障;发展到装甲车辆武器系统不能运行须立即停机的严重故障;已导致灾难性事故的破坏性故障;由于某种原因瞬间发生的突发性紧急故障等。

状态检测和故障诊断的任务是了解和掌握装甲车辆武器系统的运行状态,包括采用各种检测、测量、监视、分析和判别方法,结合装甲车辆武器系统的历史和现状,考虑环境因素,对装甲车辆武器系统运行状态进行评估,判断其处于正常还是非正常状态,并对装甲车辆武器系统的状态进行显示和记录,对异常状态作出报警,以便运行人员及时处理,为装甲车辆武器系统的故障分析、性能评估、合理使用和安全工作提供信息和准备基础数据。

1.4 检测与故障诊断技术的发展

1.4.1 状态检测与故障诊断的技术地位

对机械进行故障诊断,实际上自有工业生产以来就已存在。早期人们依据对设备的触摸,对声音、振动等状态特征的感受,凭借工匠的经验,可以判断某些故障的存在,并提出修复的措施。例如,有经验的工人常利用听音棒来判断旋转机械轴承及转子的状态。但是,故障诊断技术作为一门学科,则是20世纪60年代以后才发展起来。它是20世纪60年代开始起步、70年代逐步完善、80年代进入实用的一门发展极为迅速的综合性应用学科。

机械故障诊断首先应用于航空事业,然后才应用于一般机械。20世纪60年代初到70年代末是机械故障诊断技术的起步阶段,最早开展故障诊断技术研究的是美国。美国1961年开始执行阿波罗计划后出现了一系列设备故障,促使1967年在美国国家航空航天局(NASA)倡导下,由美国海军研究室(ONR)主持的美国机械故障预防小组(MFPG),积极从事故障诊断技术的研究和开发。1971年,MFPG划归美国国家标准局(NSB)领导,成为一个官方领导的组织。美国机械工程师学会(ASME)领导下的锅炉压力容器监测中心(NBBI)对锅炉压力容器和管道等设备的诊断技术作了大量的研究,制定了一系列有关静态设备设计、制造、试验和故障诊断及预防的标准规程,并研究推行设备的声发射(acoustic-mission)诊断技术。其他如Johns Mitchell公司的超低温水泵和空压机监测技术,SPIRE公司的用于军用机械的轴与轴承诊断技术,TEDECO公司的润滑油分析诊断技术等都在国际上具有特色。在航空运输方面,美国在可靠性维修管理的基础上,大规模地对飞机进行状态检测,发展了应用计算机的飞行器数据综合系统(AIDS),利用大量飞行中的信息来分析飞机各部位的故障原因并能发出消除故障的命令。这些技术已普遍用于波音747和DC9客机,大大提高了飞行的安全性。在旋转机械故障诊断方面,首推美国西屋公司(WHEC),从1976年开始研制,到1990年已研制成功网络化的汽轮发电机组智能化故障诊断专家系统,其3套人工智能诊断软件(汽轮机Turbin AID,发电机Gen AID,水化学Chem AID)共有诊断规则近1万条,已对西屋公司所产机组的安全运行发挥了巨大的作用,取得了巨大的经济效益。另外,还有以Bentley Navada公司的DDM系统和ADRE系统为代表的多种机组在线监测诊断系统等。

在 20 世纪 60 年代末 70 年代初，以 R. A. Collaeott 为首的英国机械保健中心（U K Mechanical Health Monitoring Center）开始诊断技术的开发研究。1982年，曼彻斯特大学成立了沃福森工业维修公司（WIMU），还有 Michael Zealand Associate 公司等几家公司，担任政府的顾问、协调和教育工作，开展了咨询、制定规划、合同研究、业务诊断、研制诊断仪器、研制监测装置、开发信号处理技术、教育培训、故障分析、应力分析等业务活动。在核发电方面，英国原子能机构（UKAEA）下设一个系统可靠性服务站（SRS）从事诊断技术的研究，包括利用噪声分析对炉体进行监测，以及对锅炉、压力容器、管道的无损检测等，起到英国故障数据中心的作用。在钢铁和电力工业方面，英国也有相应机构提供诊断技术服务。

机械诊断技术在欧洲其他一些国家也有很大进展，并且在某一方面具有特色或占领先地位，如瑞典的 SPM 轴承监测技术、挪威的船舶诊断技术、丹麦的振动和声发射技术等。

如果说美国在航空、核工业以及军事部门中诊断技术占有领先地位，日本则在某些民用工业，如钢铁、化工、铁路等部门发展很快，占有某种优势。他们密切注视世界性动向，积极引进消化最新技术，努力发展自己的诊断技术，研制自己的诊断仪器。例如，1970 年英国提出了设备综合工程学后，日本设备工程师协会紧接着在 1971 年开始发展自己的全员生产维修（TPM），并每年向欧美派遣"设备综合工程学调查团"，了解诊断技术的开发研究工作，于 1976 年基本达到实用阶段。日本机械维修学会、计测自动控制学会、电气学会、机械学会也相继设立了自己的专门研究机构。国立研究机构中，机械技术研究所和船舶技术研究所重点研究机械基础件的诊断技术。东京大学、东京工业大学、京都大学、早稻田大学等高等学校着重基础性理论研究。其他民办企业，如三菱重工、川崎重工、日立制作所、东京飞利浦电气等以企业内部工作为中心开展应用水平较高的实用项目。例如，三菱重工在旋转机械故障诊断方面开展了系统的工作，所研制的"机械保健系统"在汽轮发电机组故障监测和诊断方面已起到了有效的作用。

我国于 1983 年发布了《国营工业交通设备管理试行条例》，1987 年国务院正式颁布了《全民所有制工业交通企业设备管理条例》，条例规定："企业应当积极采用先进的设备管理方法和维修技术，采用以设备状态检测为基础的设备维修方法"。其后，冶金、机械、核工业等部门还分别提出了具体实施要求，使我国故障诊断技术的研究和应用在全国普遍展开。自 1985 年以来，由中国设备管理协会设备诊断技术委员会、中国振动工程学会机械故障诊断分会和中国机械工程学会设备维修分会分别组织的全国性故障诊断学术会议已先后召开十余次,后单独成立了全国性工程机械故障诊断学会,并于 1998 年 10 月召开了第一届全国诊断工程技术学术会议,这些都极大地推动了我国故障诊断技术的发展。全国各行业都很重视在关键设备上装备故障诊断系统,特别是智能化的故障诊断专家系统,其中突出的有电力系统、石化系统、冶金系统以及高科技产业中的核动力电站、航空部门和载人航天工程等。工作比较集中的是大型旋转机械故障诊断系统,已经开发了二十多种的机组故障诊断系统和十余种可用来做现场简易故障诊断的便携式现场数据采集器。一些高等院校已培养了一批以设备故障诊断技术为专业方向的硕士研究生和博士研究生。我国的故障诊断事业正在蓬勃发展,将在我国经济建设中发挥越来越大的作用。

1.4.2 机械状态检测与故障诊断的发展方向

目前,各种以计算机为主体的自动化诊断系统问世并投入了使用,反映当前故障诊断技术发展有以下几个主要方向。

1. 诊断装置系统化

为实现诊断自动化,把分散的故障诊断装置系统化,与电子计算机相结合,实现状态信号采集、特征提取、状态识别自动化,能以显示、打印绘图等各种方式自动输出机器故障"病历"——诊断报告。目前,虚拟仪器技术的开发为诊断装置的系统化提供了非常有利的条件。

2. 智能化专家系统

故障诊断的专家系统是一种拥有人工智能的计算机系统,它不但具有系统诊断的全部功能,而且还将许多专家的经验智慧和思想方法同计算机巨大的存储、运算和分析能力相结合,组成共享的知识库。利用人工神经网络、遗传算法(genetic algorinm,GA)及专家系统组成的智能化专家系统是故障诊断专家系统的高级形式,是故障诊断发展的必然趋势。

3. 机电液一体化的故障诊断技术

在科技高度发展的今天,先进的机械不再是一个简单的机械物理运动的载体,而是一个集机械、电子、计算机、液压等于一体的大型复杂机械。由于现代大型复杂机械高昂的研制代价以及发生故障后造成的灾难性后果,其可靠性的要求非常严格,但严重事故仍然时常发生。因此,集机电液一体化的故障诊断技术受到了机械领域科研人员的高度重视,并得到了迅速发展。

4. 多源信息融合技术

目前各种监测手段、诊断和控制方法大多利用单一信息源数据对机械某一类特定故障实施诊断和控制,缺乏对多源多维信息的协同利用、综合处理,也未能充分考虑诊断对象的系统性和整体性,因而在可靠性、准确性和实用性方面都存在着不同程度的缺陷。

近年来迅速发展起来的多源信息融合技术,是研究对多源不确定性信息进行综合处理及利用的理论和方法。目前,该技术已成功地应用于众多的领域,其理论和方法已成为智能信息处理及控制的一个重要研究方向。多源信息融合技术的发展和应用也为机械故障诊断技术注入了新的活力,使基于多传感器或多方法综合的故障诊断技术具备了系统化的理论基础和智能化的实现手段。以传感器技术和现代信号处理技术为基础,以多源信息融合技术为核心的智能诊断技术代表了当今故障诊断技术的发展方向。

5. 远程故障诊断技术

远程故障诊断技术就是通过机械故障诊断技术与计算机网络技术相结合,在各种机械上建立状态检测点,采集机械状态数据;而在技术力量较强的科研单位建立诊断中心,对设备运行进行分析诊断的一项新技术。远程故障诊断与维护的实现可以使机械的故障诊断更加灵活方便,也能实现资源共享。

远程故障诊断技术目前还处于发展初期,还有很多问题尚待解决,这包括故障诊断技术本身要解决的问题及网络技术的问题。但是,无论是从经济观点出发,还是从整个施工来考虑,借助互联网,准确、及时、有效地实现机械远程故障诊断的方法都值得关注和研究。

20世纪40年代,人们就开始采用检查仪表代替人工对重要设备进行状态检测。最早开展故障检测诊断研究的是美国,自1961年美国执行"阿波罗"计划后,出现了一系列设备故障,迫使美国开展检测诊断技术的研究工作,成立了国家装甲车辆武器系统故障诊断研究所。1967年4月,由美国海军研究室主持召开了全美装甲车辆武器系统故障预防小组成立大会,标志着现代故障诊断技术的诞生。

在装备故障检测、诊断及维修等方面,我国技术的相对落后,对于坦克炮故障检测的研究一开始仅仅是属于实际操作和个人经验的范畴。目前,我军基层部队使用的技术手册和修理指南仍是这种类型。我军从20世纪七八十年代开始,根据苏联等外国经验开始培养使用干部,出版了坦克使用与维修方面的教科书和专著,初步建立故障检测学科的雏形。此后,在全军相关的军事院校开展了大量的科研,对坦克系统故障诊断分析及维修制度的建立等方面在理论和实践上都有了较快的发展。与此同时,还吸取和借鉴外军在这方面的研究成果。但是,由于自身技术的相对落后及西方一些国家对中国的技术封锁,我军故障诊断技术仍处于自我摸索和实践过程中,对于故障诊断的实际使用还存在巨大的差距。因此,几乎所有的科研人员都将目光瞄准在高精尖技术上,却忽略了一些低科技含量技术的实际使用,坦克炮故障检测这方面的重视程度就远远不够。

　　主战坦克战技术性能的落后加上国内科研力量的重心倾向高精尖技术,直接导致坦克炮故障检测研究的停滞不前。但是作者通过实地调研却发现,基层部队对于类似的故障自有一套应付方法:①经验检测法解决;②报修;③换件。真正实战中这些方法很有可能行不通:一是战损坦克故障多样化,光靠在和平时代积累的维修经验远远不够;二是战场条件下不会有充足时间去报修、换件修理。

第2章

故障树分析诊断方法

装甲车辆武器系统主要包括火炮、自动装弹机、导弹与自动武器等,主要由机械系统、电气系统、机电一体化系统组成,其中主要的是机械系统。长期以来,对于机械系统的状态检测与故障诊断,主要通过对机械系统的基本构造进行分析,然后根据机械系统的结构特性和部队的使用情况,寻找故障特点,对故障机理进行分析。利用故障树分析法,找出故障间关系,针对每个故障,结合其机构特点,确定检测方法,对故障实施排除。因此,故障树分析(法)(fault tree analysis,FTA)是机械系统可靠性分析和故障诊断技术中一种相当有效的分析方法。

本章主要介绍故障树分析法的基本概念,以及应用故障树分析法对坦克炮、自动武器、自动装弹机进行故障分析的方法步骤。

2.1 故障机理及检测方法概述

任何产品在使用过程中,由于各种各样的原因而导致其中某些系统、部件发生故障,影响产品的正常使用。如何分析故障发生的原因呢?我们不妨从两个方面去考虑:一是某些部件失效后,会引起包含这些部件在内的系统发生什么样的故障状态;二是某些故障状态已经发生,是哪个部件失效造成的。前者需要用归纳法查出故障原因;后者可以用分析系统故障原因的演绎法来回答。

归纳法是从个别情况推出一般结论,首先假设某些可能的部件状态(故障),然后确定对整个系统相应的影响,即从元件至系统的"自上而下"的分析,常用的方法是故障模式、影响及其危害性分析和故障模式影响分析。

演绎法就是从一般到个别的推理。在系统的演绎分析中,我们假设系统已经故障,然后找出哪些部分故障(失效)造成了这种故障。常用的方法是故障树分析法。

2.1.1 故障树分析的基本概念

故障树分析法是可靠性分析和故障诊断技术中一种相当有效的分析方法。它是基于故障的层次特性及故障成因和后果的关系,将系统故障形成的原因由总体至部件按树枝状逐级细化的分析方法。因此,故障树分析法是一种由果到因的演绎分析方法。

故障树分析法在航天、核能、电力、电子、化工等领域得到了广泛应用。1961—1962年,美国贝尔(Bell)电话实验室的Watson和Mearns首先利用故障树分析对"民兵"式导弹的发射控制系统进行了安全性预测。其后,波音公司的Hassle、Shredder和Jackson等研制出故障树分析计算程序,使飞机设计有了重要的改进。1974年,美国核研究委员会(NRC)发表了麻省理工学院(MIT)以Rasmussen教授为首的安全小组采用事件树分析(event tree analysis,ETA)和故障树分析写的"商用轻水堆核电站事件危险性评价"报告,该报告分析了现有大型核电站可能发生的各种事故的概率,并由此肯定了核电站的安全性。这一报告的发表引起了很大的反响,并使故障树分析从宇航、核能推广到电子、化工和机械等工业部门以及社会问题、经济管理和军事决策等领域。

故障树分析在工程上可应用于设计、管理和维修等环节。在设计中,应用故障树分析可以帮助设计者辨别机械系统的故障模式和成功模式;预测系统的安全性和可靠性,评价系统的风险;衡量零部件对系统的危害度和重要度,找出系统的薄弱环节,以便在设计中采取相应的改进措施;通过故障树模拟分析,可实现系统优化。在管理和维修中,可进行事故分析和系统故障分析;制定故障诊断和检修流程,寻找故障检测最佳部位和分析故障原因;完善使用方法,制定维修决策,以便采取有效的维修措施,切实预防故障的发生。

故障树分析中:首先把所研究系统最不希望发生的故障状态作为故障分析的目标,这个最不希望发生的系统故障事件称为顶事件(top event);然后找出直接导致这一故障发生的全部因素,它可能是部件中硬件失效、人为差错、环境因素及其他有关事件,把它们作为第二级;最后找出造成第二级事件发生的全部直接因素作为第三级,如此逐级展开,一直追溯到那些不能再展开或无须再深究的最基本的故障事件为止。这些不能再展开或无须再深究的最基本的故障事件称为底事件(bottom event);而介于顶事件和底事件之间的其他故障事件称为中间事件(intermediate event)。把顶事件、中间事件和底事件用适当的逻辑门自上而下逐级连接起来所构成的逻辑结构图就是故障树,图2-1所示为机械系统故障树分析的案例。图2-1说明机械系统的故障是由部件A或部件B故障所引起;而部件A的故障又由零件1和零件2同时失效引起;部件B的故障由零件3或零件4失效引起。

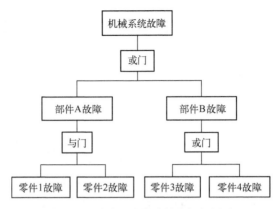

图2-1 机械系统故障树分析的例子

故障树相当直观、形象地表述了系统的内在联系和逻辑关系。如果从故障树的顶事件向下分析,就可找出机械系统故障与哪些部件、零件的状态有关,从而全面弄清引起系统故障的原因和部位;如果由故障树的下端——每个底事件往上追溯,则可分辨零件、部件故障对系统故障的影响及其传播途径,当各底事件的概率分布已知时,就可评价各零件、部件的故障对保证系统可靠性、安全性的重要程度。

故障树分析既可用来分析系统硬件(部件、零件)本身固有原因在规定的工作条件所造成的初级故障事件,又可考虑一个部件或零件在不能工作的环境条件下所发生的任何次级故障事件,还可考虑由于错误指令而引起的指令性人为故障事件。而且当故障树建成后,对没有参与系统设计与试制的管理和维修人员来说,也不难掌握,可作为使用、管理、维修和培训的指导性技术指南,使用灵活、方便。

目前,故障树分析可借助于电子计算机进行辅助建树,有效地提高了复杂系统故障树分析的效率,它既可定性分析,又可定量分析,在工程实际中广泛应用。

故障树分析的缺点主要是对复杂系统建立故障树时工作量大,数据收集困难,并且要求分析人员对所研究的对象必须有透彻的了解,具有比较丰富的设计和运行经验,以及较高的知识水平和严密清晰的逻辑思维能力。否则,在建立故障树的过程中易导致错漏和脱节。大型复杂系统的故障树分析占用计算机的内存和机时很多,对于时变系统及非稳态过程需与其他方法密切配合使用。

2.1.2 故障树分析使用的符号

故障树中使用的符号可分为事件符号和逻辑门符号两大类。

1. 初级事件

故障树的初级事件就是那些由于种种原因不能进一步分解的事件。如果要计算顶事件的概率,这些事件的概率就必须给定。初级事件共有 4 种类型。

(1) 基本事件,如图 2-2(a)所示,用圆来表示不用进一步展开的基本初始故障事件。换句话说,它意味着已经达到了适当的分解极限。基本事件又称作底事件。

(2) 未展开事件,如图 2-2(b)所示,用菱形来表示一个未展开的特定故障事件。未展开的原因是对事件本身分析得不够透彻,或是缺少与该事件有关的信息无法再分析了,因而当作底事件处理。

(3) 条件事件,如图 2-2(c)所示,用椭圆形来记录加了逻辑门的条件或限制。它像一种开关,当符号中所给定的条件满足时,椭圆符号所在逻辑门的其他输入即保留,否则去掉。因此,它基本上是和"禁门"及"顺序与门"一起使用的。

(4) 外部事件,如图 2-2(d)所示,用房形符号表示在正常情况下将发生的事件。这样,房形符号就表示其本身并无故障的事件。

2. 中间事件

由其他事件或事件组合而产生的输出故障事件叫中间事件。如图 2-3 所示,中间事件用长方形表示。没有输出的中间事件就是顶事件。

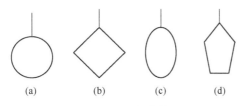

图 2-2 初级事件 　　　　　　图 2-3 中间事件

(a) 基本事件;(b) 未展开事件;(c) 条件事件;(d) 外部事件。

3. 门

故障树中用门来表示事件间的逻辑关系。或门和与门是两种基本类型的门,所有其他门均是这两种门的特殊情况。

(1) 或门。或门表示当一个或多个输入事件发生时输出事件发生,或门符号如图 2-4(a)所示。图 2-4(b)所示为一个典型的二输入事件或门,输入事件为 A、B,输出事件为 Q。若事件 A 发生,或者事件 B 发生,或者事件 A、事件 B 同时发生时,事件 Q 发生。

(2) 与门。与门表示只有当所有输入事件都发生时,输出事件才发生。

图 2-5(a)所示为与门的符号,图 2-5(b)所示为一个典型的二输入与门,当事件 A 和事件 B 都发生时,事件 Q 发生。

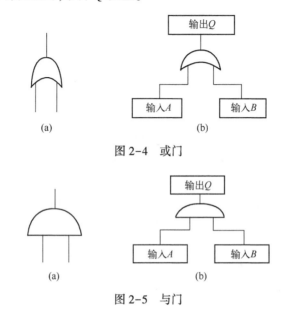

图 2-4 或门

图 2-5 与门

2.1.3 建立故障树

1. 确定故障树的顶事件

顶事件应是针对所研究对象的系统级故障事件,是在各种可能的系统故障中筛选出来的最危险的事件。对于复杂的系统,顶事件不是唯一的,分析的目标、任务不同,选择的顶事件不同,但顶事件应满足以下要求。

(1) 顶事件必须是机械的关键问题,它的发生与否必须有明确的定义;
(2) 顶事件必须是能进一步分解的,即可以找出使顶事件发生的次级事件;
(3) 顶事件必须能够度量。

2. 确定故障树的边界条件

根据选定的顶事件,合理地确定建立故障树的边界条件,以确定故障树的建立范围。故障树的边界条件应包括以下内容。

(1) 初始状态:当系统中的部件有数种工作状态时,应指明与顶事件发生有关的部件的工作状态。

(2) 不容许事件:指在建立故障树的过程中不容许发生的事件。

(3) 必然事件:指系统工作时在一定条件下必然发生的事件和必然不发生的事件。

3. 分析顶事件发生的原因

故障树用演绎分析的方法,围绕着一个顶事件,根据因果关系一层一层深入,直到底事件。顶事件发生的原因需从 3 个方面来考虑。

(1) 系统在设计、制造和运行中的问题。如设计或制造中的质量问题,运行时间的长短等。

(2) 外部环境对系统故障的影响。如发动机启动性能与季节的关系等。

(3) 人为失误造成顶事件发生的可能性。如操作者的技术水平和熟练程度等。

因此,故障树分析必须由技术人员、设计人员和操作人员等密切合作,透彻地了解系统,才能分析和推出所有造成顶事件发生的各种次级事件。对每一个次级事件再进行类似的分解,直到不能再分解的基本事件(底事件)为止。

4. 逐层展开建立故障树

从顶事件开始,逐级向下演绎分解展开,直至底事件,建立所研究的系统故障和导致该系统故障诸因素之间的逻辑关系,并将这种关系用故障树的图形符号表示,构成以顶事件为根,以若干中间事件和底事件为干枝和分枝的倒树图形。顶事件、底事件与次级事件之间的逻辑关系如下。

(1) 如果当所有次级事件都发生时,顶事件才发生,用与门连接;

(2) 如果有一个次级事件发生,顶事件就发生,用或门连接;

(3) 如果次级事件发生而顶事件不发生,则用非门连接。

建立故障树时不允许门—门直接相连,门的输出必须用一个结果事件清楚定义,不允许门的输出不经结果事件符号便直接和另一个门连接。

在建立故障树时要明确系统和部件的工作状态是正常状态还是故障状态。如果是故障状态,就应弄清是什么故障状态、发生某个特定故障事件的条件是什么。在确定边界条件时,一般允许把小概率事件当作不容许事件,在建立故障树时可不予考虑。但是,不允许忽略小部件的故障或小故障事件,这是两个不同的概念。有些小部件故障或多发性的小故障事件所造成的危害可能远大于一些大部件或重要设备的故障所导致的后果,如"挑战者"号航天飞机的爆炸就只源于一个密封圈失效的"小故障"。有的故障发生概率虽小,可是一旦发生,则后果严重,因此,为了以防万一,这种事件就不能忽略。

5. 故障树的化简

为了进行故障树的定性和定量分析,需对初始绘出的故障树进行化简,去掉多余的逻辑事件,使顶事件与底事件之间成简单的逻辑关系;对于不是与门、或门的逻辑门,按逻辑门等效变换规则变成等效的与门、或门。常用化简的方法有修剪法、模块法、卡诺作图法和计算机辅助化简法等。对于一般的故障树:

首先利用逻辑函数构造故障树的结构函数;然后再应用逻辑代数运算规则来简化故障树,获得其等效的故障树。

6. 对故障树结构作定性分析

故障树的定性分析就是寻找系统故障的割集和最小割集。系统故障是系统中全部最小割集的完整集合。系统的最小割集不仅对防止系统潜在事故发生起着决定作用,而且为彻底修复故障机械提供了科学线索。

7. 对故障树结构作定量分析

当有了各零部件的故障概率数据后,就可以根据故障树的逻辑图,对系统故障作定量分析。定量分析可以得到系统故障发生的概率、最不可靠割集和结构的重要度等,根据它们就可判别系统的可靠性、安全性及系统的最薄弱环节。

2.2 坦克炮故障机理及检测方法

坦克炮故障机理及检测方法的步骤如下。

(1)对坦克炮的基本构造进行研究和分析,掌握坦克炮的工作原理,为故障分析打下基础。

(2)根据坦克炮的结构特性和部队的使用要求,寻找故障特点,对故障机理进行分析。利用故障树分析法,找出故障间关系并画出故障树。

(3)针对每个故障,结合其机构特点,确定检测方法,对故障实施排除。

2.2.1 炮身故障机理分析及检测方法

自火炮出现以来,增加弹重、增大射程和提高射击精度,从而提高火炮的威力,一直是弹道工作者努力追求的主要目标。作为一种机械系统,火炮必然存在由于使用中的磨损而引起的寿命问题。现代战争对于火炮的初速等弹道性能指标提出了更高的要求,也使得这个问题变得更加突出。

火炮内膛的射击过程是一个高温、高压、瞬变复杂的物理化学变化过程,因此火炮身管也是一个容易出现故障的部分,其故障树分析如图2-6所示。

1. 身管外部变形及损坏的分析

(1)身管弯曲。坦克炮的炮身较长,在运动中剧烈的振动或碰撞可能造成身管弯曲。气温过高时造成身管上下表面温度差异,上表面温度高而膨胀,下表面温度低而无变化,因为上、下表面的变化而造成身管弯曲。身管的严重弯曲会阻碍弹丸在膛内的运动,发生炮膛膨胀或炸膛。

(2)外表面有裂纹、压坑、破孔。在运动中剧烈的振动可能造成身管裂纹。外界的剧烈撞击以及炮弹的炸伤等会造成身管裂纹、压坑、破孔。

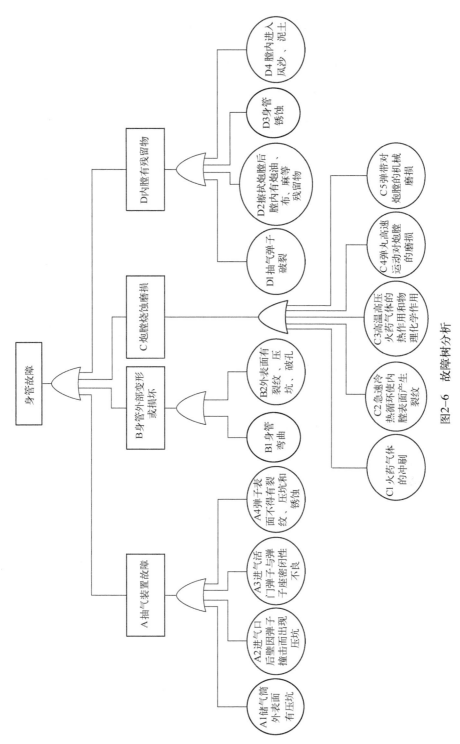

图2-6 故障树分析

2. 炮膛的烧蚀和磨损现象分析

身管的整个工作过程是在高温、高压条件下进行的。炮膛内将反复受到火药气体的热作用,火药气体对膛壁的物理化学作用及弹丸导引部的机械作用,从而造成膛线部的烧蚀和磨损。

(1) 火药气体的热作用和物理化学作用使表层变脆。发射时,膛内承受2500~3200℃的高温火药气体作用,膛线起始部受有弹带切入膛线时由变形功产生的热作用以及弹丸高速运动对膛壁摩擦的作用等,可使膛内表面层0.01~0.2mm厚度金属层的温度高达800℃以上,有的甚至超过1000℃。炮膛内表面金属薄层在这样的高温条件下可能达到金属变相点以上,形成奥氏体。此时,它在高温、高压条件下容易同火药气体中的氧、碳等成分形成低熔点产物。同时,火药气体中的碳、氮还会渗入奥氏体,形成渗碳、渗氮组织。发射后膛壁迅速冷却,内层金属也会部分形成马氏体。发生上述变化的一层统称为烧蚀层,它使膛内表层金属变硬、变脆,熔点降低。而这一层的厚度:膛线起始部较厚,向炮口方向逐渐变薄。

(2) 急速热—冷循环使膛内表面产生裂纹。发射时膛内表层温度迅速升高,其体积随之膨胀。高温下变相也会使内表层体积膨胀,内表层膨胀,而外层则限制内表层的变形,这样会使内表层在发射瞬间产生压缩的塑性变形。发射后,其基体金属的外层发生弹性恢复,迫使内表层金属恢复到位,但由于内表层已产生压缩的塑性变形,结果在内表层中产生很大的拉应力。这样,在连续射击的反复热—冷循环和应力循环条件下,加之内表层硬脆性,造成在膛线起始部首先出现裂纹。随着射弹发数的增多,裂纹随之增多、变深并向炮口方向延伸,裂纹的出现和发展对炮膛的破坏起着重要作用。

(3) 火药气体的冲刷和弹带的作用使炮膛直径扩大。

高温、高压、高速的火药气体对炮膛烧蚀层的冲刷是加速烧蚀的极为重要的因素。在发射瞬间将从弹丸与膛壁间高速冲过,使膛内表层温度甚至达到熔点,金属被气体冲走,使烧蚀层表面不断剥落,裂纹网逐步加深加宽,再加上弹带的机械作用,膛壁直径将逐渐扩大,导致初速、膛压下降,弹丸导转不良,最后使弹丸丧失要求的弹道性能,得不到正常的前进速度和旋转速度,造成身管报废,寿命终止。

对于有膛线的坦克炮,沿着身管长度上炮膛阳线的磨损规律,如图2-7所示,在膛线的起始部向前1~1.5倍口径长度上炮膛的磨损严重,称为最大磨损段(Ⅰ段);由此向前到距膛线起始点约10倍口径的地方磨损较前段轻,称为次要磨损段(Ⅱ段);由Ⅱ段向前的很长的一段,炮膛磨损很小也比较均匀,称为均匀磨损段(Ⅲ段);在炮口部长度1.5~2倍口径的范围内又出现磨损较大的区域,称为炮口磨损段(Ⅳ段)。

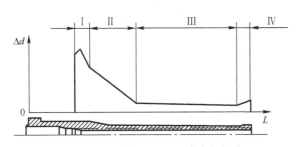

图2-7 沿身管长度上阳线磨损规律
Ⅰ—最大磨损段;Ⅱ—次要磨损段;Ⅲ—均匀磨损段;Ⅳ—炮口磨损段。

3. 抽气装置故障分析

火炮抽气装置用于排除射击后膛内残余的火药气体,避免气体进入战斗室。抽气装置在高温、高压环境下工作,火药气体又具有一定的腐蚀性,因此火炮射击多发后,抽气装置大多出现烧蚀与锈蚀现象以及弹子表面出现裂纹、压坑和锈蚀,还可能会出现进气口后壁因弹子反复撞击而出现压坑、进气活门弹子与弹子座密闭性不良而漏气、贮气筒外表面有压坑等。它们将严重影响其使用寿命,并造成重大的安全隐患。

4. 内膛有残留物而导致故障的分析

内膛有残留物比较明显的有如下几种情况:擦拭炮膛后在膛内留有布、麻以及其他异物,在风沙地区射击时炮膛中进入灰沙;坦克运动中炮口触地,泥土进入炮膛,特别是现代高膛压、高初速的坦克炮,在炮口段如出现上述情况,对身管造成的破坏将会更大。轻者会将身管炸成数块,重者会造成身管粉碎性破坏,甚至连身管残片也难以找到。除上述情况之外,下面几个方面的因素也决不能忽视。

(1)内膛线残留物。内膛线残留物是指火炮射击后在身管内膛遗留下的未能烧完全的残体。特别是高膛压火炮,为减轻身管内膛烧蚀,提高火炮寿命,普遍采用了缓蚀衬层,其多半为由衬布和纱布并在表面涂上一层二氧化铁和地蜡组成的混合物。由于这种缓蚀衬层含有地蜡,一旦燃烧不完全连同衬布粘贴在炮膛表面,即可对弹丸运动形成阻碍而毁伤炮管。这一点在105mm坦克炮上表现得非常明显。使用可燃药筒炮弹时,也可能有燃烧不完全的药筒残片留在膛内,同样会对弹丸运动形成阻碍。

(2)抽气弹子碎裂。特别是100mm坦克炮,数次炸膛均与它有关。弹子碎裂的原因很多,主要包括:误用未经回火的弹子;弹子长期使用,受急速循环的火药气体的烧蚀,弹子表面产生硬质白层;储存不善而锈蚀;反复冲击造成弹子表面的加工硬化。

(3) 炮用油清除不尽。炮用油清除不尽造成的胀膛和损坏膛线的概率较高,不仅在坦克炮上,在其他大口径地面炮上也出现过。炮用油对弹丸形成阻力的规律:①弹丸受到的阻力与弹丸速度的平方成正比,与炮用油的质量分布的密度成正比。②炮用油密度分布相同,弹丸处于起动部位时,阻力很小;而处于炮口附近时,阻力则很大。因此,同样质量的炮用油在炮口附近部位比在远离炮口部位造成的胀膛现象严重。

(4) 身管内膛锈蚀。内膛锈蚀多半是电化学反应造成的。危害最大的是发生在阳线和阴线交接根部的锈蚀,常常表现为连续的针孔状腐蚀麻点。在梅雨季节或海洋性气候条件下极易发生这种现象并扩展很快。身管锈蚀的另一个比较严重部位是抽气装置所包容的身管外表面,由于火药气体反复冲刷和烧蚀,漆层常常过早脱落。该处的腐蚀程度比身管任何部位都要严重,通常表现为严重的大面积腐蚀麻坑,在膛压作用下由于产生应力集中而造成毁炮事故。

身管故障检测主要有以下几种。

1) 身管寿命检测

身管能否继续使用主要是以是否能够完成战斗任务为标准。弹丸初速下降会降低坦克炮的直射距离和穿甲弹的穿甲厚度。膛压的降低可能造成减装药时的引信在膛内不能解脱保险。弹丸在膛内的运动规律性的恶化以及膛压、初速的下降造成射弹散布的面积增大,出现弹丸飞行不稳定、引信早炸、瞎火、近弹等现象。根据这些情况,评定身管寿命的标准如下。

(1) 初速下降7%。根据坦克炮的穿甲性能要求,对初速下降量要求较严,一般均低于7%,运用外弹道区截测速法或雷达测速法。

(2) 射击精度。以立靶面积 EL·EY 超过射表规定值的7~8倍。可以使用立靶及脱靶量测量设备等测量。

(3) 膛压下降。大多数引信都采用惯性保险装置,借惯性力解脱保险,为了可靠地解除保险,通常把解除保险的惯性力定为最大膛压时所产生惯性力的2/3,如果射击时,因最大膛压下降至一定程度,而造成惯性保险装置不能解脱保险30%以上,则炮身应报废。膛压的测量主要采用应变测压法、压电测压法、压阻测压法等。

2) 炮身外表面的检查

炮身外表面的检查包括:炮身外表面裂纹、压坑、破孔;抽气装置贮气筒外表面压坑、喷嘴积碳、热保护套完好。这些项不需要检测设备,用肉眼就可以完成。

而身管外表面裂纹的检测需要按照以下方法进行检测。

(1) 在怀疑处除去涂漆,用錾子錾去0.25mm的金属层,若金属层分成两

片,则该处有裂纹;

(2) 把怀疑处擦亮,涂上10%的稀盐酸溶液,经1~2h后,若出现黑色曲线,则该处有裂纹;

(3) 若有测试设备,可进行磁力探伤和其他方法检查确定。

3) 身管弯曲度的检测

部队和大修厂是用炮膛通过量规或直度规来检查身管的弯曲程度。量规能通过炮膛则认为身管堪用,否则身管应报废。

4) 内膛的检测

(1) 有无裂纹、锈蚀、毛刺、残留物的检查。在光亮的条件下可用肉眼检查,或者使用光学窥膛仪或CCD身管窥膛检查仪检查。

(2) 挂铜检查。擦净炮膛,将炮口对向亮处,查看挂铜情况,如膛内表面呈暗黄色或暗红色,则是炮膛挂铜。或者使用光学窥膛仪或CCD身管窥膛仪检查。

(3) 炮膛膨胀的检查与修理。将炮口对向光亮处,查看炮膛,若膛内有环状阴影,或半环状阴影,或冲打炮塞时突然有轻松现象,则有可能炮膛膨胀。此时,应进一步用专用仪器光栅测径仪检查确定。若炮膛膨胀处的阴线直径未超过规定标准,免于修理,否则应更换身管。

(4) 膛线损坏的检查与修理。膛线损坏时用火炮窥膛镜及光栅测径仪检查,当阳线断脱或严重烧蚀未超过阴线直径允许值时可以存在,但应将其棱角或毛刺除去,若阳线断脱超过阴线直径允许值,则更换身管。

2.2.2 炮闩的故障机理及检测方法

炮闩是火炮的重要组成部分,主要由闭锁装置、电发火装置、抽筒装置、半自动装置和放闩装置组成,在火炮发射的过程中起着闭锁炮膛、击发炮弹和抽出药筒的重要作用。对其主要技术要求是:开闩动作可靠、轻便灵活;闭锁、保险确实;击发、抽筒可靠有力。

在射击和训练中对炮闩的操作及分解结合较频繁,故零件易磨损、产生机械损伤或失效故障。例如,用手打不开炮闩或开闩紧涩;装不了炮弹,关不了闩;击针击痕偏心量超过规定值;闩体镜面与身管后切面的间隙超过规定值等。

(一) 不能手动开闩或开闩紧涩

开闩分为手动开闩和发射后自动开闩。

手动开闩时,当闩柄向左后方扳到底时,闩柄卡板在弹簧的作用下,卡入转臂缺口,使闩柄和转臂连成一体。将闩柄拉回并且闩体未动时,曲臂凸齿拨压拨动子轴臂,使拨动子轴带动拨动子转动,拨动子右端拨压击针总成,使其处于拨回位置。继续拉回闩柄,曲臂滑轮拨闩体向左滑动。当开闩到位时,抽筒子挂臂撞击抽筒子中凸起部,使抽筒子顺时针转动,右凸起部向后挂住抽筒子挂臂,将闩体控制在开闩位置。与此同时,拨动子轴臂上的凸齿与焊在炮尾左侧的闩室延伸板接触,使击针总成保持在拨回的位置。在拉回闩柄的过程中,转臂拉连接板旋转带动关闭机杆向后,压缩了关闭机弹簧,为关闩积蓄了能量。拉闩柄至原位时,闩柄卡板一端被顶板顶住,使其另一端脱离转臂缺口,因此在关闩时,闩柄不随转臂转动。

发射后自动开闩,炮身后坐时,开闩装置的固定座和冲杆随炮尾一起后坐,而开闩装置的挡铁因固定在摇架上,停在原位不动。当冲杆离开挡铁后,压筒弹簧伸张,使挡铁下落,挡在冲杆前面。当炮身复进至冲杆前端与挡铁相遇时,冲杆受阻不能向前,便以其后端顶桃形臂尖端转动,同时压缩冲杆弹簧,桃形臂转动时,便带动曲臂轴、曲臂一起转动,使闩体向左移动。此时,抽筒子挂臂猛撞抽筒子中凸起部,抽筒子转动,抽筒子爪将药筒抽出。同时,抽筒子右凸起部挂住抽筒子挂臂,将闩体控制在开闩位置。其他各机件动作与手开闩时相同。开闩后,炮身继续复进,这时冲杆固定座前端的斜面与滑轮相遇,斜面迫使滑轮滚动,将挡铁抬起,放开冲杆,冲杆在弹簧的作用下回到原位。

不能手动开闩或开闩紧涩的故障树如图2-8所示。

1. 检测方法

试开炮闩,应顺利,无滞涩现象,否则即为故障现象。

2. 故障分析与修理

(1)闩柄卡板头部或关闭机转臂缺口磨损。

① 分析。当卡板头部或转臂缺口(两者相配合)磨损过大时,会造成闩柄开闩角度不足,闩体还没有开闩到位卡板尾端就与炮尾后端的挡铁相碰,使卡板与转臂缺口解脱,闩体在关闭机弹簧的作用下而又复回,开不了闩。

② 技术条件。技术条件规定:卡板头部、关闭机转臂缺口的夹角要求均不应大于95°。

③ 闩柄卡锁的鉴定。尖部磨损大于免修极限(标准尺寸95°,免修极限尺寸90°),焊修。

(2)闩体和闩室配合面有划伤、碰伤和毛刺等,使闩体运动受阻。用刮刀或细锉修除凸起金属或毛刺,再用细砂布打光。

(3)关闭机支筒上有压坑,使弹簧运动困难。分解关闭机,在压坑处进行局部加热矫正,然后修除凸起金属。

(二)不发火

不发火是指坦克炮按下击发按钮后,炮弹没有被击发。坦克炮有电击发和

第 2 章 故障树分析诊断方法

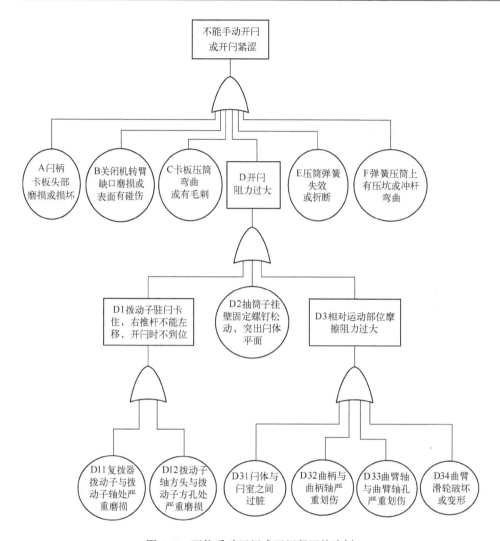

图 2-8 不能手动开闩或开闩紧涩故障树

机械击发两套击发机构,只有当两套击发机构都出现故障时才会出现不发火的故障。不发火的故障对操作者和装备的危害都很大,因此一定要避免不发火故障的发生。对其可能的故障分析即建立不发火故障树如图 2-9 所示。

1. 电路故障

1) 火炮发射电路的检查

接通操纵台上的火炮发射开关,将检查板插入炮闩与身管之间的间隙处,使两个接触片分别与击针及身管后端面接触,此时,多次重复下述动作。

(1) 按下高低机上的发射引铁;

27

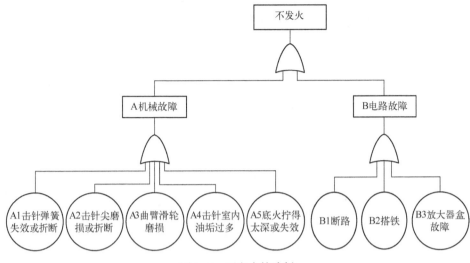

图2-9 不发火故障树

(2) 按下操纵台右握把上的火炮发射按钮；

(3) 推放闩杆拨回击针并手动发射。

在前两种情况下，检查板上的红色指示灯都发亮，说明电发射电路完好；听到电磁铁、击锤工作响声，说明电磁机械发射电路完好。

2) 电路故障机理分析及检测方法

(1) 断路。熔丝或自动保护开关完好，但接通该用电装置的控制开关时，该装置不工作。断路的原因通常是线头脱落、线头开焊或氧化、连接处接触不良，开关失效，导线折断或不搭铁，插接件插接不紧而接触不上等。

检查方法：外露的断路部位可以通过观察直接寻找出断路点。对观察不到、难以判断的故障用检查灯或万用表进行检查。

① 用检查灯检查。接通电路总开关和被查电路开关，用检查灯的一根导线接车体（搭铁），另一根接到被检查电路上，逐段进行检查，逐点判定是否有电。如果检查灯亮，则说明检查点至电源之间线路段是导通的，如果检查到某一点检查灯不亮，则说明断路点就在检查灯亮和不亮之间的线路段内。

② 用万用表检查。将万用表的变挡开关放在电阻挡，逐线段检测是否导通，不通则是故障线路段。为避免烧坏仪表，测量电阻前必须事先切断电路总开关。

(2) 搭铁。当接通电路总开关或某一电路开关时，熔丝烧断或自动保护开关跳开，或导线发热有烧焦味，甚至冒烟、烧坏等。由于导线绝缘层损坏，电气导电零件、线头裸露部分与车体接触。

检查方法：短路一般发生在绝缘损坏、导线裸露、连接打火处、安装不良外，以及线头与屏蔽层之间等部位。根据保护器的情况可以大致地判定短路部位,要注意的是保护器起作用(如熔丝烧断)并不能肯定是电路中发生了短路故障,也许是电流瞬时过大。

用检查灯检查:当熔丝熔断或自动保护开关跳开后,首先断开用电装置的开关,将检查灯两根导线中的一根接在蓄电池的正极上,另一根接在已熔断的熔丝座或用电装置开关接电源的一端;然后接通电路总开关,如果检查灯亮,则短路发生在自动保护开关或熔丝与用电装置开关之间的线路内;如果检查灯不亮,合上用电装置开关才亮,则说明短路故障发生在用电装置与开关之间的线路内;最后用拆线的方法进一步检查故障线路内的故障点,故障在检查灯亮与不亮之间。必要时,拆下驾驶室配电盒、检查各插接件和自动保护开关的情况。

若一个熔丝或一个自动保护开关控制多支路,要逐条拆线检查。当拆下某条支路导线时,检查灯熄灭或合上那个用电装置开关检查灯亮,则说明那条线路内有短路。

(3) 接触不良。用电装置不能正常工作,如:灯光发暗,电动机转动无力等;在电流较大的电路中接触不良处有发热、打火和烧蚀现象。一般是由线头连接不牢,焊接不好,接触点氧化、脏污,插头的螺母松动等所造成的。

检查方法:拔下被检查电路的熔丝或断开自动保护开关,将检查灯接在熔丝座或自动保护开关的两接点上,接通电路总开关和该用电装置的控制开关,用导线与待查的接触处并联,如果灯光亮度增大,说明该处接触不良。切断电路总开关和被检查电路开关后,用电阻表测量接触处的接触电阻的大小也可以发现故障所在。如果某一接触处接触电阻过大则可判定此处接触不良。

2. 机械故障

击发机构应满足以下要求:击针要有足够的能量击发底火,即保证击针弹簧力;零件磨损量不能过大,保证击针打击在底火中心;击发机构各零件之间运动顺畅。由于击发机构零件多,碰撞多,而且各个零件的质量差异较大,这给其使用和日常维护保养造成了极大负担。

1) 击针弹簧失效或折断

击针弹簧刚度的减小会降低击针尖总成撞击药筒底火时的速度,从而使击针撞击底火的能量减少,有可能导致不发火。

检测方法:在已知电击针发火所需要的最小撞击力时,便可验证击针弹簧失效是引起不发火的原因;也可以用弹簧秤检测弹簧是否失效。

2) 击针尖磨损或折断

当击针尖磨损时,击针撞击底火的力就会减小。当减小到一定程度时,就不能击发。这说明击针尖磨损会导致击针撞击底火的力减小。

检测方法如下。

（1）用游标卡尺测量击针尖，与击针允许的最小值进行比较，若小于最小值则磨损严重。

（2）检测击针撞击底火的力，若小于标准值，则说明磨损。

3）曲臂滑轮磨损

曲臂滑轮的磨损会产生击针击痕偏心量，偏心量过大也会引起不发火的故障。当曲臂滑轮和滑轮轴磨损时，闩体击针孔中心与身管轴线的偏差量增大，击针击偏程度增大。当击针击痕偏离底火的击砧时，将会引起不发火的故障。

检测方法：测量击针击痕偏心量，若与正常值偏差较大，则进一步检查。

4）击针室内油垢过多

击针室内油垢过多使击针的工作过程不够准确，导致击发时容易出现故障。

检测方法：主要是检查击针室内是否有油垢。

5）底火拧得太深或失效

发射时利用击针撞击底火，从而引燃药筒里的火药使弹丸发射出去。如果底火不能正常工作，就不能引燃火药也就不能完成正常的发射。

(三) 不能抽筒

1. 抽筒子的结构

（1）上下抽筒子：位于身管后切面的抽筒子槽内，套在抽筒子轴上，两个抽筒子可以在轴上互不相依地转动，其上各有左、中、右凸起部和抽筒子爪。

（2）抽筒子爪：装炮弹时卡住药筒底缘部，并在底缘部的冲击下自动关闭炮闩；开闩时，在抽筒子挂臂冲击下，抽筒子爪向后将药筒抛出。

（3）右凸起部：用于开闩时挂住抽筒子挂臂，将闩体控制在开闩位置。

（4）中凸起部：开闩时抽筒子挂臂撞击中凸起部，使抽筒子转动，抽筒子爪方可将药筒抛出。关闩时中凸起部撞击抽筒子挂臂，赋予闩体关闩初始速度，使关闩过程顺利、快捷。

（5）左凸起部：放闩时在放闩装置凸爪拨动下，使抽筒子转动，放开闩体。

125mm坦克炮上采用的是杠杆式冲击作用的抽筒子，它的动作是：装弹时药筒底缘撞击抽筒子爪，使抽筒子右凸起放开闩体，关闭机弹簧伸张，关上炮闩；在射击后开闩终了前，闩体冲击抽筒子短臂，使抽筒子围绕固定于炮尾上的抽筒子轴迅速回转，同时长臂的抽筒子爪将药筒从药室抽出。

装弹关闩时由于需要解脱抽筒子对闩体上抽筒子挂壁的约束，需要一定的装弹速度来撞击抽筒子爪。并且，火炮发射时，火药产生的高温、高压气体使药筒产生比较大的塑性变形并紧贴于身管的内壁上；发射完成后，由于大塑性变形的产生，当药筒抽出时，抽筒子需要克服很大的身管对金属药筒的摩擦阻力。

火炮对抽筒机构的要求是：具有足够的强度和寿命；结构简单，易于制造和更换；抽筒动作确实、可靠。抽出后抛出一定位置，不影响乘员操作。

对不能抽筒故障进行故障树分析，如图 2-10 所示。

2. 闩体、闩室过脏或有异物和碰伤

闩体、闩室过脏、有异物和碰伤时，闩体运动时受到的摩擦力增大，降低了开闩的速度，进而降低了闩体撞击抽筒子中部凸起的动量，最终导致抽筒子右凸起抽筒速度变小，导致抽筒无力，抽筒速度不足或无法抽出药筒。

检测方法：主要是用肉眼观察。

3. 弹底壳膨胀、药室过脏

弹底壳膨胀、药室过脏使在抽筒过程中受到的阻力变大，增大了对抽筒子的作用力，使抽筒子施加在闩体上的力增大，降低了开闩的速度，最终表现为抽筒速度不足或无法抽出药筒。

检测方法：射击前检查药筒，测量其直径，并和标准值比较。药室过脏可用肉眼检查。

4. 抽筒子爪折断

开闩时，在抽筒子挂臂冲击下，抽筒子爪向后将药筒抛出。当抽筒子爪折断时，就无法抛出药筒。

检测方法：查看抽筒子爪是否折断。

5. 复进不足或复进阻力过大

抽筒过程主要靠火炮的复进力提供动力，并且只有在火炮复进到位后炮闩的动作才能完成，当复进不足或复进阻力过大时，使火炮没有回到原位，炮闩的运动也没有完成，会造成抽筒速度不足或无法抽出药筒。

检测方法：同反后坐装置。

6. 闩体镜面磨损

发射时，药筒前部塑性变形较大，暴露在身管外面的药筒底部发生膨胀突起，甚至引起破裂，抽不出药筒，药筒底缘卡住闩体，开不了闩。为了保证在发射时可靠地紧塞炮膛和药筒，药筒与药室壁应有一定的间隙(为 0.3~0.7mm)，称之为初始间隙。发射时药筒与药室壁发生公盈，药筒紧贴药室壁而紧塞炮膛。发射后膛壁弹性恢复，同时药筒也发生弹性收缩，但是药筒还残存有屈服限内的塑性变形，因此在药筒与膛壁之间形成较小的最终间隙，以便于抽筒。由于闩体后平面与炮尾接触处的磨损以及闩体镜面的磨损(与药筒底缘的摩擦)，使闩体镜面与身管后切面间隙增大。修理技术条件中规定了允许值。

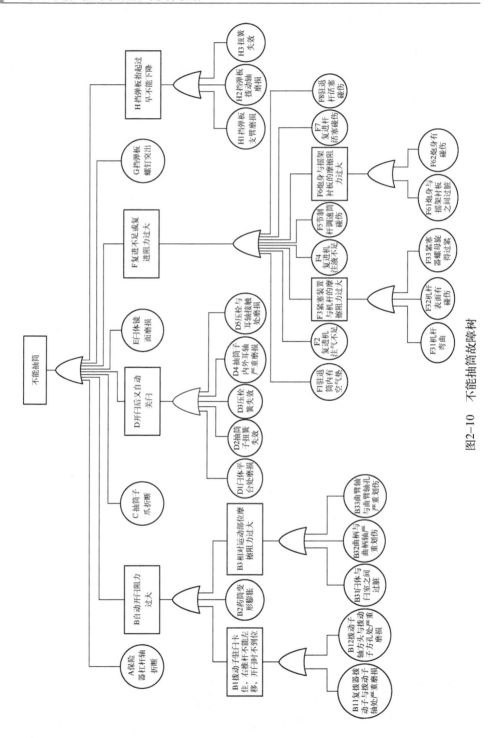

图2-10 不能抽筒故障树

（四）不能关闩或关闩无力

抽筒子中凸起部的圆弧工作部位在装弹时为闩体提供初始的关闩能量，首先使闩体获得关闩的初始速度；然后，闩体在关闭机弹簧的作用下，迅速关闩到位，既装弹又顺利地关闩。

当抽筒子中凸起部磨损严重时，其工作部位与抽筒子挂臂左端凹形弧面的间隙过大。装炮弹时闩体得不到应有的关闩初始速度，即关闩的初始速度为零或很小，闩体仅在关闭机弹簧作用下关闭缓慢，闩体尚未关闩到位则炮弹已反弹，形成闩体被炮弹卡住的现象，即装不了炮弹又关不了闩体。对不能关闩或关闩无力的故障进行故障树分析，如图 2-11 所示。

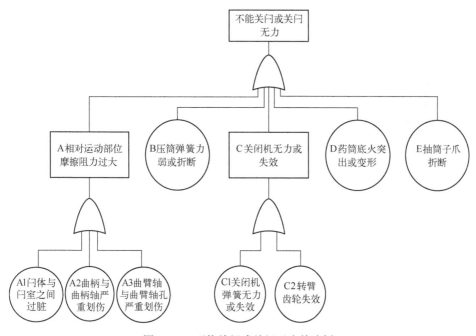

图 2-11　不能关闩或关闩无力故障树

1. 相对运动部位摩擦阻力过大

当相对运动部位间摩擦阻力过大时，关闩的力减小，从而造成不能关闩或关闩无力。

检测方法：进行手动关闩，并测量关闩力与正常力比较。

2. 关闭机无力或失效

关闭机主要用于关闭炮闩，当关闭机无力或失效时就不能提供足够的力来关闭炮闩。

检测方法：手动关闩，检测是否能完成关闩，若不能，检测关闭机弹簧是否无力。

3. 药筒底火突出或变形

药筒进入炮膛后能和炮膛、闩体准确结合。当药筒底火突出或变形时会阻挡正常关闩。

检测方法：观察药筒底火是否突出或变形，也可进行手动关闩测试。

2.2.3 反后坐装置的故障机理及检测方法

（一）反后坐装置概述

反后坐装置的结构比较复杂，动作要求比较严格，对保证火炮在战斗中正常射击起重要作用，也是火炮容易出问题的部位。

1. 用途

反后坐装置用在发射时消耗火炮后坐动能，使火炮后坐部分控制在一定的后坐长度上，后坐终了时，使后坐部分平稳地回到原位，并能在规定范围的仰俯角上支撑后坐部分与前方位置，保证火炮正常工作。

2. 主要性能参数

驻退机内液量

复进机内液量

复进机内初压

正常后坐长

极限后坐长

3. 构造

坦克炮的反后坐装置由液压驻退机和液气式复进机组成。驻退筒和复进筒固定在摇架下方的反后坐装置连接座内，前端借固定耳与连接座内的环形槽连接。驻退杆与复进杆用螺母固定在炮尾的下方。

1）驻退机

（1）用途：驻退机用以在发射时消耗火炮的后坐动能，使火炮后坐在一定距离上，保证火炮复进平稳。

（2）构造：由驻退筒、驻退杆、节制杆和紧塞装置组成。

① 驻退筒：固定在摇架右侧，其前端拧有前盖，后端拧有紧塞器本体，由紧塞器紧压螺母紧固。驻退筒臂经抛光内臂光滑。

② 驻退杆：是一个空心杆，后端用螺母固定在炮尾上，前端有活塞，活塞上有6个斜孔，活塞上拧有节制环，驻退杆内有4条导液沟槽（两条较深，两条较浅）。

③ 节制杆：是一直径不等的杆，位于驻退杆内，其前端固定在前盖上，后端拧有调速筒，调速筒上有8个斜孔，调速筒后面有能前后移动的活瓣，活瓣的外

径比驻退杆内径略小。

④ 紧塞装置:用以密闭驻退筒内的液体,它由紧塞器、紧塞器本体和紧塞器螺母组成。本体拧在驻退筒的后端,紧塞器本体依次装有皮碗坐环、皮碗、挡环、垫环、隔环、紧塞圈,并用螺母压紧。

⑤ 驻退杆后端有带孔的凸起部,火炮使用过程中可由此孔补充注入驻退液。驻液孔用带有紧塞环的螺塞密封,驻退机内装有 7.7L 的火炮驻退液。

2) 复进机

(1) 用途:复进机用以在后坐终了时使后坐部分回到原位,并能在任何仰角上支撑后坐部分在前方位置。

(2) 构造:它由外筒、内筒、复进杆和紧塞装置组成。

① 外筒:固定在摇架连接座的左侧,其两端焊有前、后盖。

② 内筒:用以盛装驻退液,其前端拧在前盖上,后端拧在后盖的支管上。

③ 复进杆:位于内筒内,其前端有活塞,后端用螺母固定在炮尾上。

④ 紧塞装置:用以密闭内筒中的气、液体,它由紧塞器、紧塞器螺母组成。

⑤ 左螺塞座用导管与复进机相通,借助闭气杆进行复进机的液体闭气(氮气),右螺塞座用来加注复进机的液体和气体,下面有一个放液孔,用带有紧塞环的螺塞密封,复进机内装有一定气压的氮气和几升的驻退液。

(3) 工作过程:

驻退筒和复进筒固定在炮尾上,发射时它们与炮身一起后坐,而与摇架凸起部和固定连接的驻退杆和复进杆则固定不动。

(二) 常见故障现象及检测

1. 反后坐装置后坐过长

射击过程中,炮身最大后坐长度超过正常范围时,即为后坐过长。后坐过长是射击过程中比较常见的故障。后坐过长有可能使驻退杆活塞与紧塞器本体相撞,或使节制杆调速筒与节制环相撞,轻则使火炮产生激烈振动影响瞄准,重则使零件损坏,甚至会拉断机杆,使炮身脱落。因此当发生炮身最大后坐长超过规定的极限后坐长时,应停止射击,检查分析故障原因,并采取有效措施予以排除。对其可能的故障进行故障树分析,如图 2-12 所示。

1) 故障 A 火炮的装药过多

在发射的过程中会因过多的火药燃烧而产生更多的火药气体和后坐力,从而使火炮的后坐比正常情况要长。这虽然不是火炮的故障,但它会影响火炮性能。

检测方法:查看炮弹的型号,看装药量是否正常。

2) 故障 B 节制杆与节制环磨损

节制环与节制杆之间的驻退液流动是高温高压状态下的高速射流,其对节

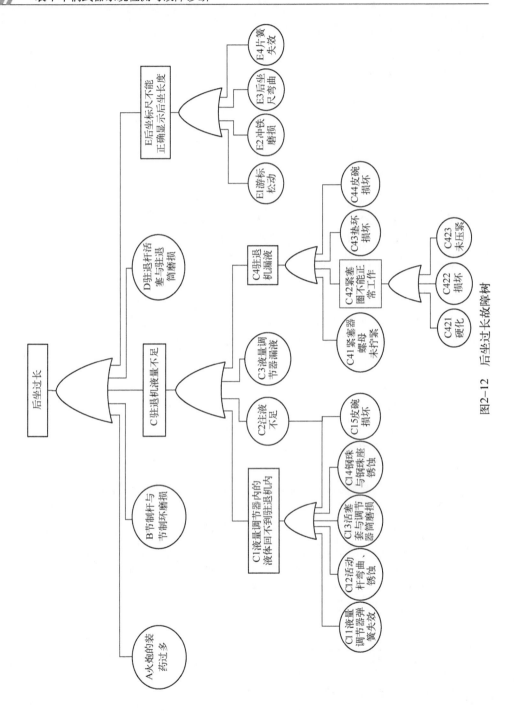

图2-12 后坐过长故障树

制环的破坏作用是多方面的,可能包括驻退液对节制环表面的冲蚀磨损作用。后坐过程中,驻退液的高速流动会对节制环表面造成很大的冲击,节制环在这种冲击作用下产生变形,并随着压力的增加,由刚开始的弹性变形变成最终的塑性变形。随着射弹发数的增加,节制环的塑性区逐渐加大,当应变累积到一定程度时,这部分变形体从节制环上脱落下来,形成碎屑,混杂在驻退液里,使其流动由纯液相流动变成液固两相流动。由于驻退液的不断冲击,而且节制环材料的延展性比较大,节制环表面产生很多小的、薄的、高度变形的薄片。由于在该表面层中发生的绝热剪切变形使金属接近退火温度,表面层较软。在这个软的表面层下面,节制环材料由于塑性变形产生加工硬化,形成一个硬的次表面层。这个硬的次表面层一旦形成,将会对表面层薄片的形成起促进作用。在驻退液反复冲击和挤压作用下,节制环表面形成的薄片从材料表面剥落下来,节制环表面出现微坑和麻面。随着后坐次数的增加,驻退液中混杂的碎屑含量逐渐增大,节制环表面也越来越粗糙。

检测方法如下。

(1) 用肉眼观察,看节制环表面是否出现微坑和麻面。

(2) 可以使用 X 射线、声发射等方法检测其磨损。

3) 故障 C 驻退机液量不足

反后坐装置的液量和气压的多少,是影响后坐、复进动作的重要因素。驻退机漏液使工作腔产生一段真空,真空段液压阻力为零,即起始段有一段时间驻退机液压阻力为零,只有复进节制器提供的液压阻力在起作用,所以起始段后坐阻力较正常情况要小很多,这个特征可以成为检测驻退机是否漏液的标志。后坐阻力变小也会导致后坐速度增加,后坐距离变大。

驻退机液量不足可能由多种原因造成,如 C1 液量调节器内的液体回不到驻退机内、C2 注液不足、C3 液量调节器漏液、C4 驻退机漏液等。对驻退机漏液现象进行具体分析,通常漏液是由紧塞件失效造成的。驻退机中的紧塞件主要是尼龙环和橡胶环。通过尼龙环压紧橡胶环使橡胶环膨胀以达到密封作用。由于橡胶环不耐高温,所以火炮在连续射击和长期使用过程中会使橡胶环硬化,直至失去紧塞作用。另外在驻退机的工作过程中,驻退液冲蚀磨损产生的碎屑会对紧塞元件产生冲击,随着冲击的加剧,紧塞件的性能不断降低,也会导致驻退机漏液。除了液体的内部作用使紧塞件失效产生漏液,注液孔螺塞未拧紧等外在因素也会导致漏液。

检测方法如下。

(1) 驻退机内液量的检查。

① 赋予火炮 6°仰角,在高低水准器上装定射角 31-00,转动高低机,使水准

气泡居中。

② 拧下驻退筒上的注液孔螺塞，若能看到孔内液体，则液量符合标准，否则应添至溢出时为止，然后拧紧螺塞。

(2) 液量调节器漏液的检查。拆开液量调节器，看活塞后面是不是有驻退液。

(3) 液量调节器内的液体回不到驻退机内的检查。后坐终了且驻退液冷却后驻退杆不能回到正常位置。

(4) 驻退机漏液的检查。

① 用肉眼观察，看驻退机表面是不是有油垢和油痕。

② 拧下驻退筒上的注液孔螺塞，若能看到孔内液体，则液量符合标准，否则应添至溢出时为止，然后拧紧螺塞。

4) 驻退杆活塞与驻退筒磨损

驻退杆活塞与驻退筒之间的磨损现象分析，由于驻退筒内壁镀铬，而且驻退液在驻退杆活塞与驻退筒之间起润滑作用，一般情况下，驻退杆活塞与驻退筒之间不会发生磨损现象。但还是从能量角度出发，液体能量的局部损失主要发生在结构尺寸发生变化的地方。在后坐过程中，当液体在驻退筒推动下流向活塞套时，突然遇到障碍，若驻退液中存在碎屑，碎屑就会渗入间隙，使驻退杆活塞和驻退筒表面变得光滑，间隙变大。随着磨损的加剧，活塞套的功能会逐渐降低。

检测方法如下。

(1) 用肉眼观察活塞是否变形或表面有磨损。

(2) 用光栅测径仪测量驻退筒的内径是否变大，若变大，则说明磨损。

5) 故障 E 后坐标尺不能正确显示后坐长度

后坐标尺主要用来显示后坐长度。当后坐开始时，其冲铁和炮身一起后坐，后坐终了时，冲铁到达最大位置并与凸齿相撞，会在后坐标尺上显示一个后坐长度。其主要的故障有游标松动、冲铁磨损、后坐尺弯曲和片簧失效。游标松动使后坐距离显示不准。冲铁与凸齿相撞，因为冲铁磨损会撞击失效，而不能准确撞击凸齿。后坐尺弯曲使测量标准不准，导致测量结果变大。后坐标尺不能正确显示后坐长度时，并不能影响后坐实质上的长度，只是影响其测量结果。当后坐标尺不能正确显示后坐长度后，也要及时修理，避免因此而不能掌握后坐的准确信息，导致反后坐装置出现故障而不能及时发现。

检测方法如下。

(1) 游标松动。人工检测，主要用手去拨动，观察有无松动。

(2) 冲铁磨损。

① 肉眼观察，和标准原件比较。

② 尺寸测量,和标准尺寸比较。

(3) 后坐尺弯曲。肉眼观察,是否弯曲。

(4) 片簧失效。将片簧拆下,用测力工具测量其弹力,看是否失效。

2. 后坐过短

射击过程中,炮身最大后坐长度小于正常范围时,即为后坐过短。后坐过短也是射击过程中比较常见的故障。后坐过短会使大量的后坐动能转化为驻退液的内能,使反后坐装置的温度升高过快,其性能发生变化,从而造成反后坐装置损坏。因此当发生炮身最大后坐长度始终小于规定的最小后坐长时,应停止射击,检查分析故障原因,并采取有效措施予以排除。对其可能的故障进行故障树分析,如图2-13所示。

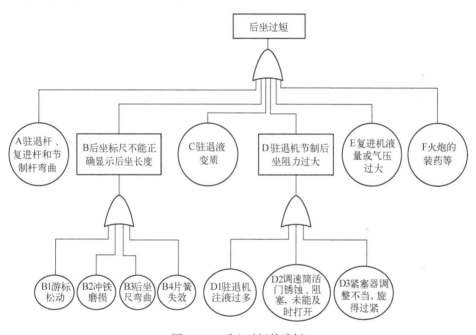

图2-13 后坐过短故障树

1) 故障A 驻退杆、复进杆和节制杆弯曲

由于外力撞击或后坐、复进过程中的作用而导致驻退杆、复进杆和节制杆弯曲。一般不易发生,且小幅度的弯曲变形对后坐和复进的影响不大。弯曲变形后会加快磨损,弯曲变形幅度过大时会使反后坐装置不能正常工作。

检测方法如下。

(1) 用肉眼观察,可以分解开反后坐装置或使其处于最大后坐长度,当弯曲变形较大时可以用眼睛观察其变形。

(2) 将机杆用 V 形铁支撑在平台上,检测机杆和平台的平行度。

2) 故障 B 后坐标尺不能正确显示后坐长度

后坐标尺主要用来显示后坐长度。当后坐开始时,其冲铁和炮身一起后坐,后坐终了时,冲铁到达最大位置并与凸齿相撞,会在后坐标尺上显示一个后坐长度。其主要的故障有游标松动、冲铁磨损、后坐尺弯曲和片簧失效。游标松动使后坐距离显示不准。冲铁与凸齿相撞,因为冲铁磨损会撞击失效,而不能准确撞击凸齿。后坐尺弯曲使测量标准不准,导致测量结果变大。后坐标尺不能正确显示后坐长度时,并不能影响后坐实质上的长度,只是影响其测量结果。当后坐标尺不能正确显示后坐长度后,也要及时修理,避免因此而不能掌握后坐的准确信息,导致反后坐装置出现故障而不能及时发现。

检测方法如下。

(1) 游标松动。人工检测,主要用手去拨动,观察有无松动。

(2) 冲铁磨损。

① 肉眼观察,和标准原件比较。

② 尺寸测量,和标准尺寸比较。

(3) 后坐尺弯曲。肉眼观察,是否弯曲。

(4) 片簧失效。将片簧拆下,用测力工具测量其弹力,看是否失效。

3) 故障 C 驻退液变质

反后坐装置的驻退液长时期放置或进行多次实弹射击训练后,经过升温与降温的不断变化,驻退液的黏度、机械杂质、金属颗粒含量、酸碱性会发生相应的变化。其黏度变大、机械杂质变多、金属颗粒含量增高会使其产生的液压阻力变大,从而使后坐距离过短。其 pH 值也会向中性与酸性方面转化。若驻退液的 pH 值小于 7 呈酸性,会对反后坐装置的零部件起腐蚀作用,而使驻退液变质,影响反后坐装置的正常工作,阻碍坦克炮射击的正常进行,严重时会发生炮毁人亡的事故。因此,为了避免这类事故的发生,应该结合每年换季保养时机和坦克炮实弹射击前,检查驻退液的质量,发现驻退液变质应立即更换,以保证反后坐装置始终处于良好的战备状态。

检测方法如下。

(1) 使用油液质量快速分析仪检查驻退液的黏度、机械杂质、金属颗粒含量、酸碱性是否符合标准。

(2) 将复进机或驻退机内的液体分别放置在清洁的玻璃管或其他干净容器内,用广泛围试纸检查其碱度,将试纸浸入驻退液后拿出,约半分钟后,将试纸呈现的颜色与色标比较,若在 7.4~11.5 的范围内则为合格,否则为变质。

此外,还可根据驻退液的颜色、透明度、气味、防腐蚀能力和黏度等检查驻退液的质量。驻退液呈黄绿、绿、深绿或稍带蓝色为合格,呈墨绿色时为变质;将驻退液盛装于直径为 12~15mm 的玻璃试管内,呈透明或半透明为合格,否则为变质;驻退液有酒精香味为合格,有腥臭味为变质;若反后坐装置普遍有腐蚀现象,用手搓捻液体无胶着感觉,则为变质。

4）故障 D 驻退机节制后坐阻力过大

驻退机工作腔中的压力作用在活塞上,即形成对后坐部分运动的阻力,称为液压阻力。该液压阻力与活塞的工作面积、流液孔面积和液体流动的速度有关。驻退机中驻退液都有一定程度的可压缩性,造成驻退液的密度逐渐增大。这种液体密度的变化直接影响驻退机内液体的流速和工作腔液体压力的变化。而驻退液的黏性,使液体分子之间、液体与筒壁之间产生摩擦阻力,消耗了一部分后坐能量,并使流液孔附近出现液体收缩和脱离现象。在整个后坐过程中,流经流液孔的液体流速和工作腔的液体压力,经历了从零到最大,再从最大减小至零的过程。紧塞器和驻退杆相配合用来密封驻退液,当其旋得过紧时,紧塞器和驻退杆间压力增大,摩擦力也就增大,使后坐时的阻力增大,导致后坐距离变短。从而驻退液过多、调速筒活门阻塞、紧塞器调整过紧等都会使驻退机节制后坐阻力过大,使后坐距离过短。

检测方法如下。

（1）驻退液过多。赋予火炮 6° 仰角,在高低水准器上装定射角 31-00,转动高低机,使水准气泡居中。拧下驻退筒上的注液孔螺塞,若能看到孔内液体,则液量符合标准,否则应添至溢出时为止,然后拧紧螺塞。

（2）调速筒活门锈蚀、阻塞未能及时打开。使用肉眼观察,分解开驻退机,查看其是否有锈蚀、阻塞。

（3）紧塞器调整不当,旋得过紧。紧塞器调整完毕后用测力工具检测其摩擦力是否符合要求。

5）故障 E 复进机液量或气压过大

火炮后坐时,复进机内的气体和液体由于被压缩的结果,内能增大,压力和温度升高。当复进机液量或气压过大时,其内部能量越大越不容易被压缩,对后坐的阻力也就越大,使后坐的距离越短。

检测方法:图 2-14 所示为液量检查仪的安装示意图。

(1) 操作步骤。

① 将气瓶挂在护架右侧,将导管与检查筒连接,再接到气瓶上。

② 在复进机注液孔处拧上带气压表的三通管,然后使火炮成约 -3° 的射角。

③ 拧松开闭杆,记下气压表所示气压数。

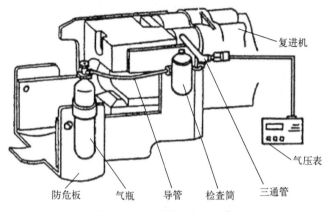

图 2-14 液量检查仪的安装

④ 拧下三通管另一支管上的螺盖,接上检查筒,再慢慢地拧松开闭杆少许,使复进机内气体进入检查筒内,待气压表指针稳定后,稍停片刻,拧紧开闭杆,记下气压表所示气压数。

⑤ 根据两次测得的压力值查液量检查表(横坐标为初压力值,纵坐标为向检查筒放气后的压力值)(图 2-15)。若交点在中斜线上,则复进机液量为标准;若交点在上斜线上方,则液量多于标准;若交点在下斜线下方,则液量少于标准。液量多少,可根据交点在竖线上到中斜线的距离格数,按比例求出。

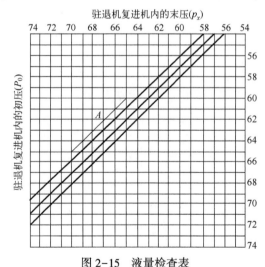

图 2-15 液量检查表

(2)检查结果的处理。

根据检查结果按以下 3 种情况处理。

① 液量为标准时,慢慢打开气瓶,同时拧松开闭杆,向复进机内加气,达到

标准压力时,拧紧开闭杆及气瓶开关。将检查筒带弯管的接头从三通管的支管上拧下,再拧下三通管,然后进行液体闭气。

② 液量不足时,拧下检查筒上盖的注液孔螺塞,将缺少的液量用漏斗倒入检查筒内,再拧紧螺塞,取下气压表,拧上螺塞,然后慢慢打开气瓶,并拧松开闭杆,用高压气体将液体从检查筒内压入复进机内,加添完毕后拧紧开闭杆和气瓶开关,然后检查气压是否符合标准,气压符合标准后,进行液体闭气。

③ 液量多于标准时,取下检查筒与三通管的接头和气压表,拧上支管上的螺塞,在另一支管下方放一个量杯,赋予火炮仰角,拧松开闭杆少许,放出多余液体,然后检查气压是否符合标准,气压符合标准后,进行液体闭气。

6) 故障 F 火炮的装药等

在射击过程中由于发射的炮弹是减装药炮弹或炮弹不达标装药过少,发射过程中产生的火药气体比正常的标准弹药要少,其作用力也较小,从而产生的后坐力也较小,故而出现后坐距离过短的现象。这种情况下不能说明反后坐装置有故障,属于正常,应该多试验几次后再做结论。

3. 复进过猛

后坐结束时,复进机外筒中的气体急剧膨胀,将液体压向内筒,液体即推压活塞使火炮后坐部分回到原位。

火炮复进时,活塞前端的液体经节制杆与节制环间的环形间隙流向活塞后端,而活瓣后端的液体挤压活瓣封闭了调速筒后端,液体只能从调速筒与驻退杆内表面的间隙流向活塞前端,产生较大的复进阻力,使火炮复进平稳。

复进过程中,因复进力过大而造成复进过猛。产生复进过猛主要原因是复进机的复进力较大或驻退机的复进阻力较小。对复进过猛进行故障树分析,如图 2-16 所示。

1) 驻退机的节制复进阻力减小

复进过程中复进机较大的复进力没有力的平衡,使火炮不能平稳复进。因驻退机的结构比较复杂,有多种原因可造成节制复进阻力减小,如驻退机活塞套磨损、调速筒与活瓣贴合不良、活瓣在调速筒上移动不灵活、节制杆与节制环磨损及节制杆调速筒磨损等。分析一下主要是因为复进时,一些密封件的磨损、控制件的功能不全、作用失效等,使驻退机的节制复进阻力减小。

故障分析及检测方法如下。

(1) 驻退机活塞套磨损。在活塞筒内做运动,也受到较大的力,主要用肉眼观察的方法进行检查。

(2) 调速筒与活瓣贴合不良。检测方法主要是通过观察,与正常情况时作比较来判断。

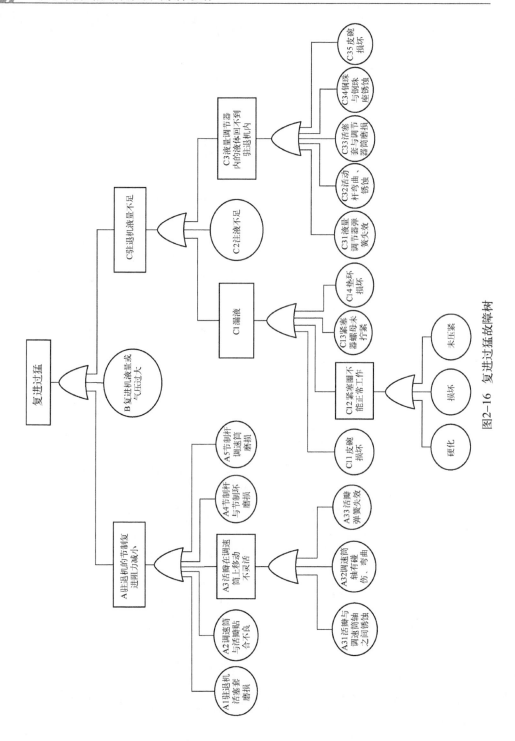

图2-16 复进过猛故障树

(3) 活瓣在调速筒上移动不灵活。后坐时,支流经活塞上另一排后斜的孔进入驻退杆内壁与内筒外表面形成的空隙,再从内筒后端的活瓣座上的通孔流过并推开活瓣进入内腔。复进时,活瓣在弹簧作用下,关闭了通孔,使内腔液体不能回流,液体只能沿内筒内表面的沟槽与节制杆活塞形成的复进节制流液孔流回活塞内腔。若活瓣在调速筒上移动不灵活,复进时内腔液体直接通过活瓣回流而没有通过流液孔回流,也就没有液压阻力产生。

(4) 节制杆与节制环磨损。当驻退液流经环形流液孔时,液体的高速流动会对节制杆和节制环表面造成很大冲击。节制环在这种压力下产生变形,当应变累积到一定程度时,就形成碎屑,并混杂在驻退液里,使驻退液的流动由纯液相流动变成液固两相流动。在这种带有碎屑的驻退液反复的冲击和挤压作用下,节制环和节制杆表面会形成薄弱皮层,达到疲劳极限后就会出现麻面和微坑。

① 可以用肉眼观察表面是否有麻面、微坑和磨损。
② 可以使用 X 射线、声发射等方法检测磨损。

(5) 节制杆调速筒磨损。复进时,驻退机内腔的驻退液在复进力的作用下通过节制杆上的沟槽向外腔流动,流经沟槽时产生液压阻力控制复进速度保障复进的平稳。若节制杆调速筒磨损,则驻退液可经过的沟槽的面积增大,产生的液压阻力将变小,导致复进速度过快,复进过猛。

检测方法如下:
① 可以用肉眼观察表面是否有麻面、微坑和磨损。
② 可以使用 X 射线、声发射等方法检测磨损。

2) 复进机液量或气压过大

火炮后坐时,复进机内的气体和液体由于被压缩的结果,内能增大,复进时,依靠这些内能所做的功,又把内能转化为复进动能,推动炮身复进到原位,此时气体压力、温度又降低。当复进机液量或气压过大时,后坐结束时复进机内储存的能量就过多,使后坐过猛。

检测方法:和后坐过短故障的检测方法相同(后坐过短)。

3) 驻退机液量不足

反后坐装置的液量和气压的多少,是影响后坐、复进动作的重要因素。驻退机漏液使工作腔产生一段真空,真空段液压阻力为零,即起始段有一段时间驻退机液压阻力为零,只有复进节制器提供的液压阻力在起作用,所以起始段后坐阻力较正常情况要小很多。同理,复进开始时复进节制力也为零,复进节制力变小也会导致复进速度增加, 复进距离变大。

驻退机液量不足可能由多种原因造成,如 C_1 漏液、C_2 注液不足、C_3 液量调节器内的液体回不到驻退机内。对驻退机漏液现象进行具体分析,通常漏液是由紧塞件失效造成的。驻退机中的紧塞件主要是尼龙环和橡胶环。通过尼龙环压紧橡胶环,使橡胶环膨胀以达到密封作用。由于橡胶环不耐高温,所以火炮在连续射击和长期使用过程中会使橡胶环硬化,直至失去紧塞作用。另外在驻退机的工作过程中,驻退液冲蚀磨损产生的碎屑会对紧塞元件产生冲击,随着冲击的加剧,紧塞件的性能不断降低,也会导致驻退机漏液。除了液体的内部作用使紧塞件失效产生漏液,注液孔螺塞未拧紧等外在因素也会导致漏液。

检测方法:同上(后坐过长)。

(三) 复进不足

复进是在后坐结束后,炮身后坐时压缩复进机的弹性介质而储能,在复进时弹性介质释放能量,推动炮身复进到位。为防止复进过猛,同时驻退机会产生复进阻力。复进不足主要是因为后坐终了后复进机储能不足或驻退机的复进阻力过大。因火炮复进不到位,会在下一发射击时的后坐长度较以前短,使最大后坐距离较长,造成反后坐装置和其他机构的损坏。下面对造成复进不足的原因作具体分析,并制定其检测方法。复进不足故障的故障树分析过程如图 2-17 所示。

1) 故障 A 驻退杆、复进杆和节制杆弯曲

由于外力撞击或后坐、复进过程中的作用而导致驻退杆、复进杆和节制杆弯曲。一般不易发生,且小幅度的弯曲变形对后坐和复进的影响不大。弯曲变形后会加快磨损,弯曲变形幅度过大时会使反后坐装置不能正常工作。

检测方法:

(1) 用肉眼观察,可以分解开反后坐装置或使其处于最大后坐长度,当弯曲变形较大时可以用眼睛观察其变形。

(2) 将机杆用 V 形铁支撑在平台上,观察机杆的平行度。

2) 故障 C 驻退液变质

反后坐装置的驻退液长时期放置或进行多次实弹射击训练后,经过升温与降温的不断变化,驻退液的黏度、机械杂质、金属颗粒含量、酸碱性会发生相应的变化。其黏度变大、机械杂质变多、金属颗粒含量增高会使其产生的液压阻力变大,从而使后坐距离过短。其 pH 值也会向中性与酸性方面转化。若驻退液的 pH 值小于 7 呈酸性,会对反后坐装置的零部件起腐蚀作用,而使驻退液变质,影响反后坐装置的正常工作,阻碍坦克炮射击的正常进行,严重时会发生炮毁人亡的事故。因此,为了避免这类事故的发生,应该结合每年换季保养时机和坦克炮实弹射击前,检查驻退液的质量,发现驻退液变质应立即更换,以保证反后坐装置始终处于良好的战备状态。

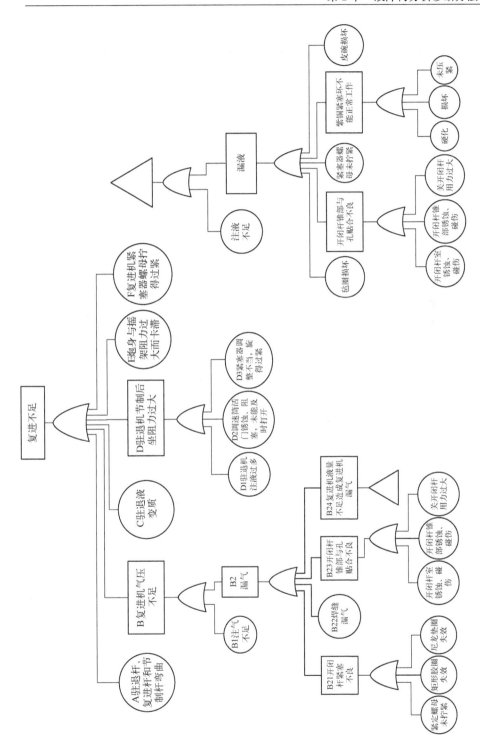

图2-17 复进不足故障树

检查方法：

(1) 使用油液质量快速分析仪检查驻退液的黏度、机械杂质、金属颗粒含量、酸碱性是否符合标准。

(2) 将复进机或驻退机内的液体分别放置在清洁的玻璃管或其他干净容器内，用广泛围试纸检查其碱度，将试纸浸入驻退液后拿出，约半分钟后，将试纸呈现的颜色与色标比较，若在 7.4~11.5 的范围内则为合格，否则为变质。

此外，还可根据驻退液的颜色、透明度、气味、防腐蚀能力和黏度等检查驻退液的质量。驻退液呈黄绿、绿、深绿或稍带蓝色为合格，呈墨绿色时为变质；将驻退液盛装于直径为 12~15mm 的玻璃试管内，呈透明或半透明为合格，否则为变质；驻退液有酒精香味为合格，若有腥臭味为变质；若反后坐装置普遍有腐蚀现象，用手搓捻液体无胶着感觉，则为变质。

3) 故障 D 驻退机节制后坐阻力过大

驻退机工作腔中的压力作用在活塞上，即形成对后坐部分运动的阻力，称为液压阻力。该液压阻力与活塞的工作面积、流液孔面积和液体流动的速度有关。驻退机中驻退液都有一定程度的可压缩性，造成驻退液的密度逐渐增大。这种液体密度的变化直接影响驻退机内液体的流速和工作腔液体压力的变化。而驻退液的黏性，使液体分子之间、液体与筒壁之间产生摩擦阻力，消耗了一部分后坐能量，并使流液孔附近出现液体收缩和脱离现象。在整个后坐过程中，流经流液孔的液体流速和工作腔的液体压力，经历了从零到最大，再从最大减小至零的过程。紧塞器和驻退杆相配合用来密封驻退液，当其旋得过紧时，紧塞器和驻退杆间压力增大，摩擦力也就增大，使复进时的阻力增大，导致复进距离变短。从而驻退液过多、调速筒活门阻塞、紧塞器调整过紧等都会使驻退机节制后坐阻力过大，使复进不足。

检测方法：

(1) 驻退液过多。赋予火炮 6°仰角，在高低水准器上装定射角 31—00，转动高低机，使水准气泡居中。拧下驻退筒上的注液孔螺塞，若能看到孔内液体，则液量符合标准，否则应添至溢出时为止，然后拧紧螺塞。

(2) 调速筒活门锈蚀、阻塞未能及时打开。使用肉眼观察，分解开驻退机，查看其是否有锈蚀、阻塞。

(3) 紧塞器调整不当，旋得过紧。紧塞器调整完毕后用测力工具检测其摩擦力是否符合要求。

4) 故障 E 炮身与摇架阻力过大而卡滞

复进过程中，炮身与摇架要做相对运动时，因之间阻力过大而使复进不能到达规定的位置。

检测方法：
(1) 查看炮身与摇架之间有无异物。
(2) 拆下反后坐装置，进行人工后坐运动，测其之间阻力大小。

5) 复进机紧塞器螺母拧得过紧

复进机紧塞器和复进杆相配合用来密封复进机驻退液，当其旋得过紧时，紧塞器和复进杆间压力增大，摩擦力也就增大，使复进时的阻力增大，导致复进距离变短。

检测方法：紧塞器调整完毕后用测力工具检测其摩擦力是否符合要求。

2.2.4 高低机的故障机理及检测方法

1. 高低机用途和构造

高低机用在 $-4°\sim+13°$ 范围内赋予火炮和并列机枪一定的射角。高低机固定在火炮左支架上，它由蜗轮箱、传动装置、解脱装置和离合装置4部分组成。

(1) 蜗轮箱：用以结合高低机的零件、箱盖和箱体中间孔压有衬套，蜗杆室内拧有调整螺母用以调整蜗杆的轴向间隙。

(2) 传动装置：由转轮蜗杆、蜗杆轴、蜗轮、高低齿轮及轴和高低齿弧组成。转轮和蜗杆分别用键固定在蜗杆上。蜗轮通过离合装置与高低齿轮轴连接在一起。高低齿轮与固定在摇架上的高低齿弧相啮合。

(3) 解脱装置：用以使蜗杆和蜗轮分离。它由偏心套筒和解脱子组成。偏心套筒装在蜗轮箱内，在手动瞄准转入用稳定器瞄准时能使蜗杆与蜗轮分离。

(4) 离合装置：它由摩擦锥体、碟形弹簧、紧定套筒、紧定螺母等组成。当火炮解脱固定而坦克还在运动状态，且有剧烈振动时，离合装置可保护高低机部件免于发生故障和损坏，此时力矩（负荷）以高低齿弧传到齿轮轴上，又经端齿离合器中间离合器传到离合器上，如果此时所产生的力矩超过离合装置所规定的力矩，则根据力矩的方向，或者端齿离合器自身，或者中间离合器一起挤压碟形弹簧，对离合器做相对滑动。这样可保护高低机的零件和高低齿弧不受损害。

2. 高低机的工作原理

火炮的高低瞄准是通过转动高低机转轮或操纵稳定器的操纵台握把进行的。当转动转轮时，蜗杆带动蜗轮。蜗轮通过摩擦离合器带动高低齿轮轴和高低齿轮转动，高低齿轮轴拨动摇架上的高低齿弧，使火炮绕耳轴俯仰转动（$5°\pm1°$至$18°\pm1°$）。当火炮发生剧烈振动时，高低齿轮和轴通过摩擦离合器在蜗轮内打滑，蜗轮被蜗杆控制在原位不动，保证了高低机机件不受破坏。

高低机故障的故障树分析过程如图2-18所示。

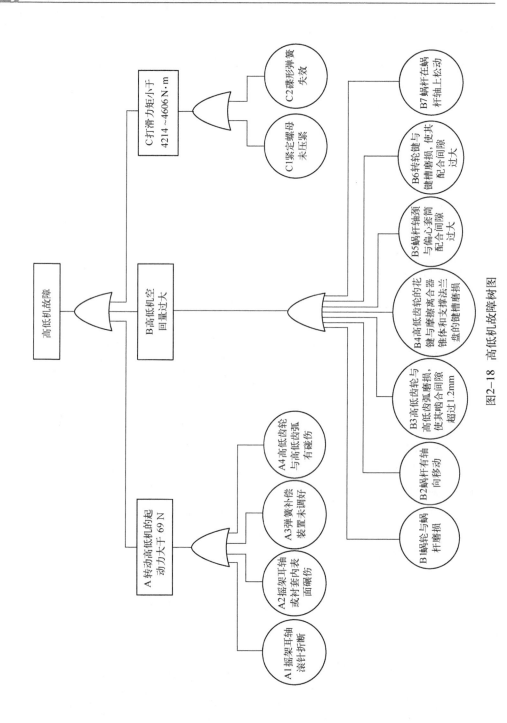

图2-18 高低机故障树图

1）转动高低机的起动力大于 69N

高低机手轮力测量方法：

（1）将火炮呈战斗状态。

（2）在平衡机工作正常条件下进行高低机手轮力的测量。为了使坦克炮或高海炮起落部分获得良好的平衡，测量前在炮身药室或扬弹线、供弹机里装入规定数量与制式实弹相同的砂弹。

（3）将带导槽的木盘或铁盘固定在手轮上（盘的导槽直径应等手轮直径），绳子的一端固定在木盘或铁盘的槽内，并绕导槽缠 3~4 圈，另一端与测力计相连。

（4）沿着木盘或铁盘圆周切线的方向拉测力计，当手轮开始转动时，在测力计读取起动力，当手轮继续运转（手轮转第二转）时，在测力计上读取相继运动力。

应当注意：瞄准机手轮的力在起落部分加速期间（起动力）主要取决于加速的时间或速度，也就是说瞄准的角加速度越大，则起动力越大。因此在测起动力时，力值的分散实际上是很大的。相继运动时的力（无角加速度）不取决于瞄准速度。

（5）在同一角度要进行向上、向下或向左、向右的手轮力的测定，以便求出在该角度上的力差。

测量 3 次取算术平均值，测量结果记录。

导致转动高低机的起动力大于 69N 的故障分析及检测方法：

（1）摇架耳轴滚针折断、摇架耳轴或衬套内表面碾伤。高低机的工作是通过转动高低机使火炮绕耳轴俯仰转动。若摇架耳轴滚针折断或摇架耳轴或衬套内表面碾伤，则火炮不能正常地绕耳轴转动，或转动过程中的阻力过大，造成转动高低机的起动力大于 69N。其检测方法为，观察火炮的上下俯仰是否连续平稳、是否有卡滞，若有则说明摇架耳轴滚针折断或摇架耳轴或衬套内表面碾伤，需要进一步卸下耳轴进行确定。

（2）高低齿轮与高低齿弧有碰伤。高低齿轮与高低齿弧有碰伤使它们之间的配合不准确，且之间的摩擦力和传递能量损失加大，造成转动高低机的起动力大于 69N。其检测方法为观察高低齿轮和高低齿弧上是否有碰伤。

2）高低机空回量过大

空回量就是主动件使被动件开始运动前的瞬间，反映在方向机即手轮上的空转运动量。产生空回的主要原因是各机构零件的活动连接处的间隙、磨损以及机构没有调整好。

空回量过大，将会影响射击精度，增加零件间的冲击，加速零件磨损，同时会延长瞄准时间。因此被试火炮的方向机的空回量一定要符合图纸资料的规定。

高低机的空回量测量方法：

(1) 将火炮放置在平坦的场地上,使火炮身管与地表平行;

(2) 向一个方向转动高低机,使瞄准镜高低水准气泡或用象限仪放置在炮身水平台上的气泡居中,并在高低机手轮与其他相对静止的零件上划一条互相对正的标线,或在相对静止的部分固定一指针,指针指在手轮的标记上;

(3) 向同一方向转动手轮 2~3 圈,使水准气泡离开居中位置,然后反方向转动手轮,使气泡居中;

(4) 通过划在静止零件上的标线,在手轮上划第二条标线,手轮上两标线间的夹角即为高低机空回量;

(5) 测量 3 次取算术平均值,测量结果记录。

导致转动高低机空回量过大的故障分析及检测方法:

(1) 高低齿轮与高低齿弧磨损其啮合间隙超过 1.2mm,使转动刚开始时高低齿轮有一段空转运动。检测方法:采用直接测量的方法。

(2) 蜗轮和蜗杆磨损、蜗杆有轴向移动、蜗杆轴颈与偏心套筒配合间隙过大及蜗杆在蜗杆轴上松动。蜗轮和蜗杆磨损,使蜗轮与蜗杆间隙变大。蜗杆有轴向移动,也使蜗杆与蜗轮间配合不紧凑,间隙变大。蜗杆轴颈与偏心套筒配合间隙过大,也使蜗杆不稳定,会产生垂直于轴向的运动,而影响蜗杆与蜗轮的正常转动。检测方法为观察蜗杆和蜗轮间是否磨损,检测蜗杆在各个方向的固定是否可靠。

(3) 高低齿轮的花键与摩擦离合器锥体和支撑法兰盘的键槽磨损,使高低齿轮与摩擦离合器锥体和支撑法兰盘之间的间隙变大,配合变松,力的传递过程中会出现空回。检测方法:拆开高低齿轮与摩擦离合器锥体和支撑法兰盘,观察花键和键槽的棱角是否磨损。

(4) 转轮键与键槽磨损,使其配合间隙过大,力的传递过程中会出现空回。检测方法:拆开高低齿轮与摩擦离合器锥体和支撑法兰盘,观察花键和键槽的棱角是否磨损。

2.2.5　方向机故障机理分析及检测方法

方向机固定在炮塔左侧的炮塔壁上,用于和炮塔齿圈配合转动,从而带动炮塔运动,赋予火炮和并列机枪水平射向。方向机有电驱动和手驱动两种功能。在使用方向稳定器或电传动时,方向机由电驱动以各种速度调转炮塔,实现搜索目标和精确瞄准或稳定炮塔。在手驱动的手柄端部装有并列机枪电击发按钮,用于击发并列机枪。

一、方向机工作原理及技术要求

方向机用于方向稳定器或手轮转动炮塔,使火炮和并列机枪能够水平射向。其主要由箱体、炮塔电动机、电磁离合器、测速电机、保险离合器、行星齿轮机构、手轮及蜗轮蜗杆机构、消除空回机构、齿圈固定器、方位指示器等部分组成。其工作方式可分为手摇旋转炮塔和电动旋转炮塔。

(1) 电驱动。当电驱动炮塔时,应先将转换手柄转向下方位置,使齿圈固定。电磁离合器通电,在电磁力的作用下,电磁离合器衔铁吸向上方,摩擦片因压力消失而分离,使炮塔电动机齿轮转动,并通过两对齿轮带动太阳齿轮转动。由于齿圈被固定,太阳齿轮带动行星齿轮,行星齿轮带动行星排的行星框架转动,行星框架通过主动齿轮带动拨动齿轮在炮塔齿圈上滚动,从而带动炮塔转动。

(2) 手驱动。当手驱动炮塔时,转换手柄转向上方,解脱齿圈,切断电磁离合器电源,电磁离合器衔铁在弹簧力的作用下将摩擦片压紧,使炮塔电动机齿轮轴制动,从而制动了行星排的太阳齿轮。当转动手轮时,动力通过蜗杆、蜗轮、齿圈传递给行星排齿圈,行星排齿圈带动主动齿轮、拨动齿轮在炮塔上滚动,使炮塔转动。

二、对炮塔方向机的技术要求

(1) 保证炮塔旋转速度在 0.05~10(°)/s 范围内平稳变化,以便在战场上搜索目标、跟踪目标以及对目标进行精确瞄准。

(2) 能迅速地将火力从一个目标调转到另一个目标。炮塔最大转速应在反坦克武器两次射击的时间间隔内,保证炮塔能够转动最大可能的角度(180°)。

(3) 炮塔能迅速制动。炮塔的转动速度和制动能力越强,越能使武器迅速和准确地瞄准目标,以及具有更快的发射速度。

(4) 炮塔旋转的不可逆性。要保证在外力矩、重力、惯性力、弹丸冲击作用下,不使炮塔发生回转。

(5) 在方向机中有过载保护装置。当炮塔转速剧烈变化或者碰到障碍、受到过大的外力矩时,保险装置应能打滑,以免方向机本身损坏。

(6) 炮塔的空回要小。对炮塔空回影响最大的是方向机拨动齿轮和齿圈齿轮之间的间隙,以及蜗轮蜗杆和行星转动中的间隙。

(7) 手驱动手柄上的力,当坦克处于水平地段时应不大于40N;当炮塔倾斜15°时,电传动应能旋转炮塔。这就需要手驱动机构的效率要高,传动比要大,座圈和方向机的润滑要可靠。

三、常见故障分析与检测方法

方向机故障的故障树分析如图2-19所示。

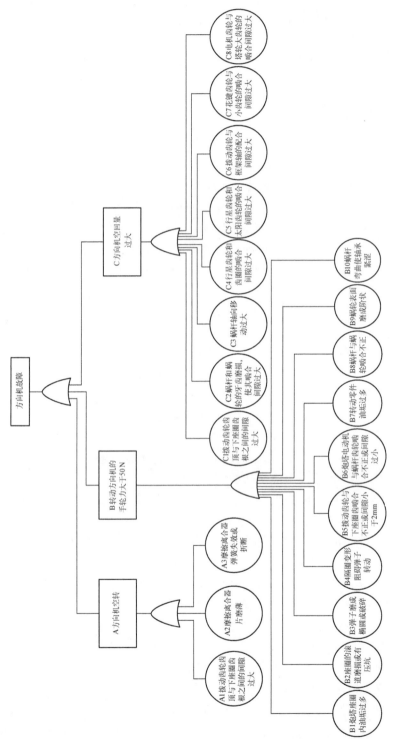

图2-19 方向机故障树

1. 方向机空转

(1) 拨动齿轮齿顶与下座圈齿根之间的间隙过大时,拨动齿轮齿顶与下座圈齿根没有啮合,拨动齿轮的力无法传递到下座圈,使方向机空转。

检测方法:肉眼观察拨动齿轮齿顶与下座圈齿根之间的距离,并用游标卡尺测量两者之间的距离是否符合要求。

(2) 摩擦离合器片磨薄。

根据摩擦离合器原理,摩擦离合器磨薄会使摩擦离合器片间摩擦减小,导致力无法正常传递。

检测方法:分解摩擦离合器片,测量摩擦离合器片厚度是否符合标准,也可检查摩擦离合器片上是否有积尘。

(3) 摩擦离合器弹簧失效或折断。根据摩擦离合器原理,摩擦离合器弹簧失效或折断会造成摩擦离合器片之间摩擦减小甚至没有摩擦力,使力不能正常传递,造成方向机空转。

检测方法:分解摩擦离合器,测量摩擦离合器弹簧的力是否符合标准,并检查其是否折断。

2. 转动方向机的手轮力大于 50N

方向机手轮力大小的测量方法:

(1) 使火炮呈战斗状态。

(2) 在平衡机工作正常条件下进行手轮力的测量。为了使坦克炮起落部分获得良好的平衡,测量前在炮身药室或扬弹线、供弹机里装入规定数量与制式实弹相同的砂弹。

(3) 将带导槽的木盘或铁盘固定在手轮上(盘的导槽直径应等手轮直径),绳子的一端固定在木盘或铁盘的槽内,并绕导槽缠 3~4 圈,另一端与测力计相连。

(4) 沿着木盘或铁盘圆周切线的方向拉测力计,当手轮开始转动时,在测力计读取起动力,当手轮继续运转(手轮转第二转)时,在测力计上读取相继运动力。

应当注意:瞄准机手轮的力在起落部分加速期间(起动力)主要取决于加速的时间或速度,也就是说瞄准的角加速度越大,则起动力越大。因此在测起动力时,力值的分散实际上是很大的。相继运动时的力(无角加速度)不取决于瞄准速度。

(5) 在同一角度要进行向上、向下或向左、向右的手轮力的测定,以便求出在该角度上的力差。

测量 3 次取算术平均值,测量结果记录。

使手轮力大于 50N 的故障分析及检测方法:由于手动齿轮的工作过程,手轮力的传递经历的环节比较多,所以在传递过程中容易造成力的损失,下面将可能使手轮力大于50N的故障分析如下。

(1)炮塔座圈内油垢过多、座圈的滚道磨损或有压坑、弹子磨成椭圆或碎裂、隔圈变形阻碍弹子转动,会使座圈转动时的摩擦力变大,需要更大的手轮力才能使炮塔转动。都可通过肉眼观察检测其是否有故障。

(2)拨动齿轮与下座圈齿啮合不正或间隙小于2mm、炮塔电动机与蜗杆齿轮啮合不正或间隙过小,使齿轮间力量传递方向不准确,也使齿间磨损加大,从而造成能量损失和力的减小。检测方法:用游标卡尺测量两齿轮啮合间隙的距离是否过小。

(3)转动零件油垢过多,使零件之间的摩擦力变大,需要更大的手轮力才能使炮塔转动。可通过肉眼观察检测其转动零件间是否油垢过多。

(4)蜗杆与蜗轮的啮合不正会使它们之间的摩擦力变大,如果方向不正确,还会使其力的传递的力矩变小,需要更大的手轮力才能满足正常的工作。蜗轮表面磨损使蜗轮与蜗杆间摩擦力变大。检测方法:用仪器检查它们的空间位置是否符合要求,观察蜗杆和蜗轮间是否有磨损。

(5)蜗杆弯曲,使轴承紧涩。蜗杆弯曲使蜗杆与蜗轮的啮合不正,还使固定蜗杆的轴承变得紧涩,摩擦力变大,需要更大的手轮力才能满足正常的工作。检测方法:肉眼观察蜗杆是否弯曲,转动蜗杆看其转动是否正常。

3. 方向机空回量过大

空回量就是主动件使被动件开始运动前的瞬间,反映在方向机即手轮上的空转运动量。产生空回的主要原因是各机构零件的活动连接处的间隙、磨损以及机构没有调整好。空回量过大,将会影响射击精度,增加零件间的冲击,加速零件磨损,同时会延长瞄准时间。因此被试火炮的方向机的空回量一定要符合图纸资料的规定。

1)方向机空回测量方法

(1)方法一:

① 装上瞄准镜;

② 转方向机手轮,通过瞄准镜瞄准远方一瞄准点,在手轮与其他相对静止的零件上,固定一指针或划一条互相对正的标线;

③ 向同一方向转动手轮2~3圈,再反方向转动手轮,通过瞄准镜,重新瞄准原瞄准点;

④ 通过划在静止零件上的标线,在手轮上划第二条标线,手轮上两条标线间的夹角即为方向机空回量;

⑤ 测量3次取算术平均值,记录测量结果。

(2) 方法二：

瞄准点法：选择一瞄准点，从左侧操作方向机使中央大指标瞄准该点，记下手轮位置，然后继续操作使其离开瞄准点，再从右侧操作方向机使中央大指标瞄准该点，记下手轮位置，两个位置差即为空回量，检查其大小。

2) 方向机空回量过大的故障机理分析及检测

（1）拨动齿轮齿顶与下座圈齿根之间的间隙过大时，拨动齿轮齿顶与下座圈齿根没有啮合，拨动齿轮的力无法传递到下座圈，使方向机空转。

检测方法：肉眼观察拨动齿轮齿顶与下座圈齿根之间的距离，并用游标卡尺测量两者之间的距离是否符合要求。

（2）蜗杆和蜗轮的牙齿磨损，使其传递时之间有间隙，导致方向机空回。

检测方法：测量蜗杆和蜗轮的牙齿是否符合标准。

（3）蜗杆轴向移量过大导致蜗杆和蜗轮相脱离，在脱离后因为没有传递，蜗杆会空转，造成方向机空回。

检测方法：查看蜗杆两侧的固定是否可靠；也可进行蜗杆和蜗轮的传递实验，看是否有没啮合的情况发生。

（4）行星齿轮和齿圈的啮合间隙过大，使行星齿轮和齿圈没有准确啮合，导致传递时会有间隙而空转。

检测方法：检测啮合间隙是否符合标准。

（5）行星齿轮和太阳齿轮的啮合间隙过大，使行星齿轮和太阳齿轮没有准确啮合，导致传递时会有间隙而空转。

检测方法：检测啮合间隙是否符合标准。

（6）拨动齿轮与框架轴的配合间隙过大，会使拨动齿轮有自由行程，也会使拨动齿轮与框架轴的配合不精密，造成方向机的空回。

检测方法：检测拨动齿轮在框架轴里是否有移位。

（7）花键齿轮与小齿轮的啮合间隙过大，使齿轮在未啮合时有运动。

检测方法：测量其啮合间隙是否符合标准。

（8）电机齿轮与塔轮大齿轮的啮合间隙过大，会使电机齿轮有自由行程，也会使电机齿轮与塔轮大齿轮的配合不精密，造成方向机的空回。

检测方法：测量其啮合间隙。

2.2.6 其他部件故障机理及检测方法

1. 耳轴

耳轴用以将火炮安装在炮塔内，为全炮射角的回转中心。耳轴由本体、滚针、轴套、垫圈、盖板和固定螺栓等组成。

其常见的故障有:断针和耳轴内过脏。这些都会影响火炮以耳轴为中心的平稳连续转动。可以分解开耳轴,检查滚针是否完好以及内部是否过脏。

2. 摇架

摇架是结合火炮摇动部分各部件的主体,它借助两个耳轴将火炮装在炮塔内的炮支架上,并供炮身在后坐、复进时在其内滑动,以规正炮身运动方向。125mm 炮由摇架本体、左右耳轴孔、机枪支座、齿弧支撑板、高低齿弧、防转键、缓冲垫、标牌、油管等部件组成。其常见故障有:

(1) 摇架本体上有裂纹,使固定在摇架上的各部件不可靠。可擦洗干净后通过肉眼观察。

(2) 耳轴孔磨损变大,使耳轴不能按预定轨道运动,也会加速耳轴孔的磨损。可通过测量检查。

(3) 防转键磨损变形,使火炮在后坐或复进时有轴向转动。可以通过测量键的尺寸来检查。

3. 热护套

热护套的作用是防止火炮身管受阳光照射或风吹雨淋等环境因素所致不均匀热分布产生的弯曲变形。热护套为双层铝板,结构由 6 段组成,每段有硅橡胶支垫并由钢带卡箍固定在身管外表的凸台内。为防止射击时前后移动,上方有突缘用螺钉固定,下方有漏水孔,热护套的防护效率为 60%。其常见故障有:

(1) 热护套破损,影响其隔热效果,通过肉眼观察来检测。

(2) 漏水孔堵塞,使热护套内有积水,造成身管锈蚀。

4. 防危板

摇架的后部固定有防危板,该防危板由左、右侧板和底座组成。左侧板上焊有支环,支环内安装有关闩装置和复拔器共用的轴,下部装有手发射装置的握把,上部安装有高低水准器的托架。左侧板的内侧有复进机液量检查表。右侧板上有后坐指示器和手发射装置的闭锁器。左、右侧板的下部都焊有法兰盘,用以安装将火炮从炮塔内推出的推炮装置。右侧板的前部有定位套。借助电机闭锁器将火炮闭锁在装填角上。在防危板的底座上装有电发射和机械发射装置、平衡配重铁和焊有用来安装弹底壳抛出机构减速器的支架。其常见故障主要是防危板变形,导致固定其上的各个部件不能准确地工作,检测方法是测量其尺寸并与标准值比较。

5. 炮塔座圈

炮塔座圈是装在炮塔与车体顶装甲之间的滚动支承,用以支承炮塔,使炮塔对车体可轻便地做 360° 的旋转。炮塔座圈主要由固定在炮塔上的上座圈、固定在车体顶装甲板上的下座圈、滚珠总成和密封装置等组成。其常见故障有：

(1) 上下座圈变形，使炮塔不能正常转动。通过测量其直径检查。

(2) 滚珠破裂，使炮塔不能正常转动。拆下滚珠检查是否破裂。

(3) 密封装置失效，失效后炮塔转动时因没有润滑油而干磨，加速磨损。检查炮塔座圈上是否有油污。

6. 高低水准器

高低水准器用以在间接瞄准射击时，装定火炮的射角或在武器检查时装定规定的火炮俯仰角。高低水准器固定在火炮左防危板上。它由本体、水准器座、转轮、补助分划及水准气泡玻璃管等组成。其常见故障有：

(1) 纵向水准器转向紧涩，使调整火炮俯仰变得困难，加速各部件间的磨损。通过测量调整火炮俯仰角时的转向力来测量。

(2) 纵向水准器空回量过大，空回量就是主动件使被动件开始运动前的瞬间，反映在高低水准器上的空转运动量。产生空回的主要原因是各机构零件的活动连接处的间隙、磨损以及机构没有调整好。空回量过大，将会影响射击精度，增加零件间的冲击，加速零件磨损，同时会延长瞄准时间。

2.3 自动武器故障机理及检测方法

随着科学技术的发展，武器装备越来越复杂，自动化水平越来越高，自动武器在现代战争中的作用和影响越来越大，武器使用中发生的任何故障或失效不仅会影响我军战斗力，更可能导致人员伤亡。通过对自动武器进行检测，对故障发展趋势进行早期诊断，找出故障原因，采取措施避免装备的突然损坏，使之安全有效地运转，在现代战争中起着重要的作用。开展自动武器故障诊断技术的研究具有重要的现实意义。

2.3.1 30mm 自动炮常见故障分析及检测方法

1. 30mm 自动炮射击时卡弹故障

30mm 自动炮射击时卡弹故障，结合故障树分析法，绘制故障树如图 2-20 所示。

(1) 炮闩体复进不到位、推弹未入弹膛。

原因分析：一是弹膛内有杂物，或使用了弹壳和弹头有缺陷的炮弹；二是未关闭定位器或未用固定销固定好。

检测方法：首先，取下炮弹，对自动炮进行再装填，并擦拭清理自动炮；其次，将炮闩置于阻铁上，从推弹线上取下未推到位的炮弹，对自动炮进行再装填。

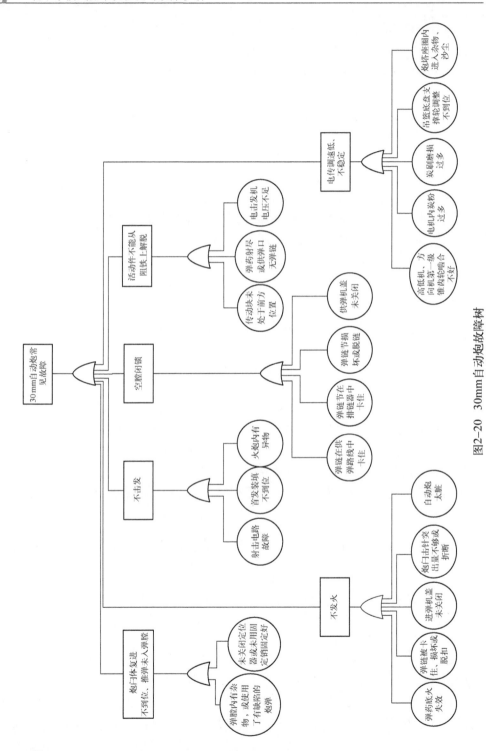

图2-20 30mm自动炮故障树

(2) 火炮不发火。

原因分析：一是弹药底火失效；二是弹链被卡住、损坏或脱扣；三是进弹机盖未关闭；四是炮闩击针突出量不够或折断；五是自动炮太脏。

检测方法：首先，人工取出弹膛里的未击发弹，仔细检查炮弹各部分连接是否有异样，炮弹表面是否存在穿透裂缝、严重擦伤、凹陷和压痕，底火是否有冲痕、铜绿和锈迹等现象，若有上述现象，将炮弹及时更换；其次，在炮弹完好的情况下，擦拭弹链节并仔细检查，剔除具有裂缝、弯形、环扣弯曲或破裂的链节；最后，检查机盖卡锁的固定情况，若进弹机盖未关闭，将其关闭。仍不发火时，检查炮弹底火有无撞痕或是撞痕的深浅，若无撞痕或是撞痕较浅，则需分解自动炮，检查炮闩击针是否存在突出量不够或是折断的现象，若存在上述现象，需分解炮闩，更换击针；若仍存在故障，需按照火炮保养要求擦拭保养火炮后进行再装填。

(3) 火炮不击发。

原因分析：一是射击电路故障；二是首发装填不到位；三是火炮内有异物。

检测方法：首先，关好载员窗、车长和驾驶员窗门，打开电源总开关，检查开启电路工作是否正常，若正常，检查电扣机和射击电路，按压击发按钮，应能听到清晰的"咔嗒"声，说明射击电路不存在断路和短路的现象。然后，观察驾驶员前方的仪表板，检查电源电压是否正常，如果电压不正常，则需检查充电电路或更换电瓶；如果电路工作正常，则可能是首发装填不到位，需关闭保险，转动开门摇把或是将炮手显控盒"后退""复进"选择开关扳到"后退"位置，按下执行按钮，将炮门后退到完全开锁位置，卸下自动炮里的炮弹，重新装填一次即可；仍不能击发时，分解自动炮，人工取出弹膛里的未击发弹，排除异物或清洗自动炮及检查闭锁间隙。

(4) 空膛闭锁。

原因分析：一是弹链在供弹路线中卡住；二是弹链节在排链器中卡住；三是弹链节损坏或脱链；四是供弹机盖未关闭。

检测方法：若弹链在供弹路线卡住或弹箱中弹链带摆放不齐则打开弹箱盖，整理弹链带；检查排链器，整理弹链带；检查弹链，卸下有故障的链，关上进弹机盖；检查盖卡锁的固定情况，对自动炮进行再装填。

(5) 活动件不能从阻铁上解脱。

原因分析：一是再装填机构的传动块未处于前方位置；二是弹药射尽或供弹口无弹链；三是电击发机电压不足。

检测方法：转动再装填丝杠，将传动块移到前方位置；若无弹药则转换供弹或装填火炮；若电击发机电压不足则利用击发杠杆继续射击。

(6) 电传调速低、不稳定。

原因分析：一是高低机、方向机第一级锥齿轮啮合不好；二是电机内炭粉过多;三是炭刷磨损过多;四是吊篮底盘支撑轮调整不到位;五是炮塔座圈内进入杂物、沙尘等。

检测方法:首先,卸下高低机、方向机的转轮和握把,检查第一级锥齿轮的啮合状况,若啮合不好,则需进行调整,若锥齿磨损较大,则需进行更换;高低机、方向机运转正常时,需打开电机,检查电机内的炭粉,若炭粉过多,及时进行清理;最后清理一下整流子,检查炭刷的磨损情况,若磨损严重,及时更换备用炭刷。检查吊篮底盘处支撑轮的支撑情况,检查支撑面与支撑轮接触是否严密,若存在间隙,则需对支撑轮进行调整;然后检查炮塔回转部分有无杂物和胶黏的泥污,若有,将杂物取出并清洗炮塔回转部分。

2. 30mm自动炮供弹机构故障树

30mm自动炮供弹机构故障树如图2-21所示。

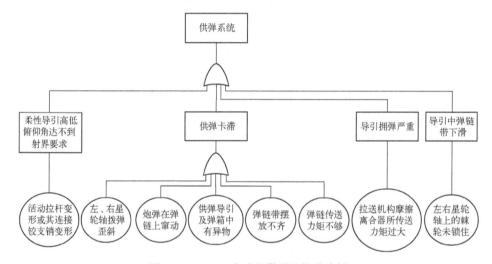

图2-21　30mm自动炮供弹机构故障树

故障原因分析。

(1) 柔性导引高低俯仰角达不到射界要求。

原因分析:活动拉杆变形或其连接铰支销变形。

检测方法:送修理单位,由专业人员检查、更换受损零件。

(2) 供弹卡滞。

原因分析:

① 扬弹机拉送机构左、右星轮轴拨弹歪斜,造成卡滞。供弹过程中,拨弹齿上的拨弹平面拨炮弹向下运动,同时炮弹在炮箱上脱弹斜面作用下从弹链开口处脱出,向左进入输弹位置,但不能向右转动,可以得出造成拨弹齿位于炮弹左侧出现卡弹的原因,可能是在拨弹过程中,弹种转换机构的拨叉松动而压住了

拨弹齿,使拨弹齿向左运动,将炮弹卡在拨弹齿和弹链之间;或者是炮身和炮闩位于前方位置,炮弹没有从弹链上脱出。说明在停止射击前,拨弹齿没有把炮弹拨到输弹位置,导致炮闩复进时没有推炮弹进膛,从而使炮闩停留在前方位置,自动炮停止射击。从对故障现象和供弹机构的工作分析,可以得出其原因是自动炮在射击过程中,弹种转换机构偏离正常位置,在拨弹齿应该拨弹的时候被拨叉压住了,使拨弹齿不能拨弹而造成供弹卡滞。

② 炮弹在弹链上窜动。
③ 供弹导引及弹箱中有异物。
④ 弹链带摆放不齐。
⑤ 弹链传送力矩不够。

检测方法:先将弹链带从自动炮上松开,再将拉送机构保险锁紧装置解开,转动拨弹轮使弹链带朝弹箱方向移动,此时,可使用活动扳手扳拉送机构配弹箱架外的行星轮轴六方头。将炮弹在弹链上规正到位并将歪斜弹取出,然后将拉送机构保险锁紧装置复位,将弹链带重新装填到位。若弹链带被卡死,可先从自动炮上松开弹链带,再拉动拉送机构左右支承上的拉手,将行星轮轴反向转动,从而松开弹链带,以便清除异物。若弹箱中弹链带摆放不齐则打开弹箱盖,整理弹带。若弹链传送力矩不够则送修理单位检查、调整拉送机构。

(3) 导引拥弹严重。

原因分析:拉送机构摩擦离合器所传送力矩过大。

检测方法:送修理单位由专业人员检查、调整拉送机构。

(4) 导引中弹链带下滑。

原因分析:拉送机构左右行星轮轴上的棘轮未锁住。箱板上的手柄从定位器上放下,后箱板内侧的两个棘爪没有卡住左右行星轮轴上棘轮。

检测方法:将扬弹机保险锁紧装置复位。首先,将卡在短槽中的左右行星轮轴推杆推出使其在弹簧作用下滑动到长槽顶端;再将后箱板上的手柄从定位器上放下(此时先抬起手柄、定位器,再按住定位器使手柄放下,然后放开定位器),使后箱板内侧的两个棘爪分别卡住左右行星轮轴上棘轮。

30mm 自动炮卡弹故障如下。

在实弹射击时,炮弹卡在炮箱或进弹口内,没有进入炮膛,即出现卡弹故障,总结经验得出 30mm 自动炮卡弹故障原因,绘制故障树如图 2-22 所示。

(1) 30mm 自动炮卡弹故障原因分析:

① 首发装弹未到位。射手在向自动炮装弹时,第一发炮弹的弹链节通过炮箱上的导轨进入进弹口后,第二发炮弹的弹链节也应卡入炮箱上的导轨,否则第二发炮弹的弹链带可能没进入导轨出现卡弹故障。

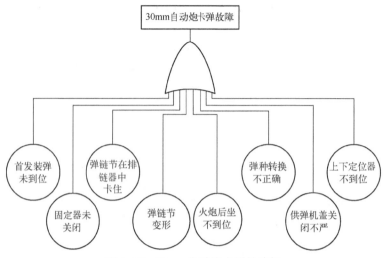

图 2-22　30mm 自动炮卡弹故障树

② 固定器未关闭。炮箱上两个固定器的主要作用是抽壳时防止抓弹钩向外张开，如果固定器未关闭，会导致射击后的药筒未抛出，出现卡弹故障。

③ 弹链节在排链器中卡住。排链器的作用是保证射击过程中的弹链节顺利排出，使自动炮供弹顺畅。在维护保养后安装自动炮或排链器时，如果排链器平面和自动炮进弹口平面未对齐（排链器未固定好，因车体振动也会造成排链器错位），弹链节排出时易在此处卡住，造成自动炮卡弹故障。

④ 弹链节变形。自动炮采用的"蟹"弹链节，在向车上或车内运送弹链带时，应避免大角度扭转弹链带，否则会因弹链带自重造成个别弹链节变形，出现卡弹故障。

⑤ 火炮后坐不到位。会导致拨弹齿拨弹位置不正确，进而造成复进时卡弹。火炮后坐时，在确认听到连续的电机打滑声后，方可松开"火炮开闩"按钮。

⑥ 弹种转换不正确。自动炮首发装填时，如果弹种转换不到位，就急于后坐、复进，将会导致拨弹齿拨弹不到位而卡弹。装弹后，应再次检查弹种转换手柄所处的位置是否正确，切不可强行后坐、复进。

⑦ 供弹机盖关闭不严。供弹机盖上安装的阻弹齿与弹链导槽配合引导弹链，再经拨弹板将炮弹脱链。如果供弹机盖关闭不严，炮弹就无法正常脱链而导致卡弹。装弹完毕后应检查供弹机盖是否关闭到位。

⑧ 上下定位器不到位。定位器用于引导炮弹依次运动到输弹线上，若定位器不到位，则炮弹无法准确进入输弹线，进而造成卡弹。装弹前应认真检查定位器的固定销是否进入炮箱的固定销孔。

（2）30mm 自动炮卡弹的检测方法。在实弹射击过程中，火炮出现卡弹故障时,应在炮管完全冷却的情况下进行排除。

关闭射击电路;操纵火炮使火炮身管对着安全区域;顺时针方向转动手动再装填丝杠,使炮闩移到后方极限位置("咔嗒"声出现为止),并使保险杆处于"保险"状态。若炮闩被卡住,允许使用备附件中的扳手作为杠杆绕动炮闩,或者用小锤敲打炮闩体(在允许的部位);向前推开进弹机盖卡锁,打开进弹机右盖和左盖;若拨弹齿后面有空链节,用备附件中的螺丝起子(或加力起子)从拨弹齿的下部拨开该链节,从进弹机受弹口依次拉出两路弹链;打开两个固定器,用备附件中的拉钩从炮弹卡住方向的固定器让开的空间钩出卡住的炮弹(药筒);检查排链器位置和弹链带上的弹链节,确认完好后,关闭两个固定器,向自动炮装弹,关闭两个进弹机盖,重新进行射击。

2.3.2 25mm 自动炮供弹机构故障分析及检测方法

一、导气式双路供弹机的工作原理

25mm 自动炮导气式双路供弹机采用火药燃气驱动。弹链供弹,可提供两种不同弹种的弹,根据需要可快速自动转换弹种。供弹机主要由驱动部分和供弹部分组成,该供弹机工作原理:从供弹导气孔导出的火药气体进入供弹气室,推动供弹活塞,供弹活塞推动驱动凸轮和齿轮轴,齿轮轴通过惰轮、驱动轮带动端齿转动。在复位扭簧的作用下,驱动凸轮及供弹活塞、惰轮、左、右驱动轮反向转动,恢复到原始位置。

左供弹时,接头与弹种转换机构中端齿啮合带动左拨弹轮转动,直至把弹拨到位。炮弹与弹链分离后,在惯性力作用下,炮弹运动到待输弹状态,规正机构将炮弹稳定在待输弹位置。右供弹时,弹种转换机构转换到右供弹状态,左供弹路线解脱,其工作原理与左供弹相同。

二、导气式双路供弹机空拨弹故障模式分析

当火药气体进入供弹气室后,双路供弹机的驱动机构和供弹机构(包括弹种转换机构、储能缓冲机构、拨弹机构和炮弹规正定位机构等)均有可能发生故障。但是,通过分析统计,导气式双路供弹机的弹种转换机构和炮弹规正定位机构故障发生率相对较小,而且发生故障后也较容易发现和排除,所以对导气式双路供弹机的故障分析主要是针对驱动机构和供弹机构中拨弹机构的故障。而这两个机构的故障通常表现为空拨弹,空拨弹是指射击时拨弹轮未转到规定角度,供弹不到位,又无弹带弹链卡滞现象而引起的故障。空拨弹是自动机最常见的一种故障,一旦发生空拨弹,自动机将停射。从导气式双路供弹机整个供弹过程来看,供弹机是由驱动供弹机构工作的,整个过程是按步骤进行的,当前状态与前一状态紧密相关,建立的故障树如图 2-23 所示。

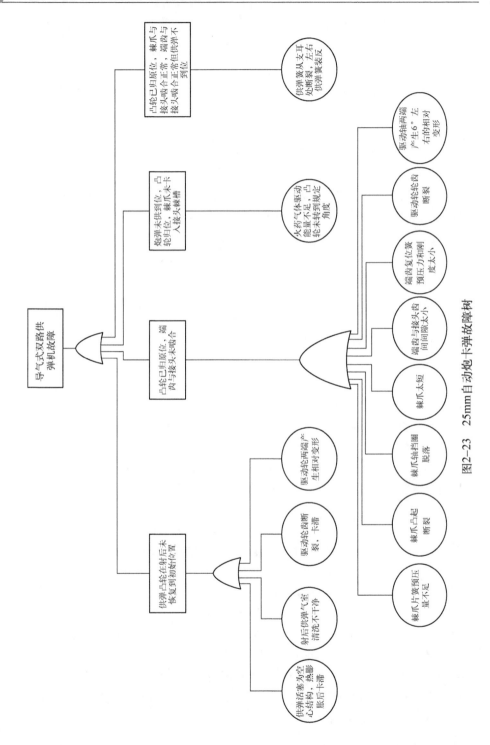

图2-23 25mm自动炮卡弹故障树

三、解决措施

(1) 针对驱动能量不足问题,将供弹导气孔直径增加到 3.0mm,供弹活塞直径由 28mm 增加到 33mm,此时驱动凸轮可转动到规定的 72°以上。

(2) 将供弹活塞的空心结构改为实心结构;气室孔和活塞直径加工到中间偏差;射后对供弹气室和供弹活塞进行认真清洗;不允许涂易结污的润滑脂。

(3) 将驱动轴硬度提高 10HRC;各齿轮模数从 2mm 提高到 2.5mm,提高了驱动机构零件的刚强度。

(4) 更改棘齿部件结构,取消了轴用挡圈。

(5) 棘爪凸起加高 2mm,增大簧片对棘爪预压力。

(6) 凸轮与凸轮缓冲器接触时,棘爪与接头棘槽之间的间隙控制在 3~4mm;接头棘槽卡在棘爪上时,端齿与接头齿侧间隙控制在 3~5mm,保证端齿与接头、棘爪与接头棘槽及时可靠地啮合。

(7) 端齿复位簧的预压力提高 40%。

(8) 适当增加供弹机构运动件的配合间隙,减小摩擦阻力矩。

(9) 将驱动凸轮复位扭簧的预扭力矩提高 70%,缩短凸轮复位时间。

(10) 将供弹簧的预扭力矩提高 12%,增大供弹的主动力矩,缩短拨弹到位的时间。

(11) 改进供弹柔性导引和刚性导引的结构设计,安装时保证供弹机弹带入口、刚性导引和柔性导引接口接平,平滑过渡。

四、25mm 自动炮卡弹故障分析及检测方法

1. 25mm 自动炮卡弹故障原因分析

在部队射击训练过程中,炮弹卡在炮箱或进弹口内,没有进入炮膛,即出现卡弹故障,总结经验得出卡弹故障原因,绘制故障树如图 2-24 所示。

卡弹原因分析:

① 弹体变形导致卡弹故障。部分炮弹出厂时弹体有缺陷,存在质量问题,主要表现在弹体有凹坑、压痕;还有些炮弹在运输途中未按照规程装载、搬运,因弹体发生严重碰撞致使弹体变形,造成卡弹故障。

② 向弹链上装弹不到位导致卡弹故障。25mm 自动炮弹链采用的是分节式弹链,在装弹时通过炮弹将各个链节连起来,当装弹不正确时,击发装置不能有效撞击底火,造成卡弹故障。

③ 炮弹卡在扬弹机拨弹轮位置导致卡弹故障。当扬弹机拨弹轮松动,就会导致炮弹卡在扬弹机轴内无法供弹。

④ 在射击中扬弹机扬弹率过高造成拥弹现象出现卡弹故障。扬弹机的工作分为"扬弹"和"退弹"两种,这两种工作状态都可以把弹箱内的弹链提起并

上扬,不同之处在于:在"退弹"位置时,扬弹机断电后可以使上扬的多余弹自动下滑,而在"扬弹"位置时上扬的弹不能下滑。因此,在火炮射击过程中,如手动转柄未垂直于火炮方向处于"退弹"位置,射击间断时就无法导引多余的弹自动下滑,由于扬弹过多形成拥弹,进而造成卡弹故障。

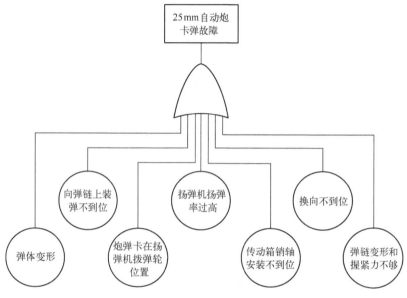

图2-24 25mm自动炮卡弹故障树

⑤ 保养时传动箱销轴安装不到位或没有安装卡扣,导致卡弹故障。在射击时首发能够正常射击,但射击过程中火炮后坐的冲击,传动箱和拨弹滑板的连接轴退出,使炮弹卡在供弹机轴内,导致卡弹故障。

⑥ 换向不到位,在换向指示灯没有点亮时进行击发,造成卡弹故障。当换向机构内部各表面有毛刺或脏污严重时,零部件表面阻力增大,造成换向机构动作不灵敏,或电路、气路没有安放在规定位置,挡住供弹机换向,都会产生卡弹故障。此外,如果气瓶气压过低,拨弹臂没有把双向供弹机送入指定位置,炮弹不到位,进而在击发时造成卡弹故障。

⑦ 弹链重复使用次数过多使弹链变形和握紧力不够造成卡弹故障。

2. 25mm自动炮卡弹的检测方法

针对车载25mm自动炮卡弹故障原因,正确预防卡弹故障应严把"三关"。

(1) 检查关。①检查弹体外形,看弹体是否有变形。②检查弹链外形,看弹链是否有变形;对弹链的使用次数要进行认真登记,一般使用次数不超过3次。③装弹完毕后对弹链进行检查,正确装好的弹带应是:弹链节后凸筋落入药筒底缘前的槽,弹链节后的钩形端面扣在药筒后端面上,弹链节的连接钩与连接环应确实连接并被炮弹锁牢,整条弹带平放时呈一条直线并能灵活弯曲和折叠。④经常检查扬弹机拨弹轮的润滑和工作情况,检查是否有松动现象。⑤每次射击前检查气瓶工作压力,检查气压是否在正常范围内。一般情况下,气瓶充气压力不少于10MPa,气压过小将不能保证火炮正常开闩和换向。储气瓶气压:当气温在0℃以上时,工作气压在3.9~4.4MPa之间,当气温在0℃以下时,工作气压在4.4~4.9MPa之间。

(2)保养关。①按照要求对火炮进行保养,及时擦拭各机构,保持自动炮处于良好工作状态。②分解结合时严禁强敲硬卸。③擦拭炮膛涂油防锈时,要保持膛内清洁,严禁把物体留在膛内。④安装传动箱销轴时,要把卡扣锁好,防止装不到位或漏装。

(3)操作关。①在射击时,凡是膛内有杂物、炮口帽未取下、校炮镜未取下、电击发没有切断电源、供弹机未处于中位,均不得给自动炮装弹。②准备用于射击的炮弹,必须正确装入弹链,绝对不能使用瞎火的炮弹射击。③在装弹时,供弹机离合器必须与相应的卡槽对正装入。④位于操作位置时,严禁违规操作和盲目操作。⑤换向时,看换向指示灯是否到位,否则不得打开射击保险进行射击。

3. 卡弹现象的预防

在实弹射击过程中为减少卡弹频率,应注意把握以下五点。

(1)向压弹机压弹时,必须将炮弹压到位(即将炮弹压到弹链凸槽尾部,不留间隙)。

(2)向双向供弹机内装弹时,应将弹链与双向供弹机棘轮松紧度调整适当(即炮弹在双向供弹机内转动灵活)。

(3)检查双向供弹机在导轨中运动是否灵活(天气炎热可适当涂抹二硫化钼润滑脂,天气较冷时可涂抹一些炮油)。

(4)检查气瓶气压是否符合标准(4.0MPa,如不符合标准会造成开闩不到位,影响炮弹顺利进膛)。

(5)装弹24发以上应将扬弹机开启,并置于"滑弹"位置(即扬弹机的水平位置),防止扬弹过快造成拥弹。

2.4 车载机枪故障机理及检测方法

2.4.1 小口径机枪故障分析及检测方法

1. 小口径机枪使用前检查及维护保养

机枪使用前,先做安全检查:

(1) 关好保险机(处于"保险"位置),打开受弹器盖检查进弹口、取弹钩、拨弹齿及簧和组弹齿及簧是否完好无损,并检查各连接部位有无损伤,润滑是否良好。

(2) 检查枪管线膛和尾端部枪弹定位凸缘有无损伤。

(3) 枪机机头镜面、拉壳钩及簧、击针是否完好无损。

(4) 检查枪管固定栓及其销轴是否正常、牢固。

(5) 检查电发火机线路有无断裂、破损及漏电等情况。

(6) 检查弹链上的枪弹安装是否正确、无漏弹(即某个链节上未装弹)的现象。

正确使用各部件和电器设备:

(1) 检查安全可靠后,关好受弹器盖,用手拉装填拉杆(保险在"击发"位置)作空弹装填数次以检查运动是否正常。

(2) 用电发火机作空枪击发以检查电路设备是否正常完好。

保证机枪经常处于清洁、润滑和完整的工作战斗状态:

(1) 机枪经实弹射击后,必须立即清除下列部位的污垢及火药残渣:

枪管线膛、机头镜面、拉壳钩钩部、活塞筒、活塞杆、气体调整器和导器箍的气室并涂油。

(2) 机枪下列部位严禁有碰伤或其他损伤:气孔等处、枪管尾端枪弹定位凸缘、枪口部、机头镜面、拉壳钩、活塞筒孔、活塞杆、机头框、机匣的运动轨道、阻铁、保险和其他影响正常工作的各部件,若有损伤,应经修理单位修理正常后才能用于实弹射击。武器应经常擦拭、涂油和维护保养,使武器经常处于清洁、润滑和完好的状态。

2. 常见故障现象原因分析及排除方法

小口径机枪故障树见图 2-25。

(1) 枪机框向前运动缓慢,击针不能击发底火。

原因分析:复进簧力弱或折断。

排除方法:更换复进簧。

(2) 枪机框向前运动正常,但不发火。

原因分析:底火失效或发射药受潮;击针折断或磨损。

排除方法:退出此发枪弹后继续射击;更换折断或磨损击针。

(3) 松开发射按钮后机枪仍连续发射。

故障原因:击发电路短路;击发阻铁或阻铁槽磨损;击发阻铁弹簧失效。

排除方法:检查击发电路是否短路,更换击发阻铁弹簧。

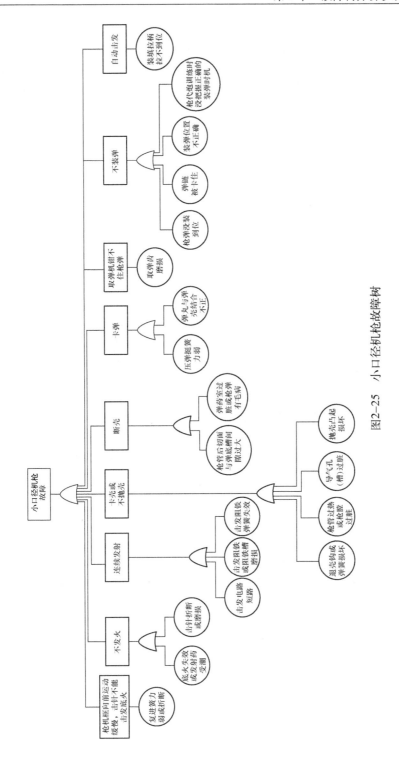

图2-25 小口径机枪故障树

(4) 卡壳或不抛壳。

原因分析:退壳钩或弹簧损坏;枪管过热或枪膛过脏;导气孔(槽)过脏;抛壳凸起损坏。

排除方法:更换;更换枪管或擦拭;擦拭;更换机匣。

(5) 断壳。

原因分析:枪管后切面与弹底巢间隙过大;弹药室过脏或枪弹有毛病。

排除方法:调整;擦拭或更换。

(6) 卡弹。

原因分析:压弹挺簧力弱;弹丸与弹壳结合不正。

排除方法:更换压弹挺簧;更换枪弹。

(7) 取弹机钳不住枪弹。

原因分析:取弹齿磨损。

排除方法:更换。

(8) 自动击发。

产生此故障的主要原因是机枪的装填拉柄拉不到位。

① 由于拉柄较小,且枪身右侧容纳右手的空间有限,致使在拉动拉柄时,通常只能用右手食指和中指与大拇指配合进行,这样不便于炮手用力。

② 机枪装弹的时机均在炮口已打低且枪身轴线概略指向目标时,此时枪身后部抬高,射手容易向下用力,致使用力方向与枪机框运动方向不一致。

③ 由于受火炮自动装填系统的限制,射手只能在座椅上身体向右倾斜,才可装填枪弹及拉动拉柄,这样,如向后拉一段距离再拉不动,便错认为枪弹已装填到位。

综上所述,拉柄拉不到位,则击发阻铁槽不能完全对正击发阻铁,致使击发阻铁不能控制枪机框,此时,射手按要求再将拉柄送回前方,那么,在复进簧的作用下,枪机框和枪机也同时向前运动,完成推弹入膛、闭锁等动作,枪机框撞击击针,击针撞击枪弹底火,造成并列机枪自动发射。为避免此故障,射手要切实抓牢拉柄,并且用力方向与枪机框的运动方向一致,向后拉到位或听到"咔嗒"声响(击发阻铁在阻铁弹簧作用下进入阻铁槽内),同时感觉手部张力消失,再送回前方位置。

(9) 不装弹。

原因分析:

① 弹链上的枪弹没有装到位,致使取弹机无法取弹。

② 弹链被卡住,往往是在没有安装弹箱的情况下,弹链容易被输弹板(拨弹齿槽斜面)卡住。

③ 装弹位置不正确,由于车辆颠簸、炮塔内光线较暗、射手心理因素等,没有将枪弹底缘卡在取弹钩内,当拉装填拉柄时,取弹机向后运动,但无法钳出枪弹。

④ 在进行"枪代炮"训练时,没有把握正确的装弹时机,第一发枪弹发射后,由于射手动作快,机枪未进行二次击发射手即已松开"发射"按钮,这样枪机和枪机框便停在待击位置,再进行第二发的装填,拉装填拉柄便是空拉。

针对上述情况,射手一要切实将枪弹装填到位;二要安装弹箱,以保持弹箱对弹链的规正作用;三要在"枪代炮"训练中,适当延长按压"发射"按钮的时间,以保证机枪的第二次击发。

注意事项:

(1) 机枪电发火机被供以额定电压为26V 的直流电,其工作电压为22~32V。

(2) 当多次出现断壳故障时,应送修理单位用专用量具取枪管后切面与枪机前端的间隙,当需要调整时,先将固定栓螺钉限位销冲出,把弹底间隙调整到1.625~1.702mm,再装好限位销。

(3) 当需要射击空包弹时,先将受弹机盖打开,把附品中的空包弹射击装置装入受弹窗两侧的小槽内,安装时应使有半圆弧的平面部位在小槽内卡住,使空包弹射击装置的两翼弹簧片贴合于受弹机座,并在受弹窗上加一个加长的进弹控,以保证送弹入膛时不卡弹。同时,应在枪口取下防火帽,换上空包弹枪口帽。

2.4.2 大口径高射机枪故障分析及检测方法

大口径高射机枪故障树见图2-26。

(1) 活动部分向前运动缓慢、击针不能击发底火。

原因分析:活动部分过脏或有毛刺;复进簧力弱或折断;弹带有故障。

排除方法:擦拭或修除毛刺;更换;更换送修。

(2) 活动部分向前运动正常,但不发火。

原因分析:底火失效;击针尖折断或磨损;装填手柄没送到最前位置。

排除方法:拉动枪机退出哑弹重新射击;更换;更换送修。

(3) 松开扳机后机枪仍继续卡壳或不抛壳。

原因分析:导气孔过小或过脏,导出的气体不足使活动部分后坐不到位就复进;击发阻铁弹簧失效;击发阻铁或击发阻铁槽磨损。

排除方法:拉动枪机退出哑弹重新射击;更换;更换或送修。

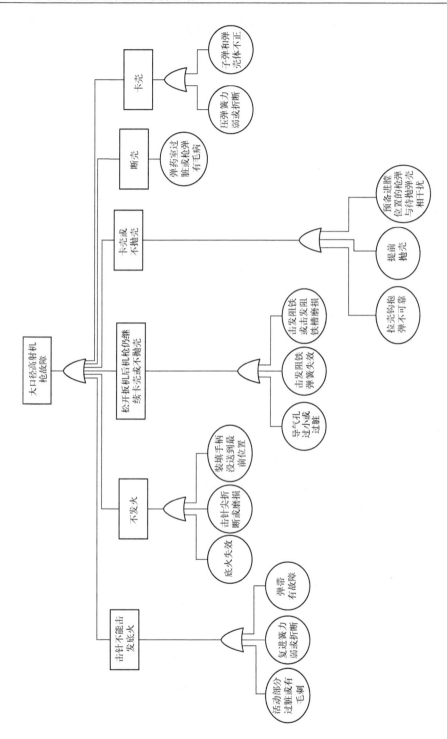

图2-26 大口径高射机枪故障树

(4) 卡壳或不抛壳。

故障现象：大口径机枪复进时，将尚未离开抛壳口的弹壳卡在枪机和枪管之间（该枪与其他枪械抛壳方式不同的是后坐到位时抛壳）。

原因分析：

① 拉壳钩抱弹不可靠，使得弹壳在未抛壳时已发生偏转，造成抛壳不稳定；

② 抛壳时与抛壳位置不适合，造成提前抛壳。

③ 预备进膛位置的枪弹与待抛弹壳相干扰。

检查发现受弹器座的落口处位置较低，预备进膛位置的枪弹中心线与待抛弹壳中心线间距小于枪弹最大直径，因此两弹壳必然在抽壳过程中相互碰撞，使弹壳不沿着正常的抛壳路线从抛壳口抛出，造成卡壳。

解决措施：

① 提高拉壳钩的抱弹尺寸精度，使之抱弹可靠，在抽壳过程中保证弹壳位置不变。

② 控制抛壳挺强制突出量，防止提前抛壳。

③ 减小受弹器落弹口尺寸，使枪弹拨弹到位后在预备进膛位置中心提高一定距离，避免了弹与卡壳的干涉。

(5) 断壳。

故障现象：大口径机枪断壳自弹壳二、三锥交界处发生横断，弹壳口部部分留在膛内。

设计原因分析：

① 从断壳现象判断枪管弹膛二、三锥交界部位有结构缺陷。检查发现弹膛部位有一圈环形沟槽，沟槽的存在使得该处对弹壳的相应部位不起支撑作用，在火药气体压力作用下，弹壳二、三锥交界内外壁处受力失去平衡，向外产生形变，抗拉强度减弱，这是弹壳从二、三锥交界处横断的主要原因。

② 另外因导气孔直径增加，活塞直径增加，自动机后坐能量加大，呈提前开锁状态。

③ 断壳底缘没有拉壳钩拉伤的印痕，说明不是抽壳时由于抽壳阻力过大而将弹壳拉断。因此判定，断壳是发生在开锁过程中，这时弹底压力过高，一、二锥摩擦阻力较大，二、三锥交界处弹壳外壁嵌入枪膛环形沟槽，开锁过程中弹壳二、三锥处受到强力拉伸，应力集中而产生横断。

④ 枪管弹膛一、二锥体部位比较粗糙，使抽壳阻力加大。

解决措施：

① 取消枪管弹膛二、三锥交界处环形沟槽。

② 通过采取适当减小导气孔及活塞直径等措施，在确保机构动作可靠性的

前提下,减小自动机后坐能量,消除提前开锁现象。

③ 降低弹膛一、二锥体的粗糙度,以减小抽壳阻力。

故障原因分析:

弹药室过脏或枪弹有毛病。

排除方法:擦拭弹药室或更换枪弹。

(6)卡弹。

原因分析:压弹簧力弱或折断;弹子和弹壳体不正。

排除方法:更换压弹簧;更换枪弹。

2.4.3　小口径并列机枪故障分析及检测方法

小口径并列机枪故障树如图 2-27 所示。

1. 顶弹

故障现象:待进膛枪弹不能正确进弹膛,枪弹顶在机枪推弹突笋与枪管尾端面之间。

原因分析:体调节器未装到位;气体调节器装到位但气槽选用较小;活动机件污垢多;弹链变形、卡滞;拨弹系统磨损。

排除方法:拨弹系统磨损调节器装到位;加大气槽;擦拭涂油和加大气槽;更换损坏链节送修械所检查修理;送修械所检查修理。

2. 空膛

故障现象:自动机复进到位,但膛内无弹。

原因分析:后坐能量不足;枪弹被甩掉或甩出;枪弹装在弹链上的位置不正确;拨弹齿簧、阻弹板簧失效,阻弹不及时。

排除方法:同"顶弹"故障中排除方法的前 3 种;弹链不宜涂油,如涂油不多又连续出现弹链损坏应换去;检查弹链的枪弹装弹位置是否正确;更换损坏零件。

3. 卡壳

故障现象:弹壳卡在自动机与枪管尾端面或其他地方。

原因分析:拉壳钩装配不正确,灵活性不好;拉壳钩钩部变形或崩落;拉壳钩簧断裂或失效;退壳挺损坏,或退壳挺轴松动。

排除方法:分解擦拭涂油,重新结合;更换备用件;送修械所修理。

4. 不发火

故障现象:膛内有弹,但不发火。

原因分析:武器过脏,复进能量不足;击针磨损或断裂;底火失效;复进簧失效。

排除方法:用铰刀清理导气箍活塞空内的火药残渣;更换备用件;复进簧失效,拉出枪弹后继续射击;换新簧。

第 2 章 故障树分析诊断方法

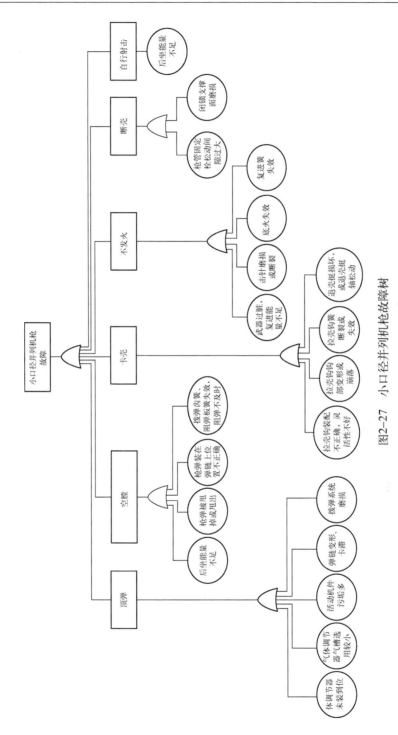

图2-27 小口径并列机枪故障树

77

5. 断壳

故障现象:弹壳前半截在膛内,后一发弹不能闭锁。

原因分析:枪管固定栓松动间隙过大;闭锁支撑面磨损。

排除方法:调整固定栓刻线;送修械所修理。

6. 自行射击

故障现象:自动机后坐不到位,不能停机。

原因分析:后坐能量不足。

排除方法:"顶弹"故障中排除方法的前3种。

2.5　自动装弹机故障机理及检测方法

　　自动装弹机作为火炮武器系统中重要组成部分,是火炮武器系统的核心部分和关键技术之一。根据新形势下我军装甲部队军事任务和现代战争要求,对主战坦克射速和防护能力要求越来越高,自动装弹机的重要性越来越突出。在控制中枢-程控盒的调度下,自动装弹机按照火控计算机的指令依次完成选弹、提弹、推弹等动作,同时内部完成记忆、识别等操作。自动装弹机的应用使坦克的射速有了大幅度提高,减少了一名乘员,降低了坦克的车高,减小了坦克的外形尺寸。所以自动装弹机的必要性和重要性是毋庸置疑的。

　　自动装弹机是较复杂的机电一体化系统,是一条自动化程度较高的供送流水线。就结构而言,自动装弹机零部件众多,较坦克其他武器系统复杂,因此它的可靠性对武器系统性能的影响很大。长期以来,自动装弹机故障率高、工作可靠性差的缺点一直是坦克设计者和维修保障人员最为棘手的问题。此外自动装弹机出现故障后一般不容易查找和修理,部队维修保障人员大多数情况下只能处理简单的故障,较为复杂的电气故障或是机械故障往往需要返厂修理和求助于专业的维修保障人员。这极大地影响了部队的日常训练。

　　本章着眼于实际需求和长远发展,在已有传统经验的基础上,结合部队实际使用过程中出现的各种问题,针对自动装弹机可靠性和战场即时维护性差现状,开展自动装弹机故障机理和检测方法的研究,使自动装弹机的维修理论与最新装备同步,提高自动装弹机的使用可靠性和战时的维修效率。

2.5.1　自动装弹机结构及功能分析

　　某型自动装弹机(图2-28)属于复杂的机电一体化系统,由旋转输弹机、提升机、推弹机、火炮闭锁器、抛壳机、开窗机构、配电盒、记忆装置、弹量指示器、装弹操纵台、弹种选择开关、装弹按钮、调炮器、闩体触点、后坐触点,以及装在左配电盒、右配电盒上的热保护开关、控制电缆等组成。它适用于大口径坦克炮、分装式弹药、定角 4°30′ 自动装弹。

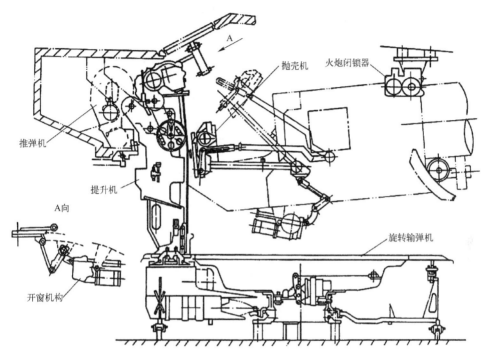

图 2-28 自动装弹机

一、旋转输弹机结构及功能分析

旋转输弹机布置在坦克战斗室下部的车体底甲板上,用来储存自动线 22 发弹药,并按指令将所选弹种运至出弹口(图 2-29)。其主要由弹匣、旋转弹架、旋转底板、出弹口门、手动解脱闭锁拉臂、手动旋转弹架拉臂、闭锁器、电传动减速器、手传动部分、滚珠筒、上座圈、下座圈等组成。其旋转底板固定在滚珠筒上,与炮塔连接,上座圈与构架固定且通过闭锁器与滚珠筒连接,可随炮塔一同转动,闭锁器解脱后构架相对滚珠筒和下座圈运动,下座圈固定在车体上。旋转输弹机各部分功用及结构组成如下。

1. 弹匣

弹匣的功用是储存弹药。由焊接在一起的弹头筒、药筒和焊在上方的提弹钩,分别固定药筒和三种弹丸的卡爪以及解脱杆组成。共有 22 个弹匣分别放在轮辐式旋转弹架上,并被弹架上的立板限位。

在提升机构提升弹匣的过程中,弹匣内的弹药始终被弹匣内的卡爪固定。自动装弹时,弹丸提升至推弹线,由提升机上解脱板将弹丸解脱,降至药筒推送线时,提升机又将药筒解脱。

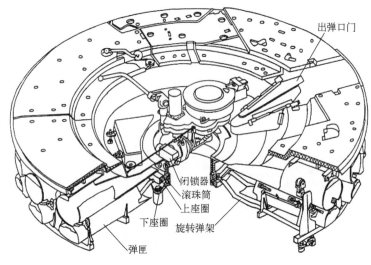

图 2-29　旋转输弹机

2. 旋转弹架、上座圈、下座圈、滚珠筒

旋转弹架的功用是储存和运载弹匣,制成轮辐式结构,分 22 格放置 22 个弹匣,中部与上座圈连接绕滚珠筒旋转,闭锁后与滚珠筒成为一体。此时,旋转弹架与滚珠筒可绕下座圈转动。上、下座圈分别通过 45 个钢球与滚珠筒相连,下座圈固定在车体底甲板上。旋转弹架外缘周围有 8 个滚轮,用以支撑旋转底板,下部有滚道支撑在车体底甲板上的 5 个滚轮上。上座圈周围均匀分布 22 个闭锁孔,用以将弹匣准确固定在出弹口。

3. 旋转底板

旋转底板的主要功用是作为战斗室可随炮塔同步转动的底板,便于乘员工作。其上装有配电盒、输弹机减速器以及部分弹药。

旋转底板正后方设有出弹口门,其功用是提升机提升弹匣时,自动开启出弹口门。提升机在原位时关闭出弹口门,以防止异物落入输弹机。

4. 旋转输弹机闭锁器

旋转输弹机闭锁器(简称输弹机)用以按指令将旋转输弹机的旋转弹架闭锁或解脱。它主要由闭锁销、闭锁体、电磁铁、连杆、卡箍、钢丝绳等组成。闭锁体上的斜面抵住橡胶缓冲器,以缓冲旋转弹架的惯性力(图 2-30)。

5. 手动解脱闭锁拉臂与手动旋转弹架拉臂

手动解脱闭锁拉臂与手动旋转弹架拉臂的功用:当手传动时,先将手动解脱闭锁拉臂拉起并保持,然后上下摇动手动旋转弹架拉臂,即可旋转弹架;当松开手动解脱闭锁拉臂后,转动旋转弹架使闭锁器闭锁销对正上座圈上的闭锁孔,将旋转弹架闭锁。

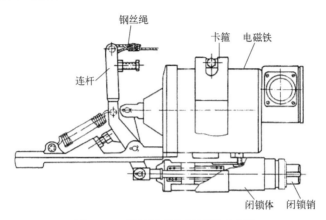

图 2-30　旋转输弹机闭锁器示意图

6. 电传动减速器

电传动减速器是一个速比为 100∶5 的四级减速器,主要由电机、弹性保险连接器、传动齿轮、传动箱体等组成。下部的输出齿轮与上座圈齿圈啮合(速比为 7),使固定在上座圈上的弹架转动,实现输弹机按指令自动旋转的功能。电传动减速器上部有一输出小齿轮,用以传动记忆装置,使其与旋转弹架同步转动。

二、提升机结构及功能分析

提升机布置在火炮正后方,固定在炮塔上的支臂上,下部通过拉紧装置与输弹机连接在一起。其主要用来将弹药提升至补、卸弹位和推弹线上。提升机下部的连杆可控制出弹口门的开闭。提升机(图 2-31)主要由提升机电磁铁、提升架、抓具、提升链、手传动机构、电传动机构、仿形轮、出弹口门控制机构、弹药解脱板、手动转换拉臂等组成。

1. 提升机电磁铁

提升机电磁铁的功用是按指令闭锁提升弹匣的位置,其后部的触点随电磁铁的吸合与释放发出控制信号。

2. 手动转换拉臂及其机构

它实现提升机自动与手动的转换,主要由手动转换拉臂、杠杆机构、传动箱内滑动齿轮等组成。

3. 手传动机构

当提升机转换为手动时,通过提升机上的手轮可以传动提升机。其中装有闭锁键。

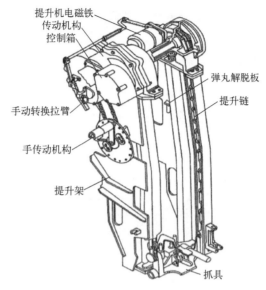

图 2-31 提升机

4. 提升架

提升架是提升机全部零部件安装的基础构架。它由左侧板、右侧板、导轨、导链筒及零部件安装附座等组成。其下部装有连杆机构,随抓具的上下运动,控制输弹机出弹口门的开启与闭合。

5. 抓具

它的功能是提升机构、提升和夹紧弹匣的抓具,其上部的推杆在提升时可抬起弹底挡铁,以便弹匣能提升至装弹线。它安装在两条提升链上,以导轨为运动导向。当将弹匣放入输弹机时,抓具松开弹匣,提升时,抓具夹紧弹匣。

6. 提升链

提升机有两条节距为 50mm 的单排滚子的链条,其上部被链轮传动,下部与抓具连接。它们在导轨内运动。提升时,链条收入导链筒内。

7. 弹药解脱板

提升架内侧有左右两个解脱板,其功用是当提升弹匣弹头筒到达推送线时,左侧解脱板解脱弹匣上固定弹头的卡爪,当弹匣下降到达推送线时,右侧解脱板解脱固定药筒的卡爪,以便弹药从弹匣内推出。

8. 电传动与手传动

电传动是一个三级减速器。它可电动提升或下降弹匣。电传动与手传动主要由电机、弹性保险连接器、齿轮、链轮、控制箱以及手传动手轮等组成。控制箱内有 4 个信号控制开关,它由仿形轮控制发出提升弹匣运动位置的信号。

三、推弹机结构及功能分析

推弹机安装在炮塔正后方,并固定在炮塔底裙板上。作用是按指令推送弹头和药筒到炮膛。推弹机(图 2-32)主要由链盒、推弹链、保险离合器、链轮、伸出方轴以及带电机和控制箱的传动箱等组成。推弹机各部分功能及结构如下。

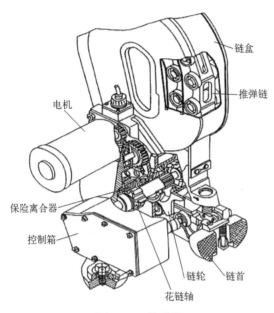

图 2-32 推弹机

1. 链盒

链盒是一个带隔板的蜗卷盒,其功用是储放推弹链条和作为推弹链条运动的导向。

2. 推弹链

推弹链是一个收回时可以单向折弯收入蜗卷盒内,伸出可成一刚性直杆的特种链条。其功用是推送弹头和药筒。

推弹链主要由链节和链首组成。

推弹链前部是具有弹性、节距为 45mm 带榫头与榫窝的 6 节链节,中部是节距为 50mm 的 26 节链节,尾部节距为 38mm 的 1 节链节。

3. 保险离合器

它由多片摩擦片以及花键轴等组成,作用是当推送弹药受到卡滞,通过摩擦片打滑来保护电机和传动系统。

4. 伸出方轴

推弹机传动中间轴一端伸出箱体外,头部为方形。它的功用是通过此轴测推弹机的保险离合器打滑力矩。

5. 带电机和控制箱的传动箱

传动箱主要由电机、齿轮、花键轴、链轮、控制箱等组成。其功用是传动推弹链推送弹药。控制箱内装有4个控制开关,由仿形轮控制发出推弹链运动位置的信号。

四、火炮闭锁器结构及功能分析

火炮闭锁器布置在右前方炮塔顶部。作用是在自动装弹、半自动装弹和单独抛壳操纵时,将火炮闭锁在一定的角度上。火炮闭锁器(图2-33)主要由支架、闭锁销、箱体、伸出方轴、开关控制箱、传动部分、手动扳手等组成。

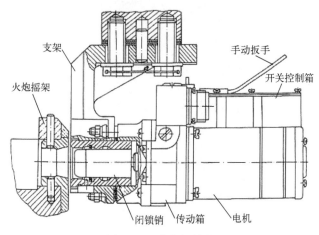

图2-33 火炮闭锁器

1. 带开关控制箱的传动部分

传动部分是一两级齿轮传动与一级丝杆传动的减速器。它的功用是传动丝杆作伸缩运动,通过弹簧使与控制杆装在一起的闭锁销伸出或缩回。它主要由电机、齿轮、丝杆螺母、控制杆、开关控制箱等组成。

开关控制箱内装有3个信号控制开关,开关随控制杆的伸缩运动发出控制信号,控制闭锁销伸出,闭锁火炮,以及向炮控系统发出液力闭锁信号。

2. 闭锁销

闭锁销与控制杆固定在一起,随丝杆运动,以及弹簧的作用使闭锁销伸缩运动。它伸出时,其头部锥面插入火炮摇架上,将火炮闭锁;缩回时,解脱火炮闭锁。

五、抛壳机结构及功能分析

安装在火炮后部,与防危板通过转轴连接。其主要功用是:收集火炮射击后抽出的弹底壳;将收集器收集的弹底壳抛出车外;给火控、炮控系统发送有无弹底壳信号。抛壳机(图2-34)主要由框架、弹壳收集器、抛壳电磁铁、带槽螺杆、扭杆、减速器、四连杆机构及弹底挡铁等组成。

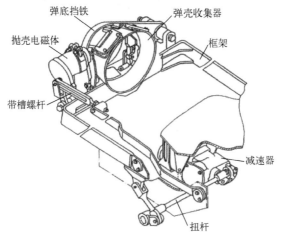

图 2-34　抛壳机

1. 框架

抛壳机框架是两个四连杆机构。它主要由活动框架、弹壳收集器等组焊而成。它上面装有四连杆机构、带槽螺杆、抛壳杆、抛壳爪、扭杆、抛壳电磁铁等。它的功用是在传动部分的驱动下,抬起进行抛壳,降下收集火炮射击后的弹底壳。

2. 带槽螺杆

它的作用是当降下框架时扭转抛壳扭杆,储存抛壳能量。当抬起框架时扭杆被抛壳电磁铁闭锁,抬到抛壳位置后,抛壳电磁铁按指令解脱闭锁,扭杆释放能量,将弹底壳抛车外。此时,带槽螺杆又拉住扭杆。

带槽螺杆长度调节方法:抬起框架并保持框架位置,取下销轴并松开其上的螺母,转动带槽螺杆即可调整其长度。调整后,应保证抛壳后,带槽螺杆与销轴的间隙不小于1mm,框架下降至原位时,抛壳电磁铁铁芯与抓钩的间隙为0.5~1mm。

3. 减速器

减速器的作用是驱动框架抬起或下降。它主要由电机、蜗轮蜗杆、齿轮、齿条及控制箱等组成。

控制箱内装有两个信号控制开关,由仿形轮发出框架的位置信号。

箱体上有一个带盖的窗口,蜗杆轴的一端从此口用螺丝刀可手动齿条伸缩,带动框架抬起或下降。

4. 弹底挡铁

弹底挡铁安装在左防危板后部,可绕回转轴转动。它的作用是:当收集弹底壳时,挡在收集器后部,防止弹底壳从后部掉下。同时,其后的弹底壳触点发出收集器中有无弹底壳的信号。自动装弹时,被抓具上的推杆抬起,让开送弹线。

六、开窗机构结构及功能分析

开窗机构安装在后炮塔顶上。开窗机构在抛壳机抛壳时,将安装在炮塔后上方的窗盖打开,抛壳后关闭。开窗机构由带电机的减速器、到位开关、控制电缆和四连杆机构等组成,如图 2-35 所示。

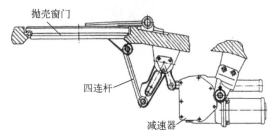

图 2-35 开窗机构

1. 带电机的减速器

它与抛壳机减速器结构完全相同,调整其中开关位置后,可互换。

2. 到位开关与控制电缆

安装在减速器上,当弹壳收集器内有弹底壳时,在推弹机推送弹子到位后,接收程控盒(配电盒)的开关控制指令,打开抛壳窗;在开窗到位后,向程控盒发出开窗到位信号;在弹底壳抛出后,接收程控盒的控制指令,关闭抛壳窗,并向程控盒发出关窗到位信号。

3. 四连杆机构

它的作用是驱动窗口开启或关闭。

2.5.2 自动装弹机工作过程分析

自动装弹机在以程控盒为控制中枢的调度下,火炮闭锁器在装填过程中将火炮闭锁在 4°30′ 的角度上,旋转输弹机将已经选好的弹药送至出弹口,经提升机提起后,推弹机分批次将弹子和药筒推送入膛。开窗机构在下一发弹药入膛之前开启,抛壳机将上一发弹药的药筒壳抛出车外。整个工作过程紧凑而又有序,使得火炮在短暂的时间内(自动装弹速度 6~8 发/分)装填完毕,再次进行射击。

自动装弹机是复杂的机电一体化机器人设备,其工作遵循严格的时序性和逻辑性。基于继电器时序逻辑的配电盒是装弹机控制的核心,现有自动装弹机采用单片机程序控制电路,替代原有的继电器时序逻辑电路,使其电路得以小型化、模块化,但其控制原理源于时序逻辑(图 2-36)。控制过程和工作条件完全相同,只是一种元器件的替代,控制原理没有本质上的变化。当然,现代的测控技术在程控箱中也有体现,即程控箱比配电盒提升的功能,如自检功能,能够提供初始状态的故障,有利于维修时故障的判定。图 2-37 是自动装弹机的系统原理框图,比较全面地描述了自动装弹机系统的控制原理和工作逻辑。

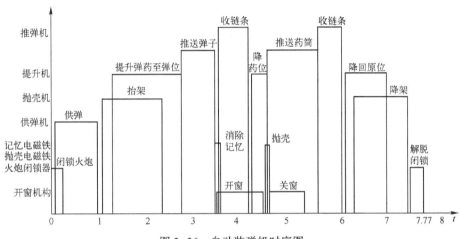

图 2-36 自动装弹机时序图

1. 火炮调至装填角并闭锁

按下"装弹"按钮时,火炮稳定器控制箱即收到动作信号,动力油缸则驱动火炮至装填角。火炮到位后的信号由调炮器(KY)发出。当火炮进入装填角区域后,火炮闭锁器电机 ZD6 则立即被接通,并将闭锁器中闭锁销紧压于火炮防危板,当程控盒接到 BS-K1 的动作信号后,电机 ZD6 被切断,同时火炮处于暂时的液压闭锁状态。火炮解锁后在装填角区域摆动。当闭锁销在弹簧的作用下弹入火炮摇架上的闭锁衬套内时,火炮即被闭锁。此时行程开关 BS-K3 发出信号,火炮即处于液力闭锁。

2. 旋转输弹机旋转、弹种选择和旋转输弹机停止转动

在调炮至装填线同时,旋转输弹机解脱闭锁并旋转、选择、停止。输弹机闭锁电磁铁 XS-DT1 被接通后,触点 XS-DT1-K2 闭合,发送信号给程控盒,以防止提升机在此时解锁。电磁铁 XS-DT1 被 XS-DT2 的导杆挡住处于闭锁,此时 XS-DT2-K1 转换,信号送入程控盒将 XS-DT1 切断,使闭锁销处于收回状态。输弹机此时开始旋转。

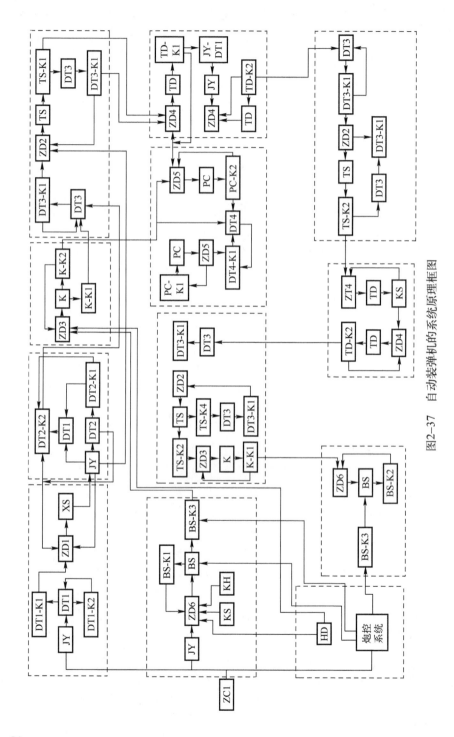

图2-37 自动装弹机的系统原理框图

输弹机旋转时,旋转传感器内部码盘与其同步转动。当被选弹种接近出弹口时,旋转传感器按照记忆的弹种编码进行比对,旋转输弹机电机间歇性工作和停止,输弹机开始制动。当输弹机电机依靠输弹机惯性重新接通时,按照来自旋转传感器的信号,XS-DT1 和 XS-DT2 同时被接通,XS-DT2 的导杆收回,XS-DT1 被切断电源并解锁,XS-DT2-K1 的信号送入程控盒将 XS-DT1 切断,此时闭锁销被弹簧推顶在输弹机弹架座圈的内壁上摩擦滑动,并将 XS-ZD1 的低速电路接通,旋转输弹机进入慢速段。当闭锁销弹入闭锁孔时,XS-DT1-K2 转换,XS-ZD1 被切断,输弹机则停止转动。出弹口的弹种即为所选弹种。

3. 框架提升到弹底壳抛出线

在输弹机处于停车状态时,ZD3 接通,抛壳框架抬起。在框架抬起过程中,K-K1 发送信号给 TS-DT3,当抬架瞬间,K-K2 被接通将 ZD3 电机切断。

4. 带弹匣的抓钩提升到弹丸推送线

K-K1 和 XS-DT1 信号共同接通提升电磁铁 TS-DT3,提升机构解脱闭锁则 TS-DT3-K1 闭合,发送信号切断旋转输弹机闭锁电磁铁电路,同时将 ZD2 接通,提升机开始提升弹匣。当提升机提升弹匣离开原位时,行程开关 TS-K4 转换,将闭锁电磁铁电路切断。当弹匣接近弹丸推送线时,行程开关 TS-K1 转换,其信号将提升机电磁铁 TS-DT3 切断,并将 ZD2 电机的低速电路接通,提升机进入慢速段。当提升机闭锁销弹入闭锁盘上的弹位孔时,提升机即被闭锁,此时行程开关 TS-DT3-K1 断开,ZD2 电机被切断。

5. 向火炮药室推送弹丸、推弹链复位

行程开关 TS-K1 和触点 TS-DT3-K1 的信号共同接通推弹机电机 ZD4,并将弹丸推送入膛。当推弹链伸出时,行程开关 TD-K2 转换,将提升机闭锁。推送弹丸结束时,行程开关 TD-K1 转换,其信号将 ZD4 电机切断,并将信号送入程控盒将 ZD4 电机反转电路接通,推弹链收回到位后,TD-K2 转换切断 ZD4 电机,并将提升机解锁。

6. 弹底壳抛出窗打开,抛出弹底壳和关窗

当推弹机推送弹头结束时,行程开关 TD-K1 转换,将开窗机构电机 ZD5 接通同时消除记忆。开窗到位后,行程开关 PC-K2 转换,将电机 ZD5 切断,并将抛壳机构电磁铁 DT4 接通,DT4 闭锁销解脱抛壳扭杆的束缚,将弹底壳抛出车外。此时 DT4 得电吸合,DT4-K1 转换,将电机 ZD5 反转电路接通,开窗机构关窗。关窗到位时,行程开关 PC-K1 恢复原位,将电机 ZD5 切断。

7. 弹匣降到药筒推送位,向火炮药室推送药筒和推弹链复位

当推弹机将弹头推送到位并收回链条后,行程开关 TD-K2 转换,提升机电磁铁 TS-DT3 接通,提升机解脱闭锁。触点 TS-DT3-K1 闭合,信号经程控盒后

将ZD2电机反转电路接通,提升机反转并将弹匣降下。当药筒弹匣接近其推送线时,行程开关TS-K2转换,其信号将提升机电磁铁TS-DT3切断,并将ZD2电机的低速电路接通,提升机进入慢速段。当闭锁销弹入闭锁盘上的药筒位孔时,提升机被闭锁,触点TS-DT3-K1断开将ZD2电机切断,并将ZD4电机接通,推弹机推送药筒入膛。

推送药筒到位后,药筒底缘将抽筒子冲开,火炮闩体关闭。行程开关KS转换,其信号将ZD4电机反转电路接通,推弹机收回推弹链。当推弹链收回到原位后,行程开关TD-K2转换,信号经程控盒将ZD4电机切断,并将提升机闭锁电磁铁DT3接通。推弹机推送药筒后,同时提升机解脱闭锁,行程开关TS-DT3-K1闭合,信号经程控盒将ZD2电机反转电路接通,提升机将弹匣降下。

8. 弹匣提升机构和框架回到原始位置

当抓具离开药筒推送线时,行程开关TS-K2转换,信号经程控盒将ZD3电机反转电路接通,抛壳机将框架降下。当抓具接近原位时,行程开关TS-K4转换,信号经程控盒将提升机电磁铁TS-DT3切断,闭锁销依靠闭锁器内部弹簧弹力弹出并紧压在闭锁盘上滑动,此时ZD2电机低速电路接通,提升机低速下降。当闭锁销弹入闭锁盘上的原位孔时,提升机即被闭锁,此时TS-DT3-K1转换,将ZD2电机切断。

当抛壳机降下时,抛壳扭杆渐渐受到扭转,到原位后抛壳机的抛壳扭杆处于最大张开角,并将抛壳机闭锁电磁铁DT4闭锁销弹入闭锁位置,此时行程开关K-K1转换,将ZD3电机切断。当抛壳机框架降到原位时,行程开关K-K2转换,信号输入程控盒并将火炮闭锁器的ZD6电机接通,ZD6得电收回闭锁销,同时解脱火炮闭锁。并且在闭锁销收回的同时,依次使行程开关BS-K2,BS-K3恢复原位。BS-K2信号输入程控盒将ZD6电机切断。此时在炮长瞄准镜内部和装弹操纵台上的"装弹完毕"指示灯亮。火炮此时将解脱液力闭锁,并返回至原瞄准线,进入射击准备状态。

2.5.3 自动装弹机控制系统故障分析

电气控制系统故障在坦克自动装弹机故障中是最多的,这类故障的检查和排除都比较困难,对修理人员的业务水平要求较高,既要有电路的基本知识,还要求对坦克自动装弹机工作的电气原理比较熟悉,而且还需要熟练掌握检测工具的使用和正确的调整方法。这类故障在整个自动装弹机故障中占大概40%。电气故障主要是由电路回路中的回路断路或者短路引发的,表现形式为各回路中触点开关损坏或电磁铁损坏。通过故障统计,分析结果为补弹时不提升;推弹机热保护开关跳闸;4°30′不闭锁;4°30′闭锁,不抬架;4°30′闭锁抬架,不提升;

推弹链在原位抖动(即间断性接通收弹链回路);开窗机构不开窗;关窗机构不关窗;开窗后不抛壳。

1. 补弹时不提升

补弹时电路图见图 2-38。

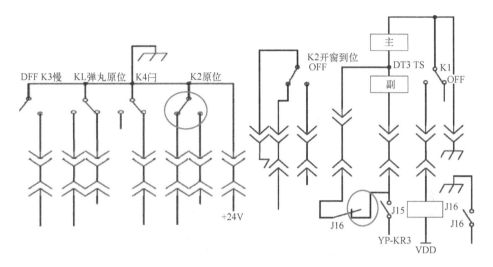

图 2-38 (见彩图)补弹时电路图

故障原因:推弹机 K2 不转换。

机理分析:K2 没有转换到位,程控盒不发出令 J15 工作的信号。

检测方法:手动检查 K2 并正确调整 K2 开关。

2. 推弹机热保护开关跳闸

推弹机工作电路图如图 2-39 所示。

故障原因:TD-K2 短路或推弹链不在原位。

排除方法:检查 K2 开关,正确调整 K2 位置;将推弹链推回原位。

机理分析:K2 不回复原位,单片机不发出令 J21 停止工作的信号,J21 一直工作,ZD4 一直处于反向绕组接通的状态。

检测方法:利用观察法。滚珠下压弹簧片,弹簧片接触触点开关,是否能恢复,可以通过拆开前盖检测。

3. 4°30′不闭锁

闭锁器工作电路图如图 2-40 所示。

故障原因:闩体触点 KS 接触不良。

机理分析:触点 KS 接触不良,程控盒不发出令 J3 工作信号,继而导致 J30 不工作。

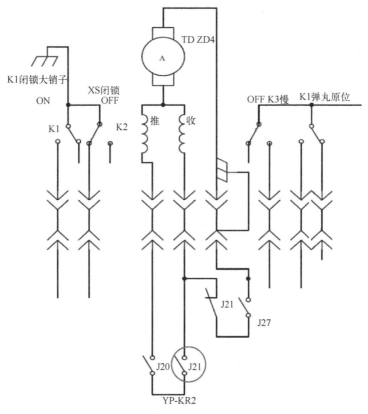

图 2-39 （见彩图）推弹机工作电路图

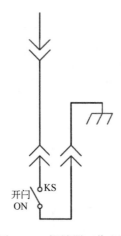

图 2-40 闭锁器工作电路图

检测方法:检查 KS 触点。

4. 4°30′闭锁,不抬架

抬框架电路图如图 2-41 所示。

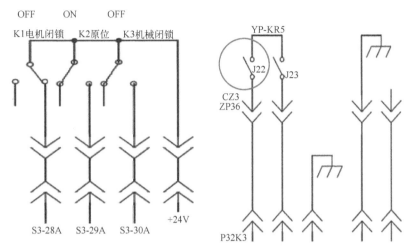

图 2-41 (见彩图)抬框架电路图

故障原因:BS-K3 未转换。

机理分析:K3 不转换,程控盒不发出令 J22 工作的信号。

检测方法:检查调整 K3。

5. 4°30′闭锁抬架,不提升

提升机工作电路图如图 2-42 所示。

故障原因:推弹链不在原位,或在原位,但 TD-K2 不转换。

机理分析:K2 不转换,J15 不工作导致 DT3 不工作,DT3-K1 不转换,J16 不工作,J17 无法工作,则提升机不提升。

检测方法:关闭系统,将推弹链推回原位;检查 K2 触点,调整 K2 位置。

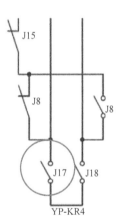

图 2-42 (见彩图)提升机工作电路图

6. 推弹链在原位抖动(即间断性接通收弹链回路)

推弹机电路图如图 2-43 所示。

故障原因:TD-K2 调整不当。

机理分析:K2 接触不好,导致单片机间歇性发出接通 J21 信号,则推弹机电机间歇性工作,所以推弹链抖动。

93

检测方法:检查调整 K2 开关位置。

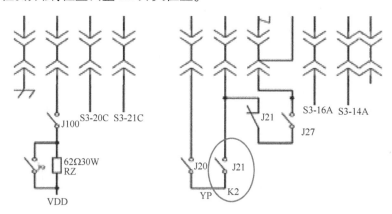

图 2-43 （见彩图）推弹过程电路图

7. 开窗机构不开窗

开窗机构电路图如图 2-44 所示。

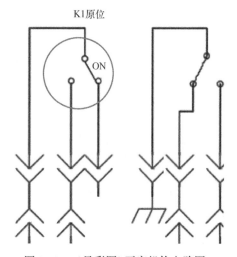

图 2-44 （见彩图）开窗机构电路图

故障原因:开窗电机插头 9 号线断。

机理分析:在其他信号的转换、控制正常情况下,若该开窗时不开窗,则要检查接头处,看输入输出信号是否通畅。因为接插件和触点最容易出现松动或是虚接,甚至断开。

检测方法:检测插头接头处。

8. 关窗机构不关窗

关窗机构工作电路图如图 2-45 所示。

故障原因：PC-K1 开关不转换；开窗电机插头 11 号线断。

机理分析：K1 不转换，单片机无法发出令 J25 工作的信号，因此开窗机构电机无法工作，不关窗。

检测方法：用电势法检查触点 PC-K1，正确调整或更换开关；用万用表检查电路，并接好 11 号线。

9. 开窗后不抛壳

抛壳机构工作电路图如图 2-46 所示。

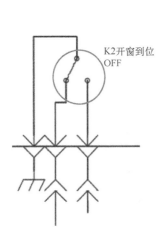

图 2-45 （见彩图）关窗机构工作电路图

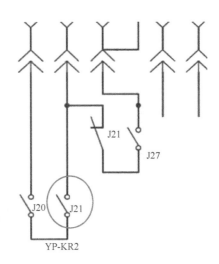

图 2-46 （见彩图）抛壳机构 K2 工作电路图

故障原因：PC-K2 不转换；JC6 内部线路短路，使 J26 被短路；K-DT4 坏。

排除方法：检查调整或更换 PC-K2；检查线路，排除短路现象；更换抛壳电磁铁。

机理分析：K2 不转换，导致程控盒不发出令 J26 工作的信号，则电磁铁不释放扭杆，不抛壳。

2.5.4 自动装弹机典型故障的故障树

故障树分析（fault tree analysis，FTA）就是在系统中，把系统所不希望发生的失效状态作为逻辑分析的目标，找出导致这一故障状态的所有可能发生的直接原因，再跟踪找出导致这些中间故障的所有可能发生的直接原因，直到找到引起发生故障的全部原因,用相应的符号和逻辑门把它联结成树形图,称此树形图为故障树。故障树分析法是一种将系统故障形成的原因由整体至部分按树枝状逐步细化分析的方法,一般有以下分析步骤。

(1) 合理选择顶事件和边界条件。对系统的故障进行定义,分析其形成原因,同时还要确定系统的故障边界条件,以确定顶事件和底事件。

(2) 建立故障树并进行简化。作出故障树逻辑图并进行简化。

(3) 对故障树作定性分析。应用布尔代数对故障树做简化,寻找故障树顶事件的故障模式(最小割集)或成功模式(最小路集)。

(4) 对故障树作定量分析。求出顶事件发生的与概率有关的可靠性参数,分析各事件的重要度,以发现系统的薄弱环节。

由于自动装弹机各子系统故障现象多样,故障原因复杂,主要故障和次生故障、机械故障和电气故障之间难以严格区分。所以,自动装弹机典型故障的故障树建模是在对不同故障现象进行归纳整理的基础之上,以各子系统为单位分别对不同的现象进行分析。

1. 旋转输弹机故障树

要建立自动装填系统故障树,首先要弄清自动装填系统故障包括什么,有哪些故障模式、故障原因、故障现象等。以自动装填系统中旋转输弹机不能旋转为例:旋转输弹机是以继电器逻辑电路控制外部执行机构工作的,整个工作过程是有逻辑、有步骤地进行,当前状态的输入变量与前一状态的输出变量是紧密相关的。输弹中,电机、电磁铁等是系统输出变量的直接控制对象,它们驱动机械部件运动后,通过位置开关、触点开关将执行情况转换成控制电路的电信号,伺控制盒中写入一个输入变量,所以旋转输弹机故障多是由上一步工作不正常造成,即由单一缺陷诱发系统故障相对来说故障树较容易建立。

(1) 装弹机在补(卸)弹时,按压"装填"按钮,输弹机不工作。具体表现为电磁铁不解锁,输弹机不旋转以及热保护开关跳闸。

造成旋转输弹机不能旋转的原因可能有继电器故障、开关故障、电机故障、按钮故障等。将原因事件按照逻辑关系组合起来,以旋转输弹机不能旋转为顶事件建立故障树(图 2-47)。

(2) 按压"装填"按钮后,输弹机不能在"出弹口"位置停车。造成该故障的原因可能是闭锁器不能顺利闭锁,或者旋转输弹机不能旋转到位或者不能到位停车。其中可能是闭锁销变形或零件损坏,也可能是电缆短路或者断路,还可能是继电器故障、电机故障等原因(图 2-48)。

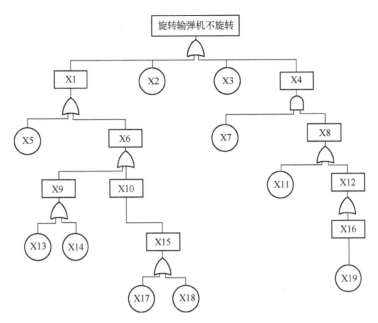

图 2-47 旋转输弹机不旋转故障树

X1—J11 没有闭合；X2—电机故障；X3—装弹机按钮故障；X4—旋转输弹机没有解锁；X5—J11 本身故障；
X6—J11 没有接通；X7—XS-DT2 没有转换；X8—XS-DT1 故障；X9—J9 没有闭合；X10—J21 没有闭合；
X11—XS-DT1 没有转换；X12—XS-DT1 没有接通；X13—J9 本身故障；X14—J9 没有断开；
X15—DT1-K2 故障；X16—J9 没有闭合；X17—DT1-K2 故障；X18—XS-DT1 故障；X19—J9 没有接通。

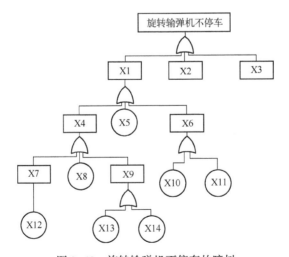

图 2-48 旋转输弹机不停车故障树

X1—XS 不能闭锁；X2—电路故障；X3—旋转传感器故障；X4—DT1 不能闭锁；X5—闭锁孔堵塞；
X6—DT2 不解锁；X7—J9 不工作；X8—DT1 毛刺、变形；X9—C36 故障；X10—DT2 故障；
X11—DT2-K1 未转换；X12—电机故障；X13—C36 故障；X14—电机故障。

97

（3）补弹故障主要表现为按下"补弹"按钮后没有动作、连续补弹、隔发补弹或者只能补出弹口位置的弹匣等。造成这些故障的主要原因是机械故障、电路故障或者按钮故障，以及程控盒和旋转传感器故障（图 2-49）。

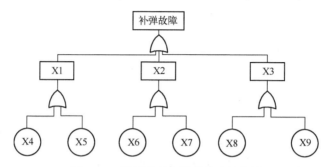

图 2-49 旋转输弹机补弹故障故障树

X1—按钮故障；X2—电路故障；X3—机械损坏；X4—补弹按钮故障；X5—穿（破榴）按钮故障；X6—电压过低；X7—短路或断路；X8—弹匣变形；X9—减速机三级齿轮损坏。

2. 提升机故障树

（1）按压"装填"按钮后，输弹机旋转，到位指示灯亮，提升机不提升。主要原因可能是提升机不能解脱闭锁、继电器故障以及抛壳框架没有到位等（图 2-50）。

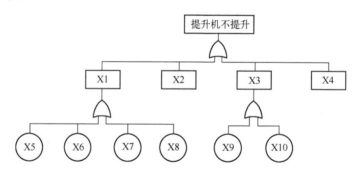

图 2-50 提升机不提升故障树

X1—触点开关发生位移；X2—电路故障；X3—电磁铁故障；X4—仿形轮故障；
X5—TS-K1 未转换；X6—TS-K2 未转换；X7—TS-K3 未转换；X8—TS-K4 未转换；
X9—DT3 故障；X10—J15 故障。

（2）提升机提升到位后不停车，包括到弹丸位不停车，到药筒位不停车直接下降到原位，补弹时不停车与框架相撞。造成这些故障的原因主要是触点开关发生位移，仿形轮位置产生变动，以及电磁铁不能及时闭锁提升机（图 2-51）。

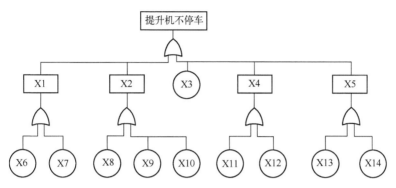

图 2-51　提升机不停车故障树

X1—机械故障；X2—继电器故障；X3—电机故障；X4—控制开关故障；X5—未收到抬架到位故障；
X6—TS-K3 位移；X7—弹匣变形；X8—J15 故障；X9—J16 故障；X10—C17 故障；X11—TS-DT3 故障；
X12—TS-DT3-K1 故障；X13—K-K2 故障；X14—K 故障。

3. 推弹机故障树

（1）推弹机不能推弹入膛。可能是由于推弹链故障、电机故障或者机械变形（图 2-52）。

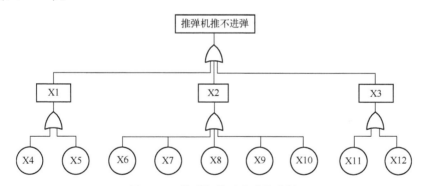

图 2-52　推弹机推不进弹故障树

X1—电机故障；X2—机械变形；X3—推弹链故障；X4—ZD4 故障；X5—电压过低；
X6—抽筒子头部有毛刺；X7—卡爪调整不当；X8—弹匣变形；X9—弹药外壳损坏；
X10—解脱板调整不当；X11—推弹链松动；X12—推弹保险力矩小。

（2）到达弹丸线或者药筒线后，推弹机不推弹。可能是因为继电器故障或者是电机故障（图 2-53）。

（3）推弹后不能收链（图 2-54）。

4. 抛壳机故障树

（1）开窗后，抛壳机构不抛壳（图 2-55）。

（2）不开窗（图 2-56）。

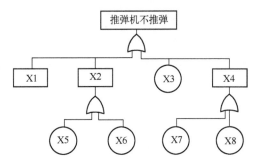

图 2-53 推弹机不推弹故障树

X1—电路故障;X2—电机故障;X3—开关损坏;X4—继电器故障;X5—ZD4 故障;
X6—J20 故障;X7—TS-K1 不转换;X8—TD-K1 故障。

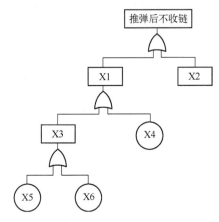

图 2-54 推弹后不收链故障树

X1—ZD4 反向故障;X2—TD-K2 故障;
X3—J21 不工作;X4—ZD4 故障;
X5—J21 故障; X6—TD-K2 故障。

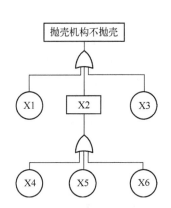

图 2-55 抛壳机不抛壳故障树

X1—K-DT4 故障;X2—继电器本身故障;
X3—BS-K2 故障;X4—J24 故障;
X5—J25 故障;X6—J26 故障。

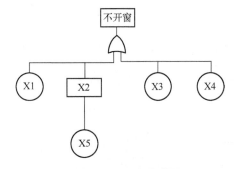

图 2-56 不开窗故障树

X1—ZD5 故障;X2—J24 不工作;X3—TD-K1 故障;X4—PC-K1 未转换;X5—J24 继电器故障。

(3) 不关窗(图 2-57)。

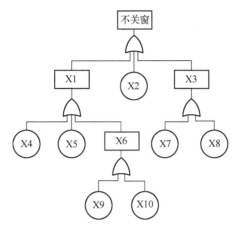

图 2-57 不关窗故障树

X1—J25 不工作；X2—ZD5 故障；X3—J26 不工作；X4—PC-K1 未转换；
X5—J25 故障；X6—DT4-K1 不转换；X7—J26 故障；X8—PC-K2 未转换；
X9—DT4 故障；X10—DT4-K1 故障。

(4) 不抬架(图 2-58)。

(5) 不降架(图 2-59)。

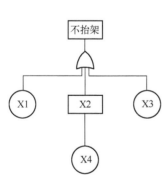 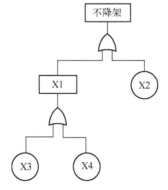

图 2-58 不抬架故障树　　　　图 2-59 不降架故障树
X1—K-K1 不转换；X2—J22 不工作；　　X1—J23 不工作；X2—ZD3 故障；
X3—ZD3 故障；X4—J22 损坏。　　　　X3—J23 故障；X4—TS-K2 不转换。

5. 闭锁器的故障树

(1) 启动稳定器，自动装弹时火炮 4°30′ 来回振荡，火炮不闭锁。可能是闭锁器的安装位置不正、闭锁器内部卡滞或过脏、调炮器内部故障、闭锁器内的触点开关位置错位、线路故障等(图2-60)。

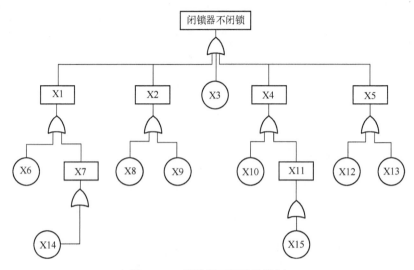

图2-60 闭锁器不闭锁故障树

X1—电机故障;X2—调炮器故障;X3—闭锁销毛刺、变形;X4—开关错位;
X5—炮控箱故障;X6—ZD6故障;X7—J12不工作;X8—接触不良;X9—固定螺母松动;
X10—闭锁器错位;X11—触点开关错位;X12—SFC板故障;X13—电路故障;
X14—J12故障;X15—BS-K1未转换。

(2) 自动装弹完毕后火炮不解脱闭锁,按解脱闭锁按钮能解脱闭锁(图2-61)。

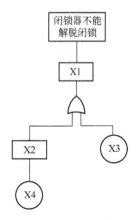

图2-61 闭锁器不能解脱闭锁故障树

X1—电机故障;X2—J13不工作;X3—ZD6故障;X4—J13故障。

第3章

导弹发控系统故障模式分析与检测技术

3.1 导弹发控系统的故障模式分析

导弹发控系统主要用于发射并控制导弹飞向预定目标。主要包括发射装置、测角仪和控制盒等,其中发射装置主要是一个机械部件,测角仪是一个光电部件,控制盒是一个电子部件。

3.1.1 发射装置故障模式及其形成机理

发射架是发控系统发射装置的重要组成部分,用来发射导弹,赋予导弹初始射角和射向,以及完成发射时的程序点火,平时用于将导弹固定在发射托架上。

发射装置由发射架底座、导弹制动器、发射架锁柄、活动插头和活动插座等组成。主要是机械部件、电气部件,而且常常暴露在室外使用。从故障统计、实际使用试验数据分析,发射装置在装填、运输、存储、发射多个过程中受使用环境和使用者的操作等因素影响很大。

人为操作不规范而引起的故障。人为踩踏、装填过程中磕碰、摔落到地、使用后对装备的维护保养不到位等因素会造成尾插座的断裂、导弹系统所铺设的电缆出现断路、插针变形、发射托架使用后没有归零、固定栓没有插拔等故障。

发射装置暴露在车体外面,因使用环境因素造成的很多故障。高温条件下,加速高分子材料分解老化,缩短电子元器件寿命。设备内部元器件温度升高,影响产品电气性能。电容、电阻、电感数值变化,直接影响装备性能。设备过热致使元器件损坏,低熔点焊缝开裂或焊点脱开。高温使润滑油脂的黏度降低,造成轴承损坏及结构的强度减弱。在高温下,金属的膨胀不同,使活动部分卡住,紧固装置出现松动及接触装置接触不良。高温加速金属氧化,使接点接触电阻增大及金属表面电阻增大等。潮湿条件下,元件和材料的表面电阻、体积电阻下降,发生漏电、短路、击穿及电接触不良。高湿条件下,元件的金属材料腐蚀加速,结构强度减弱,电气参数漂移等。湿热交替变化的条件下,加速了材料的吸潮和腐蚀过程等。这主要影响活动插座部位的导通性与各芯之间的绝缘性。盐雾条件加速金属材料及镀层的腐蚀作用,对相互接触的不同金属腐蚀尤为严重。在盐雾条件下,绝缘材料的表面电阻下降,严重影响设备的绝缘性。发射装置典型故障模式如下。

1) 发射架导轨的平直度下降

发射架导轨不平直主要原因:操作不规范,使用时磕碰、摔落;发射后未及时进行保养,有一定的积炭存在;发射导弹时应力过于集中,会对发射架的导轨造成一定程度的影响与破坏,多次后会出现裂痕;车载类导弹长时间行驶或受山路颠簸,发射架会不同程度发生变形。

发射架的平直度影响导弹顺利安装在发射架上、顺利发射,还会影响发射后的弹道。如果发射架损伤严重,出现裂纹,则会出现安全事故。对于导弹发射架的状态变化形式主要是:发射架出现裂痕,或者平直度下降,导轨的不平直会对导弹的射击精度有影响,以及改变弹道,容易出现掉弹。

2) 弹簧锁紧力不符合规范

弹簧的锁紧力影响导弹的装填固定,当弹簧的锁紧力过大或过小时,都会对导弹的发射造成不同程度的影响。当过大时,会导致导弹发射不出去;当过小时,会导致在运输的时候出现掉弹。

弹簧锁紧力发生变化,主要是因为多次带弹的运输,长时间的使用,会对弹簧造成不可逆的形变损失,每一种金属材料都有它的疲劳应力范围,若是长期处于这种疲劳之中,材料会发生形变、老化,从而导致变形失效。现在在沿海地区,一般是车载携带实弹,但是一般不发射,故弹簧一直处于疲劳状态中,使弹簧的锁紧力发生改变。

3) 推杆开关内部电路工作不正常

橡胶套破损、老化导致推杆开关里面的电路出现故障。

推杆开关表面的橡胶套可能因为人为的原因或者是高温环境下的使用出现破裂。在沿海使用的时候,由于盐雾的影响,推杆开关里面的电路发生故障,则推杆开关不能给出正确的挂弹信号。

4) 弹尾插座插针故障

弹尾插座插针典型故障模式:一方面是表面镀层脱落,致使信号传输出现错误;另一方面是机械损伤。

故障机理:由于使用环境的影响,在导弹与发射架不断插拔过程中,插针表面的镀层失去,出现短路或者接触不良的情况,而且在潮湿条件下,元件和材料的表面电阻、体积电阻下降,发生漏电、短路、击穿及电接触不良的现象;高湿条件下,元件的金属材料腐蚀加速,结构强度减弱,电气参数漂移等;湿热交替变化的条件下,材料进行毛细管的"呼吸"作用,加速了材料的吸潮和腐蚀过程等。此外,因为一般在沿海地区使用,故还需考虑盐雾的影响。盐雾条件加速了金属材料及其镀层的腐蚀作用,对含镁量高和具有相互接触的不同金属的腐蚀尤为严重,在盐雾条件下,绝缘材料的表面电阻下降,影响设备的绝缘性能。

还有一种常见的故障是因为操作人员使用不规范,出现机械损伤,例如插针的弯曲变形,不能顺利地对接。

检测方法:直观检测,测量插针的绝缘性。

5) 尾插座损伤

故障模式:尾插座断裂。

故障机理:主要的原因是人为破坏,包括碰撞、踩踏等一些外力因素形成的不可逆的损伤,这是因为使用人员不会用,不了解装备使用操作规范,还有就是技术保养不到位,因为尾插座本身就是一个可以活动的分部件,没有妥善放置而造成各种人为的损害。一般在车上放置发射架,发射架在发射完毕后从发射窗口退下来,放在车体内,此时的尾插座是在最下方的,因为没有保护装置,容易损坏。

6) 发射托架协调不到位

故障模式:使用后角度协调不到位、电磁阀吸铁有杂质。

故障机理:导弹的发射是有角度限制的,如果在地面不平坦的地方发射,必须将角度协调到位,这样才能正常地发射出去,不然射角报警器会鸣响。发射托架角度协调不到位可能有以下几个原因:

(1) 固定栓没有插拔;

(2) 操作后没有及时归零;

(3) 伺服机构电机已坏。

而对于电磁阀吸铁部位,主要是由里面有杂质没有及时清理、维修保养不到位造成的。

7) 连接电缆

故障模式:信号传输出现中断现象。

故障机理:因为发射架底座由螺栓固定在炮塔顶部。其上的电缆穿过炮塔与导弹控制盒相连。而连接电缆是裸露在外面的,其故障机理主要是人为原因,如不妥善管理,人为操作不规范,随便拉拽;再者就是使用环境的原因,高温盐雾等恶劣天气也加大了对连接电缆保护的难度,还有一方面的原因是在车上走动时的经常性踩踏也会造成连接电缆的断路。

8) 托架继电器工作不正常

产生这种故障现象的原因:一是继电器密封不好,各种杂物进入导致继电器吸合不到位;二是人为踩踏或吸合次数过多导致继电器损破。

3.1.2 电视测角仪故障模式及其形成机理

电视测角仪技术状态变化的主要形式是性能参数的变化,具体包括测角精度、灵敏度、抗干扰能力、变焦时间、视场、零点、短焦到位、长焦到位、自检等。各项性能参数的变化,都将在一定程度上影响导弹武器系统工作过程,直接影响导弹射击精度。下面将从造成各性能参数变化的机理这一角度对电视测角仪故障机理进行分析。

1) 测角精度不能满足指标要求

电视测角仪测量角偏差,是导弹武器系统开始控制的第一环节。要求满足大视场要求和小视场要求。当测角精度出现误差时,电视测角仪不能准确地给出导弹偏离瞄准线的角偏差,从而使控制盒形成错误的控制指令,使得导弹不能按正确的弹道飞行,最终导致导弹失控掉地或无法命中目标。产生故障的原因主要包括:

(1) 电视测角仪轴线与瞄准线不严格平行,存在角偏差。发控系统中,电视测角仪和瞄准镜有两套光路,为确保测角精度满足要求,必须使电视测角仪轴线和瞄准线精确平行,由于两个仪器匹配度不够,不可避免地存在角偏差。此外,导弹的特殊使用环境,决定了电视测角仪在车辆运动时,随车体振动,车体振动造成应力释放等增加了两条轴线角偏差增大的概率。

(2) 维修保障时,电视测角仪开启后,紧固力不均匀。在维修保障中,不可避免地对电视测角仪进行拆装,因为电视测角仪中各光学部分是机械连接的,紧固力不均匀,可使得测角系统应力不均而变形,造成光学系统结构变化,从而影响测角精度。

(3) 光学机械故障。电视测角仪采用的是变焦距摄像头,无论光学设计还是机械设计加工都十分复杂,变焦过程中,其内光学机械按预定规律变化,不可避免地使轴线产生漂移。同时,当光学机械部分工作时,可能因各种因素使得机械运动故障,导致测角精度误差出现。

(4) 电子学故障。电视测角仪由光学系统和电子学系统两部分组成,其电子系统性能可随着装备的不断使用和环境的变化而变化,造成信号处理异常,或者产生零点漂移或跳动等现象,影响测角精度。

2) 灵敏度降低

电视测角仪对测角系统的灵敏度有严格的要求,要求当背景电平为确定时,目标信号高出背景电平时,测角系统可靠捕获目标。当电视测角仪灵敏度不满足技术性能要求时,可造成严重影响。灵敏度增大,则抗干扰能力减弱,在复杂环境下易被干扰;灵敏度降低,抗干扰能力增强,但捕获弹标的能力相应下降,远距离攻击时,可能无法捕获导弹,造成失控。产生故障的原因主要包括:

(1) 电子学故障。线路板信号处理模块故障,导致不能正常捕获目标。

(2) 滤光片胶面脱落。电视测角仪要求严格的密封性,当电视测角仪密封性出现故障时,在盐雾等特殊天气影响下,滤光片胶面可能老化变形或脱落,导致光路变化,使光学信号变化,影响灵敏度。

3) 抗干扰能力下降

电视测角仪对测角系统的抗干扰能力有严格的要求,要求当模拟背景电平一定时,模拟干扰光点信号幅值不小于模拟背景电平时,跟踪窗口捕获,并跟踪干扰光点。当电视测角仪抗干扰能力不满足技术性能要求时,电视测角仪可能无法实时捕获弹标信号,造成导弹失控或无法精确测量导弹偏离瞄准线的角偏差,影响射击精度。产生故障的原因主要包括:

(1) 光学系统故障。电视测角仪要求严格的密封性,当电视测角仪密封性出现故障时,在盐雾等特殊天气影响下,滤光片胶面可能老化变形或脱落,导致光路变化,使光学信号变化,引起抗干扰能力变化。分光棱镜透射光与反射光比例发生变化时,摄像头接收光学信号比例不均衡,致使目标与背景不能很好地区分,造成抗干扰能力的变化。此外,摄像头在使用过程中,可能因车体震动造成应力释放等导致机械故障,使光路不严格平行,引起光学信号异常,造成抗干扰能力的变化。

(2) 电子学故障。电视测角仪工作时,要求摄像头接收光学信号在时间上严格同步,由控制模块控制,当控制模块出现异常时,信号匹配产生异常,影响目标与背景的区分。

4) 变焦时间不符合指标要求

电视测角仪采用变焦距镜头,镜头的焦距是连续变化的,不同的焦距对应不同大小的视场和不同的测角精度。基于其重要地位,电视测角仪要求变焦时间严格控制在一定范围内,若变焦过快,影响导弹发射时跟踪和捕获,可造成导弹失控丢失;变焦过慢,影响射击精度,造成导弹无法精确命中目标。产生故障的原因主要包括:

(1) 机械故障。当电视测角仪密封性出现故障时,在盐雾、高温、高湿等特殊天气影响下,变焦系统机械传动部分可能因锈蚀、变形等原因造成变焦凸轮机械传动不灵活,引起变焦时间异常。

(2) 电机故障。变焦系统动力由微型电机提供,微型电机烧坏时,变焦系统没有动力源,不能正常变焦;微型电机控制模块运行不正常时,引起微型电机供电异常,可造成变焦时间变化。

(3) 使用环境变化。当电视测角仪处于极端天气时,会对变焦时间等造成重大影响。高温时,变焦时间加快;低温时,变焦时间减慢。在极端天气下,若电视测角仪密封性不好,会加快电视测角仪故障产生。高温时,加快传动部分变形或锈蚀;低温时,水汽结冰等使传动不畅,或者使部件变形。

5) 视场不满足要求

电视测角仪的视场是一个不断变化的视场,与变焦时间息息相关。要求有最大视场和最小视场,超出范围将造成重大影响。视场小,在导弹发射过程中,导弹容易飞出电视测角仪视场,电视测角仪视场无法捕获导弹,易导致导弹失控。视场大,干扰因素增多,易导致导弹失控或影响射击精度。产生故障的原因主要包括:

(1) 零点漂移。电视测角仪使用过程中,随着装备使用次数增加,可造成电子部件性能变化,造成零点漂移、突变等变化,可通过重写零点进行修复,当重新写零后,视场相应地变小。当电视测角仪轴线与瞄准线存在较大角偏差时,可通过重写零点进行修复。

(2) 变焦系统机械故障。变焦系统机械传动出现故障时,导致变焦不到位,引起视场变化。

6) 短焦不能到位

导弹发射时,要求短焦到位,否则变焦系统异常,造成视场、变焦时间等变化,对导弹工况造成重大影响。产生故障的原因主要包括:微型电机烧坏时,变焦系统没有动力源,不能正常变焦,短焦到位失灵。微型电机控制模块运行不正常时,引起微型电机供电异常,可造成短焦到位失灵。变焦系统机械传动故障,短焦到位失灵,短焦到位指示灯烧坏。

3.1.3 控制盒故障模式及其形成机理

由于控制盒体积小、质量轻、结构紧凑,在车载环境下受车辆行驶颠簸的影响很小,可以忽略不计。对导弹控制盒的影响主要体现在电缆连接部位,包括控制盒与发射托架的连接、控制盒与电视测角仪的连接等。由于车辆行驶时颠簸较大,容易导致连接部位松动,从而造成接触不良,影响各部分效能的发挥。同时控制盒的使用对外在环境也有一定要求。当超过这些环境要求的范围时也容易引起控制盒的故障。此外控制盒平均无故障工作次数必须满足保证控制设备平均无故障次数的要求，这也是一个潜在的故障原因。

从导弹点火发射到控制导弹飞行到导弹命中目标，可以发现这个过程中有几个重要环节容易出现故障，主要包括自检不合格、点火电压不正常、指令波形不正确、信息信号幅值不符合要求、指令方波过零点值不准确。

1) 控制盒自检不合格

在导弹发射之前要对控制盒进行自检，通常控制盒自检不合格会出现两种故障现象：一是挂弹指示灯闪烁，导弹不能发射；二是可以击发但击发后挂弹指示灯不熄灭。引起控制盒自检不合格的主要原因：

（1）车体电压不稳定。当车体电压过低时，控制盒内部电路不能正常工作，会出现自检不合格现象。

（2）射手操作不合格。对控制盒进行自检需要按照一定的程序进行，若射手不能按照规定操作也很容易引起控制盒自检不合格。

（3）指示灯损坏。指示灯损坏会发出错误信号，让人误认为是控制盒自检不合格引起的指示灯闪烁或不熄灭。

2) 点火电压不正常

点火电压是指供导弹完成点火发射的电压值，通常点火电压在一定范围内，导弹都可以点火发射。引起点火电压不正常的原因主要有以下几点：

（1）车上供电电压不稳定。控制盒中的高低压电源组件主要负责把车上电瓶输入的直流电源电压变换为各部分所需的各种电压。这其中也包括供导弹发射的点火电压，当高低压电源组件出现故障时，可能会引起供电电压转换出现问题，导致点火电压不正常。

（2）控制盒内的时序电路不稳定。控制盒的核心部件单片机中设有时钟电路，主要用来协调控制盒内部各部分动作，使其有条不紊地工作，当时钟电路出现问题时，可能会引起点火电压不正常，即导弹该点火时没有点火，不该点火时提前点火。

（3）电缆连接不可靠。控制盒与发射托架之间用连接电缆连接，用于传输指令和提供电压，当电缆连接不可靠时，会引起接触不良，而导致点火电压不正常。

3) 指令波形不正确

指令波形能够反映指令信号的上升沿、下降沿、指令电压幅值及其不对称性。指令波形的不正确主要表现在指令信号上升沿和下降沿过于舒缓、指令电压幅值不稳定及其对称性不可靠。其主要故障原因分析如下：

（1）电视测角仪提供的角偏差信号有误。控制盒主要用于接收电视测角仪的角偏差信号,然后形成相应的控制指令来控制导弹飞行。当电视测角仪本身出现故障,提供错误的角偏差信号时,控制盒也会形成错误的指令信号。

(2) 连接电缆接触不良。电视测角仪与控制盒之间通过连接电缆连接,电缆连接接触不良,会导致信号传输有误,形成错误的指令波形。

(3) 控制盒的角偏差处理电路有问题。电视测角仪提供的角偏差信号需要经过校正、剔除、滤波等一系列处理后才能形成控制指令,这期间任何一个环节出现问题都可能导致指令波形不正确。

4) 信息信号幅值不符合要求

信息信号幅值是指经光电耦合、功率放大最后输出幅值为调宽方波控制指令电压。该控制指令电压经传输线送到弹上电路,控制舵机摆帽摆动,控制导弹飞行。信息信号幅值不符合要求可以体现在幅值大小不符合要求,也可能是只有正电压(或是负电压)。引起信息信号幅值变化的主要原因有:

(1) 车上的供电电压不稳定。当车上的电瓶电量不足时或是连接电缆接触不良都可能导致信息信号幅值不稳定,一般情况下,是引起信息信号幅值变小,失去对导弹的控制。

(2) 控制盒的功率放大单元损坏。由控制盒输出的低压指令需经过功率放大单元放大才能满足驱动弹上舵机所要求的指令方波电压,因此功率放大单元若是损坏,则导致低压指令无法转换成高压指令,最终导致信息信号幅值不能够满足要求。

(3) 方向功放管有故障。控制盒需要的是指令调宽方波,若方向功放管有故障可能导致只能产生正电压值或是负电压值,那么对弹上舵机的控制只能是单向的。

5) 指令方波过零点值不准确

由指令系数计算公式可以知道,指令方波过零点值的大小直接影响到指令系数的计算,因此指令方波过零点值也是很重要的参数,引起其不准确的主要原因:

干扰信号的影响。控制盒对导弹的控制过程难免会有干扰信号产生,这些干扰信号与正常的指令信号叠加就会影响指令方波的过零点值的大小。

控制盒是发射控制系统的重要组成部分,一旦控制盒出现故障就可能造成导弹无法发射或是无法对导弹实施有效的飞行控制,因此分析控制盒故障的危害性是十分必要的,知道了故障危害性就可以在使用过程中多加注意,以免造成不必要的损失。

3.2 导弹发控系统检测技术

3.2.1 发射装置检测技术

1. 发射装置平直度检测

发射装置平直度检测通过校验器实现,校验器主要是模拟导弹与发射架的对接,以此对发射架的机械、电气性能进行检查(图3-1)。校验器上的挂钩模拟导弹上的前、后定向块,校验器上的插座模拟导弹上的尾插座,从插座引出两条导线连接一个发光二极管(绿色),模拟导弹续航点火线路,从插座相应位置引出两条导线连接一个发光二极管(红色),模拟导弹起飞点火线路,校验器上的凸轮和调整螺栓模拟导弹上的定位螺钉。凸轮沿逆时针方向旋转到位时,调整螺栓伸出最长,相当于挂弹状态,发射架的推杆开关压缩,续航点火线路接通,绿色二极管发光。凸轮沿顺时针方向旋转到位时,调整螺栓伸出最短,发射架的推杆开关释放,处于自由状态,起飞点火线路接通,红色二极管发光。

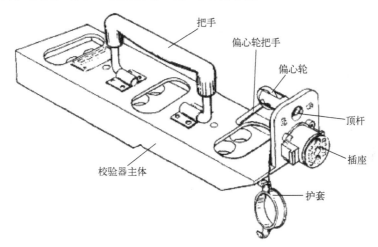

图 3-1 校验器

使用时的操作步骤如下。

(1) 将发射架的锁叉压缩,然后翻转解锁杆,使锁钩张开,处于待挂状态。
(2) 将发射架插入发射托架导向槽内,前推到位,前后卡住。
(3) 将发射托架的电缆与控制盒相连。
(4) 将校验器沿发射架导轨向后滑进,同时掐住插架部件上的松夹臂,使两夹爪缩回,直至把校验器推到位。

(5) 校验器对接到位后,松开松夹臂,使两夹爪伸出,卡住校验器上插座的两支耳。

(6) 通过控制盒给发射托架供电。

(7) 当校验器上的凸轮把手沿顺时针方向旋转到位时,红色二极管发光,当凸轮把手沿逆时针方向旋转到位时,绿色二极管发光,此时红色二极管仍然发光。

(8) 关闭控制盒为发射托架提供的电信号。

(9) 掐住插架部件上的松夹臂,使两夹爪缩回,把校验器从发射架上取下。

(10) 将发射架的解锁杆扳回原位。

(11) 测试结束。

2. 锁紧力检测方法

锁紧力检测可以通过测力器完成。测力器主要是模拟导弹发射时导弹定向块从发射架锁钩上解脱时的情况。测力器本体上的前、后卡块模拟导弹上的前、后定向块,测试时,测力器本体上的两个后卡块被发射架上的左、右锁钩锁住,通过拉杆、螺杆部件拉动测力器本体沿着导弹发射方向运动,直到将测力器本体上的两个后卡块从发射架上的左、右锁钩中拉出。在测力器本体上装有指示拉力大小的标尺和游标以及推动游标的推杆,可以显示出卡块从发射架锁钩中解脱时的解脱力大小(图3-2)。

图3-2 测力器

使用方法如下:

(1) 将发射架的锁叉压缩,然后翻转解锁杆,使锁钩张开,处于待挂状态。

(2) 将测力器本体沿发射架导轨向后滑进,同时掐住插架部件上的松夹臂,使两夹爪缩回,直至把测力器本体推到位。

(3) 将发射架的解锁杆扳回原位,用发射架的左、右锁钩将测力器本体上的两个后卡块锁住。

(4) 将测力器的螺杆部件安放在发射架上。

(5) 用连杆将测力器本体部件与螺杆部件连上。

(6) 将发射架上的锁叉压缩到位，匀速旋转测力器螺杆，当解锁力在一定范围时，测力器本体上的后卡块应挣脱发射架左、右锁钩的束缚，解脱出来。

(7) 将测力器本体与螺杆部件从发射架上取下。

(8) 将发射架的解锁杆扳回原位。

(9) 测试结束。

3.2.2 电视测角仪检测技术

电视测角仪检测的目的是确定电视测角仪是否处于良好的工作状态。它适用于检测电视测角仪的视场、零点、精度、灵敏度等关键参数，以及确定变焦时间、自检和短焦到位灯的功能正常与否。

电视测角仪的3个主要参数是测角精度、视场和电子学灵敏度。测角精度是明确规定的，用小视场或大视场表示。电子学灵敏度也容易确定，目标应比背景电平略高。

电视测角仪攻击远距离目标时，若想把导弹可靠地送到这样的距离（在电子学灵敏度一定的条件下），光学系统的通光量无疑越大越好。而实践证明通光量越大，越抵抗不住周围环境的干扰。因此电视测角仪的光学系统应当有一个适当的通光量，以保证既能将导弹送到该距离上，又能抵抗住各种干扰。

1) 精度检测

电视测角仪有两个精度指标：一是攻击近处的目标对应精度；另一个是攻击远处的目标对应精度。导弹飞行至近处有对应的电视测角仪的变焦时间，因此参数检测组件应能解算出变焦时间的电视测角仪的测角精度。由于在参数检测组件上可随时重新标定电视测角仪的零点，故这个精度也称为"零点"。

为了检测这项参数，参数检测组件上设有精度基准和模拟真目标。

2) 灵敏度检测

这项参数是指电视测角仪的信号提取能力，一般应调整到一定电压值。参数检测仪应在模拟背景电压的条件下给出高于背景电压的模拟真目标光点。

3) 视场检测

电视测角仪在长焦时的小视场。为了检测这个参数，在参数检测仪平行光管的焦平面上设置一分划板，其刻线的角度值满足要求。根据能否看到完整的刻线图案，来判断电视测角仪的小视场是否有变化。

4）变焦时间检测

电视测角仪的变焦时间有一定范围,过快,影响大视场的捕获和跟踪;过慢,影响对目标的攻击精度。

5）自检

导弹每次发射前,电视测角仪均需完成自检。因此检验电视测角仪自检功能是必须的。

6）短焦到位检测

导弹每次发射前,电视测角仪的变焦距镜头均应处于短焦位置,此时射手在瞄准镜中能看到短焦到位灯点亮。

电视测角仪检测由光学机械检测和电路检测两大部分组成。其中光学机械部分由模拟弹标、平行光管和调整架等组成,它为被检电视测角仪提供一个合乎要求的模拟背景和目标;电路检测组件由检测调理组件、控制组件和检测解算组件等组成,它向被检电视测角仪发送检测指令,并接收电视测角仪测得的角偏差数据,从而判断电视测角仪的技术状态。在控制组件内还设有自动调光控制系统,以实现平行光管出口处光照度恒定的自动控制。检测平行光管固定在调整架上。

3.2.3 控制盒检测技术

控制盒检测组件以微处理器为核心,由微处理器、信息信号幅值采样处理电路、采样处理电路、指令方波过零点处理电路、起控与发射电路等组成。总体结构图如图3-3所示。

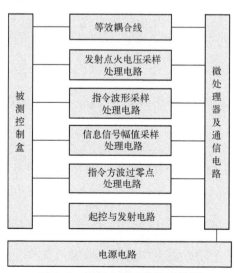

图3-3 控制盒检测总体结构图

1) 发射点火电压采样处理电路设计

发射点火电压采样处理电路是将各种信号衰减处理为 0~5V 范围内变化的信号，供微处理器接口采样处理。供电电压和发射点火电压由高精度电阻 1RJ1、1RJ2、1RJ3 和 1RJ4 组成的衰减网络分别衰减后，由多路转换开关切换，送入微处理器中采样。其电路如图 3-4 所示。

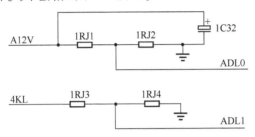

图 3-4 发射点火电压采样处理电路

2) 指令波形采样处理电路设计

指令信号经由 1R34、1R35、1R36、1RP3 和 1R37 组成的电阻网络衰减，并加 VREF(+2.5V) 偏置，使其变化范围电压转变成 0~5V 范围内变化的信号，然后送入电压跟随器 1U2 的输入端，经 1R48 限流，送入微处理器 A/D 口(AD2)采样。

微处理器在间隔为 0.1ms 连续采样 0.2s 后，分别处理出指令上升沿、下降沿、指令电压幅值及不对称性等参数的结果。调整 1RP3 可校准指令信号的衰减系数，1V12 稳压管起过压保护作用，以防止 AD2 的输入超过 5V 电压。其电路如图 3-5 所示。

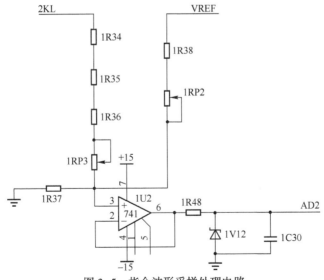

图 3-5 指令波形采样处理电路

3) 信息信号幅值采样处理电路设计

信息信号幅值采样处理电路是采用线性光电隔离器 1U5(AD202)实现的,首先将输入电压范围的信息信号电压衰减转换为 0~5V 变化范围的电压,由光电隔离器 AD202 隔离后,送入微处理器 A/D 口(AD3)采样。其电路如图 3-6 所示。

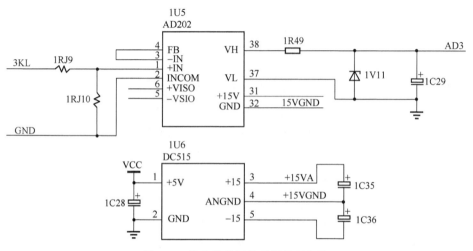

图 3-6　信息信号幅值采样处理电路

4) 指令方波过零点处理电路设计

指令方波过零点处理电路如图 3-7 所示,该部分电路是由一只高速高输入阻抗的运算放大器 1U7(741)组成的开环放大环节。首先将输入的±220V 高压指令方波经 1R39 和 1R41 组成的电阻网络衰减,然后由运放 1U7 组成的开环放大器处理成为±15V 输出的方波,再经 74HC14 整形后处理为 TTL 幅值的波,由微处理器进行处理。

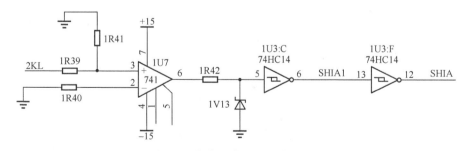

图 3-7　指令方波过零点处理电路

5) 起控与发射电路设计

起控与发射电路如图 3-8 所示。这部分电路由一只微型灵敏继电器 1J1、一只固态继电器 1U4 和一只三极管 1V16 等主要元器件组成，分别用来模拟导弹挂弹、发射和起飞状态，以保证控制盒起控和正常工作。

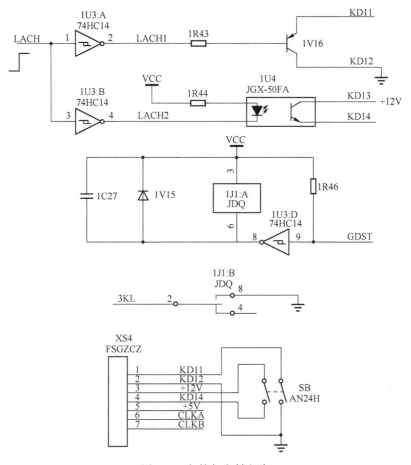

图 3-8　起控与发射电路

第4章 振动信号检测与故障诊断

振动诊断技术是目前机械故障诊断中最常用的诊断方法,它主要通过对机械振动信号在时域、频域、幅值域、相关域以及其他新领域进行信号分析与处理,提取机械故障的特征信息,进行机械的故障诊断。本章重点讲解信号在时域、频域、幅值域、相关域的特点、常用的诊断方法及其适用场合,并通过实例分析加以说明。

4.1 概 述

振动诊断技术是发展最快、研究最多的故障诊断方法,它是通过测量机械外部振动来判断机械内部故障的一种方法。振动诊断技术包括振动测量、信号分析与处理、故障判断、预测与决策等几个步骤。具体地说,振动诊断技术是对正在运行的机械直接进行振动测量(对非工作状态机械设备作人工激振再进行振动测量),对测量信号进行分析和处理,将得到的结果与正常状态下的结果(或与事先制定的某一标准)作比较。根据比较结果判断机械内部结构破坏、碰撞、磨损、松动、老化等故障,然后预测机械的剩余寿命,采取决策,决定机械是继续运行还是停机检修。

4.1.1 振动检测原理

振动是机械运行过程中出现的必然现象。如坐在公共汽车上人体感到的晃动,汽车经过不平路面时的颠簸,开车、停车过程中的冲击,以及发动机的抖动等统称为振动。许多机械产生故障的现象就表现为振动过大,振动过大又加速机件磨损,使得振动更大,从而形成恶性循环。

振动在机械运转过程中或多或少都会出现。即使在良好的状态下,由于机械在制造和安装中的误差(如不平衡、不对中)及其本身的性质(如齿轮传动机构等)也会产生振动。

大部分机械内部异常时,如轴承磨损、疲劳破坏、齿轮的断齿、点蚀等,会导致振动量的增加以及振动频率成分或振动形态的改变。

不同的故障是由于机械故障所施加的激励不同而引起的,因而产生的振动会具有各自的特点,这是故障判别的依据。

因此,从机械振动及其特性就可了解机械内部状态,从而判断其故障。

4.1.2 振动诊断内容

振动诊断内容大致包括以下几个方面。

1. 诊断对象的选择

机械种类繁多,把生产中的每台机械都作为诊断对象不仅不可能,而且也是不经济的。因此,作为被诊断对象的机械应具有以下一些特征:

(1) 停机后会对整个系统产生严重影响的机械或部件,如经济损失大或会造成人员伤害或整机严重损坏等。例如电力网的发电机械,飞机、工程机械及汽车中的发动机等。

(2) 维修费用高的机械或部件。

(3) 对结构故障反应比较敏感的机械或部件。

优先考虑列为诊断对象的设备一般有:

(1) 直接生产设备,特别是连续作业和流程作业中的设备;

(2) 发生故障或停机后会造成重大损失的设备;

(3) 没有备用机组的关键设备;

(4) 价格昂贵的大型精密设备或成套设备;

(5) 发生故障后会产生环境公害的设备;

(6) 维修周期长或维修费用高的设备;

(7) 容易发生人身安全事故的设备。

诊断对象确定后应将设备编号,并按有关标准将设备进行分类管理。在一般情况下,点检采用简易诊断方法,精密诊断用于对发现异常的设备做进一步分析判断。

2. 测点的选择

诊断机械选好后,需确定在机械的哪个部位进行测定。通常测点的选择原则是选择最容易显示问题所在的点作为测试点。

设备状态参数是设备异常和故障信息的载体。选择最佳测量点并采用适合的检测方法是获得有效故障信息的重要条件。真实而充分地检测到足够数量能客观地反映设备情况的状态参数是诊断能否正常进行的关键。如果所检测到的信息不真实、不典型或不能客观而充分地暴露设备的实际状态,那么后续的各种诊断功能再完善也无济于事。因此,测量点选择的正确与否关系到能否对故障作出正确的诊断。

通常,确定测量点数及方向的原则是:能对设备振动状态作出全面描述;尽可能选择设备振动的敏感点;离设备核心部位最近的关键点和容易产生劣化现象的易损点,如图4-1所示,图中打"×"点,不要选用。

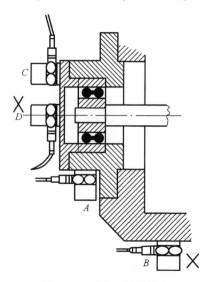

图4-1 正确选择测量点

选择测量点时还要考虑环境因素,避免选择温度高、湿度高、出风口和温度变化剧烈的地方作为测量点,以保证测量数据的准确性。

对于低频段的振动,必须同时测量径向的水平和垂直两个方向,有条件时还应增加轴向测量点。对于高频的随机振动和冲击振动可以只确定一个方向作为测量点。

测量点应尽量靠近轴承的承载区,与被监测的运动部件尽可能避免多层相隔,使振动信号在传递过程中减少中间环节和衰减量。

此外,测点不是越多越好,要以最少的传感器,灵敏地测出整个机组系统的工况。测量点一经确定以后,就应贴上测量标记,一般采用中间有一圆孔的标牌作为标记。

对于一般旋转机械,轴和轴承的振动最能反映出振动的大小,因此,有测轴和测轴承两种振动测定方法。测轴振动时,测试点选在轴上,在轴上安装传感器;测轴承振动时,测试点选在轴承上,传感器安装在轴承上。对高速旋转体,由于振动不能及时地传递到轴承上,因此测轴振动为好;而对非高速旋转体,由于振动能及时地传递并反映到轴承上,因此可测轴承振动。

选择测点时应注意以下两个问题：

（1）方向性。低频振动有方向性，因此，需在3个方向测量振动；而高频振动一般无方向性，因此在1个方向上测量即可。

（2）同一点。对于某点的各次测量需保持在同一点上，因此，第1次测量时需作标记。

3. 参数选择

根据应用参数的不同，有3种测振参数：位移、速度和加速度。把位移、速度和加速度称作量标，把峰值、有效值称为量值。对应有3种不同的传感器：位移传感器、速度传感器和加速度传感器。位移、速度、加速度虽然可以通过微分、积分关系互换，但转换后灵敏度受到影响。另外由简谐运动位移、速度、加速度关系：

$$x(t) = A\sin(\omega t+\varphi) \tag{4-1}$$

$$v(t) = A\omega\cos(\omega t+\varphi) = \dot{x} \tag{4-2}$$

$$a(t) = -A\omega^2\sin(\omega t+\varphi) = -\omega^2 x = \ddot{x} \tag{4-3}$$

可得，当频率 ω 较小时，位移测定灵敏度高；频率 ω 大时，加速度测定灵敏度高。因此，得到测定参数的选择原则：对振动频率在10Hz以下、位移量较大的低频振动，常测量位移变化，一些桥梁、水坝、构件、建筑等以变形为破坏的主要形式时，也选用位移作为测量量标，另外，对于高速旋转的机械，旋转精度要求较高时，习惯上也多选用位移作为测量的量标。

对于大多数机械设备来说，当评定设备的振动强度时，都选用速度作为测量的量标，速度量标在故障的典型频谱中频率范围在10～1000Hz之间，且具有较高的信噪比。

对于振动频率在1～10kHz之间，随机振动中宽频带的振动测量、高频振动、冲击试验通常选用加速度作为测振的量标。

对振动检测最重要的要求之一，就是能在足够宽的频率范围内测量包括所有故障成分在内的全部信息，包括与轴不平衡、不对中，轴承保持架损坏、齿轮啮合冲击等故障引起的振动的频率成分，其频率范围往往远远超过1kHz。很多典型测试结果说明，在设备内部损坏还没有影响到设备的实际工作能力之前，高频振动的分量就已包含了故障的信息，仅在内部故障发展较严重时，才能从低频信息上反映出来。因此，测量振动加速度值的变化及振动的频率分析就成为设备故障诊断最重要的手段之一。

振动的量值有峰值、平均值、有效值等。其中，峰值只能反映振动瞬时值的大小，均值只能反映振动平均峰值大小，它们均不能全面地反映振动的真实特征。因此，大多数情况下，评价设备的振动量级和诊断设备故障，主要采用速度和加速度的有效值,只有在测量变形破坏时,才采用位移峰值。

在振动故障诊断中,对于不同的故障类型所选择的测振参数也不同。当位移量或活动量异常时,如旋转机械的振动等,选速度为测振参数。当冲击力等力的大小异常时,如轴承和齿轮的缺陷引起的振动,则选择加速度为测振参数。

4. 测定周期确定

根据不同的诊断对象和不同的检测点要因地制宜地确定监测周期。

1) 定期点检

可以间隔一月、一周或一天检测一次。具体间隔天数可根据不同对象确定。例如,对汽轮压缩机、燃气轮机等高速旋转机械可确定每天一次,水泵、风机可每周一次,一旦发现测定数据有变化征兆,应迅速缩短监测周期,待振动值恢复正常后仍按原定监测周期进行。新安装的设备和大修前后的设备应频繁检测,直至运转正常。

2) 随机点检

这种巡回随机点检必须建立在"全员维修体制"上,点检人员每月或每季度仅巡回点检一次,而每一个操作者,应当时刻注意设备的振动、噪声和功能变化,每班作记录。如发现异常情况应立即报告维修人员进行跟踪点检,同时,对全厂同类型设备进行点检记录,作类比分析。

3) 连续监测

对于一些大型关键机械设备应配备连续监测仪器,每小时检测一次,或每班检测一次。超过规定值时报警并自动记录下异常信号,显示打印出振动数据。

5. 判别标准的选择

得到机械的振动信号后,必须将机械振动信号与其振动标准相比较,才能对机械的运行状态作出判断。常用判别标准有绝对判别标准、相对判别标准和类比判别标准 3 种。

1) 绝对判别标准

绝对判别标准是在规定了正确的测定方法、测量位置及测量工况等后制定的标准。测定故障时,使机械某一部位实测值与相应同一部位的判别标准相比较,作出"良好""注意""异常"的判断。

绝对判别标准是在大量的统计数据和实验结果中获得的。目前,一些先进的工业国家陆续发布了一些振动的绝对标准。

近几年,我国有关部门也正在积极制定振动监测的国家标准,这些标准将陆续出台,使用时可参考有关标准。

2) 相对判别标准

相对判别标准是对同一部位(同一测量点、同一方向和同一工况)进行定期测定,将正常情况的值定为初始值(或叫正常值),按时间先后将实测值与正常值进行比较,视其倍数来判断是否异常的一种判别标准。

在工业生产中,可根据设备的运行状况,自己制定相对振动标准。

3) 类比判别标准

类比判别标准是指数台同样规格的设备在相同条件下运行时,通过对各台设备的同一部位进行测定和互相比较来掌握异常程度的方法。图4-2 所示为这种标准的实例。

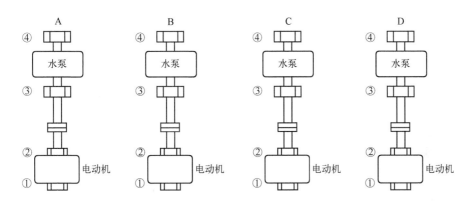

①~④各部位的水平方向振动记录

判别标准	速度/(cm/s)			
	①H	②H	③H	④H
A	0.06	0.07	0.06	0.07
B	0.06	0.05	0.07	0.06
C	0.06	0.07	0.14	0.17
D	0.06	0.07	0.05	0.07

图4-2 类比判别标准示例

由图4-2可以看出,在ABC的相同部位测出的振动值为正常设备的一倍以上时,旋转机构有可能存在异常。

6. 测振系统的定期标定

根据有关标准规定,为了保证测试精度及可靠性,传感器及其二次仪表每次使用前都应作系统标定。

传感器每6个月应标定一次。传感器及电荷放大器、毫伏表和示波器都被列为强制定的计量仪器,应定期检验、核准、标定。

对测振系统标定时,根据需要,可以自备一套振动标定系统。这里介绍一套先进实用的小型振动台系统,如图4-3所示。这套小型振动台可以对传感器和配有传感器的便携型测振仪作背靠背的相对标定,可以方便地校准其频率特性、灵敏度和线性。

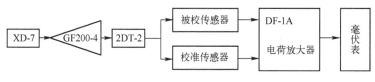

图4-3　仪器的相对标定系统

图4-3所示是利用比较法来标定被校传感器,图中XD-7发出信号,经GF200-4功率放大器放大后,使2DT-2永磁振动台振动,其振动参数由校准传感器和被校传感器同时测量,进而将被校传感器和校准传感器测量数据进行比较找出差异,以确定被校传感器的工作精度。为确保此系统的标定精度,校准传感器应每半年,最多一年送计量部门标定一次。

4.2　振动信号故障诊断

正确识别不同形态的振动故障信号,从它们随着时间的推移而不断发展变化的振动频率、振幅和相位参数中,找出对应的故障特征,并作出正确的评价和诊断,是振动诊断的重要工作内容。

4.2.1　建立设备诊断档案

在机械设备的故障诊断中,建立、建全设备的诊断档案是十分必要的。只有建立设备的诊断档案,才能迅速准确地对被诊断设备的故障部位、性质、程度及原因作出科学的判断。可以这样说,没有诊断档案,诊断工作就无法进行。

设备诊断档案应包括下列内容:

(1) 设备型号、主要技术参数和功能特征,出厂年月、生产厂,使用说明书及有关技术文件、出厂合格证书。

(2) 设备的安装特点、地基构造、使用年月、操作记录、验收记录、维修保养记录。

(3) 绘出设备的运转结构示意图并注明轴承的种类、型号和规格,齿轮的齿数与齿形,转子的直径及参数,并根据转速预先计算出各自对应的特征频率,如图4-4所示。

第4章 振动信号检测与故障诊断

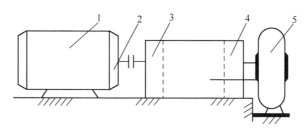

图 4-4　机器结构示意图
1—电动机;2,3,4—轴承;5—风机。

(4) 各种诊断规范、标准和有关文献中记录的设备可能发生的各种故障的现象、原因、特征及量值。

(5) 在结构示意图上标明测量点位置及方向,注明测量周期、判断标准、历次测量数据记录表。

(6) 设备振动监测故障反馈报告单。

(7) 设备安装试车升降速时的振动频谱,历次大、中修前后的振动记录和频谱图,包括各种记录信号的录音磁带、各种拷贝和软盘。

4.2.2　振动信号故障诊断方法

1. 简易诊断法

1) 听诊诊断法

听诊诊断法就是直接听取设备运转声音,判断设备运行状态的方法。这种方法历史悠久,凭人的经验判断故障。以前,人们用听棒或螺丝刀直接听取设备的重要部位。20 世纪 80 年代后,瑞典 SPM 公司推出了 EL-12 电子听诊器后,人们开始借助于电子听诊器来听取设备的运转声音。现在,我们国家已有许多厂生产电子听诊器,并且质量也有保证。

听诊诊断法属于主观诊断范畴,还无法摆脱人为因素的干扰,其准确程度主要凭人的经验。因此,在使用中有其局限性。但是这种方法简便易行,所用仪器也便于操作,造价低廉,在工业生产中便于推广应用。

2) 振平值诊断法

这是一种简单、常用的诊断方法。振平值诊断法是以设备上一些敏感点、关键点和易损点处的总振平值作为判断依据,通过与相应的标准临界振平值相比较作出诊断的一种方法。为便于开展工作,在振平值诊断中应设计统一的表格,现将某冶炼厂的诊断记录提供给大家参考(表 4-1)。由此例可以看出,在用振平值诊断法判断设备故障时,测点尽量选在振动敏感位置,并尽可能从三个方向测振。

表4-1 某冶炼厂振动诊断报告

委托单位	锌焙烧分厂	诊断日期	1998.10.17
设备名称	1#高压鼓风机	诊断原因	在状态检测中,发现振动出现异常
规格型号	0700-11	判断标准	加速度有效值 $a<1.18$
使用地点	沸腾炉工序		
检测仪器	217中级诊断系统	报告编号	VT-8803

从表4-2、表4-3来看,振动值已超过极限值,且温度上升到65℃;用耳机监听,可听到明显的故障声;从时域信号中也可看出故障信息,故判断轴承3为严重磨损。

表4-2 振动数据记录

测点	轴承2			轴承3			轴承4			电机		基础		温度/℃		
	V	H	A	V	H	A	V	H	A	V	H	V	H	1	2	3
有效值	0.56	0.81		1.13	0.98		0.97	0.84		0.54	0.78	0.13	0.17	46	65	61

注:V—垂直方向,H—水平方向,A—轴向,单位为μm·cm/s。

表4-3 振动最大点频率分析

$f_{实测}$/Hz	2~30	30~100	100~300	300~1000	1~3k	2~5k	2~10k
有效值	0.65	0.97	0.98	1.10	0.78	1.12	1.13

注:主轴转速 $n=2950\text{r/min}(f_0=49.17\text{Hz})$。

3) 振平-时间趋势图

以每次测量的设备的振平值为纵坐标、以时间为横坐标画出趋势图即为振平-时间趋势图。根据这种趋势图预测振动发展趋势。将曲线向前向外延伸以揭示设备运行状态到危险的时间振动极限,以便安排适当的日期对设备进行必要的保护,图4-5为某振平-时间趋势图。

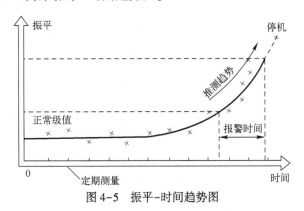

图4-5 振平-时间趋势图

4) 波峰因数评价法

峰值与有效值之比称为波峰因数。它是反映故障发展变化趋势的一个重要指标。利用它可以有效地对滚动轴承故障发出早期预报。如图4-6所示,当轴承正常运转时,振动的峰值和有效值都变化不大,此时,波峰因数大约为3∶1;若轴承产生局部故障,峰值增加极快,而有效值变化不大。此时,波峰因数增加,一般为3∶1~15∶1;当轴承处于扩展故障期时,振动有效值明显增强,而峰值变化不大,波峰因数有减小的趋势,由15∶1变为3∶1左右。由此可见,波峰因数的变化,反映了典型的轴承工作状态的时间历程。

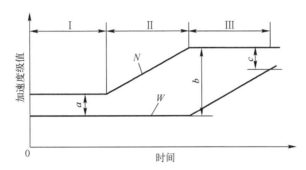

图4-6 典型轴承在寿命周期内波峰因数的变化规律

Ⅰ—无故障;Ⅱ—局部故障;Ⅲ—扩展故障;N—峰值;W—有效值;a—波峰因数约为3∶1;b—波峰因数约为3∶1~15∶1;c—波峰因数约为3∶1。

5) 共振解调技术(IFD技术)

该技术专门用于滚动轴承故障的评价。当滚动轴承的零件有轻微损伤时,发出周期性冲击信号,这种幅值十分微弱的故障信息与正常振动波形不同,具有陡峭的冲击前沿和丰富的高次谐波。将此信号作包络分析处理,这样既能有效地剔除设备正常振动的频率成分,又能检测轴承早期的冲击故障。

6) 现场动平衡法

在各种旋转机械(如透平机、风机、泵等)的振动中,因运行中的动不平衡引起的故障约占旋转机械故障的30%以上。尽管很多有较大转子的设备在制造厂时就已利用动平衡机对运转部件进行了动平衡处理,但安装后在实际运行现场仍然存在不平衡,引起较大的振动,无法正常工作,甚至出现事故,因此,必须利用现场动平衡仪器在不改变转子支撑条件及工作转速的情况下,对运行中的机械作加重减重处理,使之达到平衡的目的。

现场动平衡需要有丰富的经验,特别要保证两种传感器能拾取到可靠稳定的信号,第一次加重时其方向和重量都要适当。下列两个汽轮机转子的配重计算公式可供参考。

当 300~1200r/min 时：

$$配重\ W = \frac{叶轮重量(\text{kg}) \times 未加配重时的两侧振幅(\mu\text{m})}{轴芯到配重处的距离(\text{mm})} \quad (4\text{-}4)$$

当 500~1500r/min 时：

$$配重\ W = \frac{11.26 \times 旋转体重量(\text{kg}) \times 10^{-2}}{\left(\dfrac{转速}{1000}\right)^{-2} \times 轴芯到配重处的距离(\text{mm})} \quad (4\text{-}5)$$

7）简单频率分析法

振动的频率特征是设备诊断中的重要内容。一般来说，频率分析属于精密诊断范畴，但是利用便携式简易诊断仪器也可以在现场作比较简单的频率分析，分辨出是高频振动故障还是低频振动故障。

常见的低频振动故障有转子不平衡、轴瓦磨损、轴弯曲引起的强迫振动及滑动轴承盖松动、滑动轴承油膜振荡、机械松动、电磁感应振动等。

常见的高频振动故障有滚动轴承的元件损坏、轴系不对中；齿轮加工粗糙、损坏或磨损；轴承缺油、密封摩擦和转子轴向摩擦等。

8）转速振平图

在升速、降速或开、停机过程中测量记录振平值随转速变化的曲线，即为转速振平图。利用这些曲线可以判断设备的故障。

图 4-7 是离心式空压机升速试验中记录的各种转速振平图，图中纵坐标是振动加速度的有效振平值，横坐标是转速，它正比于升速时间。图 4-7(a) 表明振平值不随转速变化，较大的振动可能是由其他设备引起的。图 4-7(b) 表明转速越高振平值越大，一般是由于转子动不平衡或轴承座与基础刚度太小引起的。图 4-7(c) 表明在某一转速下出现的峰值，这大多数是由共振引起的，如转子在临界转速时或箱体、支座及基础产生共振时等，这种振动有时会出现多个峰值。图 4-7(d) 是振平值在升速过程中的某一转速下突然增大，可能是油膜振荡引起的，也可能是轴承间隙过小或过盈不足所致。

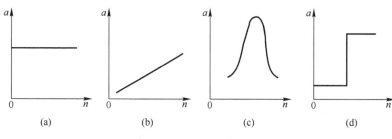

图 4-7　转速振平图

2. 精密诊断法

精密诊断的任务：不仅要判断其运行状态是否异常及发生异常的部位，还要判断异常的类型和异常的程度，对重要的机械设备通过精密诊断能检测出早期故障，以保证重要设备安全可靠地运行。

精密诊断的工作步骤是：首先，了解设备的结构、使用状况及维修档案；其次，计算设备各工作频率；再次，选择合适的测振仪器进行振动测量分析；最后，根据仪器振动分析结果和计算数据，分析判断设备的故障状态，从而对维修改进设备提供依据。

设备故障的精密诊断是以频率分析为基础的。目前很多大专院校和科研机构研究出了许多类型不一的诊断系统，这些现代化的诊断系统为设备故障诊断提供了有利的工具。这些诊断系统主要包括 FFT 信号分析仪及其显示和记录仪器。用户可根据自己的需要选用合适的系统。

4.2.3 测振系统的组成

工程中所进行的振动测试工作主要有下列两类。

1. 测量振动物体上某点的振动

主要测定振动物体上某点振动的位移、速度或加速度的峰值、有效值、振动的频谱及其能量分布、各振动分量间的相位关系等。

其工作过程是：将传感器安装在测振点上，通过传感器将机械振动转换成电信号，若传感器的输出阻抗很大（压电式加速度传感器），则在传感器之后接一前置放大器，起阻抗变换及信号放大作用；然后将信号输入测振放大器，将信号进一步放大，并将信号进行微分或积分变换，得到所需的具有一定功率的信号（位移、速度或加速度信号）；接着将此信号输入信号分析仪进行信号处理，可得到所需各种信息；最后对信号分析结果进行记录、显示和打印。

目前在工程中还广泛地应用下述测试系统：在测试现场，在功率放大器后面接上磁带记录仪，把振动信号记录到磁带上。事后，在实验室内将磁带记录仪与信号分析仪、显示仪、记录仪等仪器相连，也可将振动信号经模/数转换后输入计算机进行分析研究。

采用磁带记录仪的好处是可将振动信号保存起来，在需要时可以随时复现，当振动测试的现场环境比较恶劣，不适于信号分析仪等精密仪器工作时，通过磁带记录仪可在实验室内对振动信号进行分析研究。

2. 进行构件或部件的动态特性分析

当确定了构件或部件的各阶固有频率、阻尼、刚度等参数以及分析了其各阶振型等后，构件的动态特性可用频率响应函数表示：

$$H(j\omega) = \frac{X(j\omega)}{F(j\omega)}$$

式中：$F(j\omega)$ 为激振力的傅里叶变换；$X(j\omega)$ 为振动响应的傅里叶变换。频率响应函数 $H(j\omega)$ 是一个复数，它既含有幅值信息，也含有相位信息，所以通过试验测定了系统的频率响应函数后，就可用解析的方法确定该系统的各阶固有频率、振型以及各阶模态参数。

频率响应函数测试装置的工作原理是：由信号发生器发出激励信号，经功率放大器放大后去控制激振器，使其产生按某种规律变化的激振力，系统在此力作用下产生强迫振动。由测振传感器将机械振动转换为电量变化，此信号经放大、滤波等处理后，再与激振信号一起输入信号分析仪进行各项分析，即可得到所需的信息。然后用显示、记录仪器将试验结果显示或记录下来。

一般情况下，当设备发生故障时，在敏感点处，振动参数的峰值、有效值往往有明显的变化，或者出现新的振动分量，因此对设备进行故障诊断时，通常是在故障敏感点进行第一类振动测量。但是当设备有故障时，往往产生新的激励，如果激励是一种脉冲，则其包含的频率成分是十分丰富的，设备或其部件对此激励的响应主要是以其各阶固有频率所作的振动。显然，不同部件的固有频率是不同的，因此，如果寻找或判断故障源，就需要进行第二类振动测量。关于振动测试技术现已发展成专门学科，读者可参阅有关资料，本书仅仅作一简略介绍。

4.3　反后坐装置测试与诊断

4.3.1　反后坐装置振动信号及其特点

在实弹射击过程中，装甲车辆武器系统在路面激励、火炮发射载荷激励的作用下，武器系统各装备均发生不同程度的振动。其中反后坐装置振动信号包含坦克动力系统振动、路面不平引起的振动、火药点燃气压迅速膨胀引起的振动以及反后坐装置自身后坐复进工作引起的振动等。这些振动互相叠加在一起使得反后坐装置的振动信号表现出极大的非平稳性、非周期性，而且带有很强的瞬态特性。

在坦克炮反后坐装置正常工作条件下，振动频谱有一定特征形状，此时振动信号具有一定变化规律。当驻退机或复进机内部发生异常，如驻退杆弯曲、流液孔增大以及出现磨损和锈蚀现象时，此时反后坐装置工作过程中的运动特征会发生巨大变化，首先表现的就是驻退力、复进力以及后坐阻力的变化，由于力发生变化，内部零件的振动状态也会相应地发生改变。通过对反后坐装置的振动信号的监测与分析,可以了解其振动现象的机理,从而在坦克炮实弹射击过程中实时掌握其完整的技术状态,为指挥人员和操作人员提供完好的技术支撑,提高安全使用的效率。

反后坐装置工作过程中的技术状态好坏大多数情况下可根据物理量振幅的大小来判别,而引起振幅最常见的标示量就是所监测零件的位移、速度和加速度或者被监测点振动的幅度和频率,这些信号变量主要依靠灵敏的传感器获得。由于坦克炮实弹射击过程中存在诸多外部振动因素,如车体的振动、坦克机枪的射击等,因此,对振动信号监测的传感器的敏感度要求较高,同时所采用的振动信号的分析处理算法要精细。

4.3.2 坦克炮反后坐装置振动信号采集系统

当反后坐装置出现故障时,会大大地影响整个火炮系统的性能,甚至可能导致丧失战斗力,造成不必要的人员伤亡。基于前面章节的分析,坦克炮反后坐装置故障种类多,故障率高,准确地监测坦克反后坐装置的技术状态显得非常有必要。有效监测各种复杂条件下的反后坐装置的技术状态指标并对故障作出预测,能很大程度地提高经济效益、防患事故和提升战斗力。

近几年,状态监测与故障诊断技术得到了迅速的发展,特别是油液、振动、红外、无损等多种技术状态监测分析手段和方法的运用,使得状态监测与故障诊断技术在工业领域表现得更加实用。目前对坦克炮反后坐装置的监测仅停留在定性阶段,有时甚至只凭技术人员的经验就作出判断,存在很大的盲目性。通过状态监测与故障诊断技术,可以准确地捕捉到系统运行存在的隐患,并且作出及时反应,减小事故的发生率。

本节结合坦克炮反后坐装置状态监测系统的研究要求,综合考虑坦克炮实弹射击中信号测试环境的恶劣、数据量的庞大、数据处理的随意性较大等一系列问题,重点探讨状态监测系统中的信号采集系统的构成和试验步骤。信号采集系统作为整个状态监测系统的一部分,起着至关重要的作用,信号采集的有效性直接影响着信号处理的准确性,进而影响到整个系统的可靠性。

坦克炮反后坐装置振动信号采集系统主要由压电式加速度传感器、多通道电荷放大器、数据采集仪以及若干电缆线组成。该系统的主要功能就是对坦克炮反后坐装置的实时运行状态的参数(振动信号)进行采集并存储。将采集的数据指标和参数信号传输给软件部分的分析处理模块,实现坦克炮射击过程中对反后坐装置的技术状态的实时监测。

1. 试验仪器及参数设置

在反后坐装置的振动信号采集中,本章选用了东华测试公司的 DH5902 型数据采集仪,该采集仪是为各种恶劣环境下的数据采集特别设计的,它的主要特点是可以在强振、高低温、高湿等极限环境下完成测试和长时间监测工作,如图 4-8 所示。

图 4-8　DH5902 型数据采集仪

其他试验仪器及参数设置,如表 4-4 所列。

表 4-4　主要仪器设备及参数

序　号	仪器名称	型　号	传感器灵敏度	数　量
1	笔记本电脑	联想	—	1
2	数据采集仪	DH5902	—	1
3	电荷放大器	YE5852	—	4
4	拉线位移传感器	STS-C-MA	50mm/mA	1
5	压电式加速度传感器	UTL2052	0.97mv/ms^{-2}	1
6	压电式加速度传感器	UTL2053	1.05mv/ms^{-2}	1
7	压电式加速度传感器	UTL2054	1.2mv/ms^{-2}	1
8	压电式加速度传感器	UTL2055	1.16mv/ms^{-2}	1
9	数据线	—	—	若干

2. 传感器的选择和安装

随着振动测量技术的飞速发展,涌现出大量高质量的测量设备和先进的测量方法。在众多的传感器里面,需要根据试验特点,挑选合适的传感器,并根据传感器自身特点以及被测对象的实际情况选择合理的安装方式,只有做好这两点,才能保证所测得的数据真实可靠。

1) 传感器的选择

根据坦克炮反后坐装置工作过程作用力变化剧烈,时间短暂,传感器信号属于非平稳瞬态振动信号的特点,为了获得尽量接近实际的数据,必须根据测试对象的特点以及测试要求,选择最合适的传感器。传感器的选择主要考虑以下3点。

① 质量。传感器质量的大小将直接影响被测物体振动信号的准确性,传感器的质量必须远小于被测物体的动态质量,这样才能使所测信号尽量少地受到传感器本身的影响。

② 频率响应特性。对于所测物体的振动特性首先要有一个大致的了解,根据不同的测试对象的不同振动特性,来选择不同频率响应特性的传感器,一定要使所选传感器的低频响应特性和高频响应特性满足测试要求,并且误差在所容许的范围之内。

③ 灵敏度。在选择传感器的过程中,应尽量避免选择灵敏度低的传感器,因为灵敏度越高的传感器,抗干扰能力越强,信噪比也就会越高。但是,高灵敏度的传感器往往质量也比较大,所以在选择传感器的过程中,必须综合考虑质量和灵敏度,尽量选择一个折中的方案使所测数据尽可能真实可靠。

坦克炮反后坐装置振动信号采集系统在传感器的选择上,再综合考虑反后坐装置振动信号的特性对于测试传感器在质量、频率响应特性以及灵敏度上的要求,本文最后选用灵敏度高、信噪比大、抗干扰能力强和分辨率高且具有高频响应特性的ULT20系列压电式加速度传感器。ULT20系列传感器的调节器原理如图4-9所示。

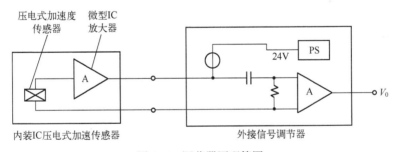

图4-9 调节器原理简图

2) 传感器的安装

对于整个振动信号采集系统来说,传感器的安装关系到采集数据的成败,如果传感器安装不紧密(和被测对象之间存在相对位移),那么将导致测量的数据严重失真。而且,高内阻抗传感器特别容易受到测试环境电磁场的影响,在测试现场也必须做好这方面的屏蔽措施。

考虑到试验的现实条件以及为了尽量减小试验数据的失真率，本文采用的传感器安装方式是磁座与黏胶相结合的混合安装方式，这种安装方式的优点就在于利用磁铁的吸力就能减少黏胶的用量，不至于使黏胶太厚导致安装谐振频率大幅度下降。另外，磁座加黏胶也使传感器能更加牢固地固定在测试部位，满足传感器不会在火炮射击过程中因测试部位大幅度振动而移位或者掉落。

3. 测点的选取

在测试坦克炮反后坐装置振动信号的过程中要注意测点的位置选择。一般测点的选择原则：

（1）测试反后坐装置故障时特征信息比较敏感的地方；

（2）测点的选择应便于安装，不影响火炮反后坐装置的正常运行状态。

虽然从理论分析，很容易得出测点安装在驻退机外筒、复进机外筒以及驻退杆、复进杆处是最合理的结论，但是由于反后坐装置本身结构的特殊性，以及为了不影响正常工作。本文根据火炮射击后坐的理论，以及反后坐装置自身的结构特点，对以反后坐装置内部结构故障与否为最终分析目的的结构振动测试，测点的选取主要从与反后坐装置振动有关的结构部件动态特性的测试出发，有针对性地对能反映火炮射击过程中反后坐装置振动规律的关键结构的关键部件进行测试，基于以上分析，选择与反后坐装置结合紧密、距离较近的位置，由振动信号的可传递性，选择摇架后方以及炮尾作为测试位置。但是不管是摇架还是炮尾，由于振动的传递性，某一点的振动一定是机体所有振动在这一点的综合反映。当火炮反后坐装置的运行状态发生改变时，其内部的激励也一定会发生变化，反映到振动信号上面就是振幅、能量或者相位的改变，据此可以通过适当的方法提取得到这些信息。具体测点位置如图4-10所示。

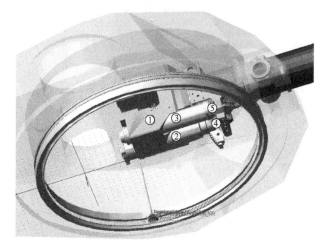

图4-10 测试关键点

图 4-10 中表示的测试关键点主要为:①—摇架后方、炮尾;②—驻退机外筒;③—复进机外筒;④—驻退杆;⑤—复进杆。

4. 振动信号采集试验步骤

试验中,利用某型坦克实弹射击过程中的反后坐装置,采集反后坐装置工作时的振动信号。其具体步骤如下。

1) 试验准备

将压电式加速度传感器布置于火炮的摇架后方以及炮尾的对应位置,固定好压电式加速度传感器位置,将 DH5902 型数据采集仪进行初始化设置并固定在车体上不影响射击正常进行的位置上,这里一定要对数据采集仪做好防振减振措施,在车体上布置好数据线,以不影响射击为准,最后将压电式加速度传感器、电荷放大器、数据采集仪、数据线进行连接。在信号采集系统工作准备完后,令坦克驾驶员启动坦克,炮长进行射击准备。安装压电式加速度传感器、固定数据采集仪、布置数据线、连接数据线和采集过程如图 4-11 所示。

图 4-11 试验过程截图

2) 数据采集

做好了数据采集前的一系列准备之后,按下数据采集仪上的采集按钮,数据采集仪就开始工作了,这里当然会涉及一个空采的问题,而且在本试验中空采的情况是相当严重的,因为在坦克炮进行实弹射击的过程中是严禁人员靠近的,不过本文采用的数据采集仪自带了一个大容量的硬盘,所以很好地解决了这个问题,接下来要做的就是试验完后数据的回收与选取(图 4-12)。

图 4-12　试验数据采集中

3) 注意事项

在试验准备阶段布置数据线的时候要尤其注意固定好数据线,如果固定不完全,很容易导致数据线被扯断甚至损坏传感器,造成不必要的损失。在数据采集的过程中,操作人员一定要远离坦克车,因为坦克射击具有一定的危险性。在试验完成后,一定要清空当天数据采集仪中的试验数据,为下一天的采集做好准备。

4) 试验数据

通过上述试验,测得了反后坐装置在试验中的振动数据和后坐位移数据,其中的 3 组如图 4-13 所示。

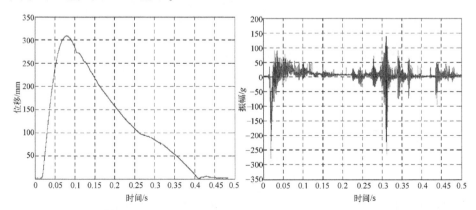

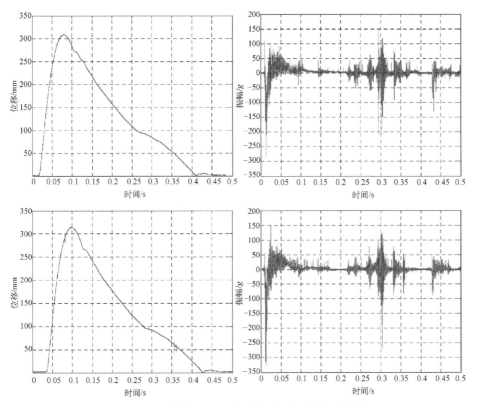

图4-13 试验中反后坐装置的后坐位移和振动数据

本节介绍了坦克炮反后坐装置状态监测系统的主要工作及组成,重点介绍了振动信号采集系统的工作原理、试验器材及参数和试验的实施过程。在介绍试验器材及参数的过程中通过表格较为直观地展示,在试验过程的讲解中配套图片加以说明。

4.3.3 反后坐装置振动信号特征提取

在对反后坐装置进行检测与故障诊断时,如果使用多组数据进行检测,虽然在一定程度上能更加精确地了解反后坐装置的运行状态,但是,多组数据也会带来一个弊端,会使检测的过程更为复杂,有时甚至会因为某些不利因素的影响,使得整个检测与诊断失去意义。如何使用更简洁的算法,对检测数据作出更迅速、更精确的判断是研究的重点。所以,需要对反后坐装置的一些特性参数进行特征提取。

特征提取是指原始信号中特征数量很大,也就是说样本处于一个高维的空间中,通过映射和变换的方法提取出特征向量来达到降低样本空间维数的过程。简单地说,是从一组特征量之中,选出其中的某些特征量(这些被选出的特征量已经能很好地表征原始样本)的过程。特征提取的准确性在很大程度上决定了状态识别的正确性。

振动信号特征量反映的是反后坐装置工作过程中的一些特征参数,它包含时域特征、频率特征、小波系数特征等。这些特征能较为明显地表现出反后坐装置的运行状态。但是振动信号是随机的,很难从信号本身直接观察系统内部的故障。振动信号的特征量里面包含了反后坐装置运行的各种信息,也就是说,一个故障特征量里面可能包含多种故障特征,反之,一个故障特征也许包含在几个故障特征量之中。这样给状态监测以及故障诊断带来了非常大的麻烦,也是很多机械设备状态监测与故障诊断的难点。

反后坐装置不同于一般的机械设备,它是坦克武器系统的一个重要组成部分。由前面章节的分析可知,反后坐装置的主要故障有漏气、漏液(液量不足)以及节制杆、节制环磨损等。由于在坦克炮的实弹射击之前,都需要进行勤务检查,通过勤务检查,很多常见的故障会被提前排除,但是不能排除的故障之一就是磨损故障。所以,这就简化了问题,本文不讨论一个故障特征量里面包含多种故障特征,一个故障特征包含在几个故障特征量之中这两种情况。本章就一个故障所对应的特征量的提取以及反后坐装置的节制杆、节制环磨损所引起的特征量的变化这些问题进行研究。具体的研究思路如图4-14所示。

1. 传统小波包能量特征提取

当反后坐装置出现磨损故障时,不同频率段信号的幅值特性和相位特性会发生不同程度的变化。当用一个含有不同频率成分的信号对反后坐装置进行激励时,由于故障会对不同的频率起抑制或者增强的作用,因此,不同频带内的能量就会较正常情况下发生不同程度的改变,对某些频率段的信号起到的是抑制的作用,该频率段的信号能量就会减小;反之,对另外一些频率段的信号起到增强的作用,该频率段的信号能量就会增加。这样很容易得出"能量—故障"的故障诊断模式。此方法是根据故障信号所携带的部分频率特征发生改变来进行判别的。这样就建立了频率变化与故障的对应关系,而表征频率变化所用到的特征量就是能量。

小波多分辨分析的思想是把信号投影到一组互相正交的小波函数所构成的空间上,形成信号在不同尺度上的展开,从而在保留时域特征的前提下,提取信号在不同频率段的特征。小波多分辨分析的缺点是每次只对信号低频部分进行分解,而对高频部分不作任何分解,并且它的频率分辨率是与 2^j 成反比的,对于低频部分有较高的分辨率,但是对高频部分的分辨率差。

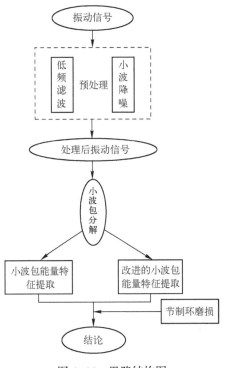

图 4-14 思路结构图

小波包分解能将 $L^2(R)$ 的子空间 W_j 分解成 2^k 个互相正交的子空间的和,在保持子空间与时间尺度不变的前提下,利用小波包 k 级分解,将子空间 W_j 的各频带在频率进一步分解成 2^k 个相互独立的子频带,从而大大改善了小波分析的频率局部化能力和提高了时频分析的频率分辨率,克服了小波多分辨分析的缺陷。

信号通过小波包正交分解后,各频率段的信号是独立的,所以可以采用小波包分解的方法监测各种信号分量。在实际应用时,可以采用小波包分解信号的幅值平方和来表示所在频率段的信号能量的大小。

设 X_{ij} 是由降噪后的振动信号 S 经小波包分解之后得到的第 i 层第 j 个节点的小波包分解系数。对由小波包分解得到的系数进行重构,可以提取出各频率段的时域信号。用 S_{ij} 表示 X_{ij} 的重构信号,则原信号可以表示为

$$S = \sum_j S_{ij} \qquad (4\text{-}6)$$

式中:i 为小波包的分解层数;j 为节点序号。则 S_{ij} 所对应的能量可以表示为

$$E_{ij} = \int |S_{ij}(t)|^2 \mathrm{d}t = \sum_{j=1}^{n} |x_{ij}|^2 \qquad (4\text{-}7)$$

式中:$x_{ij}(j=1,2,\cdots,n)$ 为信号 S_{ij} 离散点的幅值。因此,特征向量可以构造如下:

$$T = [E_{i1}, E_{i2}, E_{i3}, \cdots, E_{i2^i}] \quad (4\text{-}8)$$

在实际的工程信号应用中,能量通常是一个很大的值。所以,实际应用时,需要对特征向量 T 进行归一化处理,令

$$E = \sum_j E_{ij} \quad (4\text{-}9)$$

$$T' = T/E \quad (4\text{-}10)$$

向量 T' 就是归一化之后的特征向量。

在对信号进行小波包分解时,需要根据具体的信号特征以及对特征参数的要求选择分解层数。分解层数过小,会导致特征不明显;分解层数过大,会使特征向量的维数增加,影响计算速度。

2. 改进的小波包能量特征提取

1) 改进 I 型小波包能量特征提取

特征提取是状态监测和故障诊断的一个重要前提,在模式识别以及状态匹配的过程中,特征提取的好坏直接影响到最终的诊断结果。因此,如何更加有效地提取得到特征信号是行内长期研究的焦点和热点。

传统的小波包能量特征提取方法是建立在信号的频域上的,忽略了信号在时域上的能量变化特征。小波分析是一种全新的时频分析方法,利用小波多分辨分析的思想,可以把信号分解到不同的频带进行处理,利用小波包分解重构的思想又可以把不同频带的信号进行整个时域的重构,从而可以对不同的频带信号进行时域的局部分析,这种方法也充分体现了小波分析方法时频域联合分析的特点。这种方法正是在小波包理论的基础上,将频带信号能量在时域进一步展开,从而对信号进行更加精细的特征提取,与传统的小波包能量特征提取方法相比更具优越性。

由上面的分析,S_{ij} 表示 X_{ij} 的重构信号,原始信号可以表示为

$$S = \sum_j S_{ij} \quad (4\text{-}11)$$

把重构信号进一步在时域展开得到

$$S_{ij} = \sum_k S_{ijk} \quad (4\text{-}12)$$

因此,

$$S = \sum_j \sum_k S_{ijk} \quad (4\text{-}13)$$

式中:i 为小波包的分解层数;j 为节点序号;k 为重构信号在时域的序列。S_{ijk} 所对应的能量可以表示为

$$E_{ijk} = \int_{k_1}^{k_2} |S_{ijk}(t)|^2 dt = \sum_{j=1}^{n} \sum_{k=k_1}^{k_2} |x_{ijk}|^2 \quad (4-14)$$

式中：$x_{ijk}(j=1,2,\cdots,n;k=1,2,\cdots,m)$ 为信号 S_{ijk} 离散点的幅值。因此，特征向量可以构造如下：

$$T_1 = \begin{bmatrix} E_{i11} & E_{i21} & \cdots & E_{in1} \\ E_{i12} & E_{i22} & \cdots & E_{in2} \\ \vdots & \vdots & \ddots & \vdots \\ E_{i1m} & E_{i2m} & \cdots & E_{inm} \end{bmatrix} \quad (4-15)$$

特征向量 T_1 进行归一化处理，令

$$E_1 = \sum_{j,k} E_{ijk} \quad (4-16)$$

$$T_1' = T_1/E \quad (4-17)$$

向量 T_1' 就是归一化之后的特征向量。

2) 改进 II 型小波包能量特征提取

改进 I 型小波包能量特征提取方法，是将重构信号在时域上进一步展开，能更加清晰地观察到信号各频带能量随时间的变化情况。改进 II 型小波包能量特征提取方法在思想上跟改进 I 型小波包能量特征提取方法有相似的地方，也是同样充分考虑了各频带能量在时域上的分布特点，但是在处理上采用了另外一种不同的方法。引入了新的参量 $A_{ij}(t)$，称它为频带重构信号 $S_{ij}(t)$ 的时间矩，并且有

$$A_{ij}(t) = t \cdot S_{ij}(t) \quad (4-18)$$

式中：i 为小波包的分解层数；$j=0,1,2,\cdots,2^i-1$ 为 i 层的节点数。

则频带重构信号 $S_{ij}(t)$ 的能量现在由时间矩 $A_{ij}(t)$ 的能量来表示

$$E_{ij}' = \int_R |A_{ij}(t)|^2 dt = \sum_{n=1}^{N} (n \cdot \Delta t)|S_{ij}(n)|^2 \quad (4-19)$$

因此，特征向量可以构造如下：

$$T_2 = [E_{i1}', E_{i2}', E_{i3}', \cdots, E_{i2^i}'] \quad (4-20)$$

由能量守恒定律，2^i 个频带的总能量等于各频带能量之和：

$$E_2 = \sum_{j=0}^{2^i-1} E_{ij}' \quad (4-21)$$

对特征向量 T_2 进行归一化处理，令

$$T_2' = T_2/E \quad (4-22)$$

向量 T_2' 就是归一化之后的特征向量。

3. 实测反后坐装置振动信号特征提取

1) 振动信号特征提取预处理

根据上文所述，在坦克炮振动信号测试中，选取其中 6 发后坐过程中的振动信号，如图 4-15 所示。

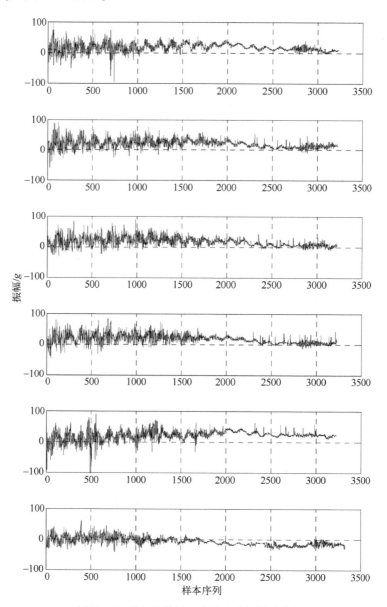

图 4-15　反后坐装置 6 个后坐过程振动信号

以第 1 发为例,信号的时域部分和频域部分,如图 4-16 和图 4-17 所示。

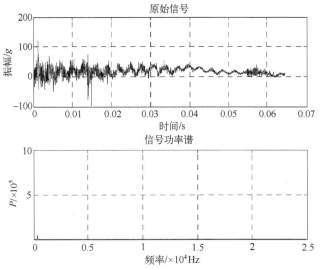

图 4-16　第 1 个振动信号的时域和频域信号

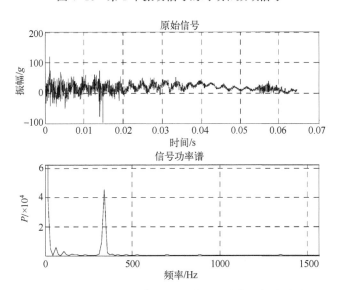

图 4-17　第 1 个振动信号的时域和频域信号部分放大

从图 4-16 和图 4-17 可以看到,第 1 个振动信号的时域信号中心线没有严格按照水平线方向,存在一定的偏差,而且这个偏差相对较缓。这是由时域信号中有频率很低的信号导致的,图 4-17 进一步验证了这个信号的存在。从图 4-16 的频域信号中可以发现,由于低频信号的严重溢出,导致了高频信号的淹没。这对于进一步地分析以及信号的特征提取是相当不利的。

对第 1 个振动信号采用 7 层小波包分解,重构低频信号,如图 4-18 所示。

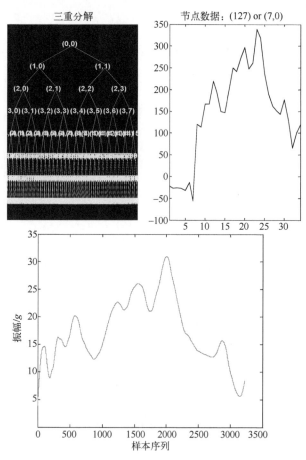

图 4-18　第 1 个振动信号 7 层小波包分解低频重构信号

为了进一步验证此低频信号的构成,截取坦克静止停放的测试信号,如图 4-19 和图 4-20 所示。

对比图 4-17 和图 4-19,不难发现由于传感器自身原因,以及数据采集仪、数据线等因素的影响,数据采集仪在坦克静止状态所采集的信号也并非理想的纯零信号,也是存在一定误差的,称之为系统误差,所以在进行信号处理之前,首先要进行预处理,尽量把系统误差降到最低。

对第 1 个振动信号进行滤波,去除由于系统误差引起的低频信号,得到新的后坐振动信号,如图 4-21 所示,其频域信号如图 4-22 所示。

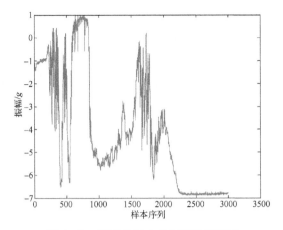

图 4-19　坦克非射击状态振动信号图

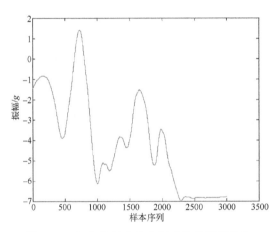

图 4-20　坦克非射击状态振动信号低频成分

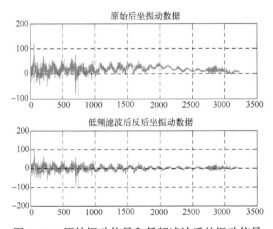

图 4-21　原始振动信号和低频滤波后的振动信号

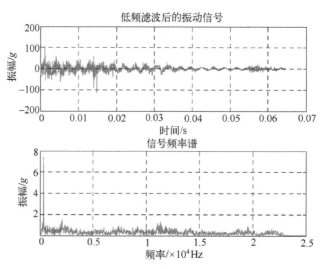

图 4-22　滤波后的振动信号及其功率谱

2) 振动信号的传统小波包能量特征提取

对试验中采集到的反后坐装置的 6 个振动加速度信号首先进行预处理，在滤除了由系统误差引起的低频电荷漂移和数据采集仪、传感器以及现场电磁环境引入的噪声信号之后，进一步对比观察 6 个振动信号在时域和频域的表现，如图 4-23~图 4-28 所示。

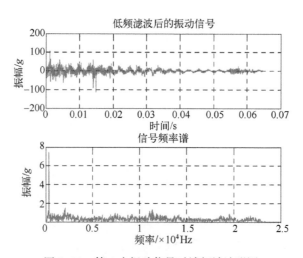

图 4-23　第 1 个振动信号时域频域波形图

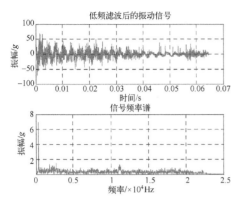

图 4-24　第 2 个振动信号时域频域波形图

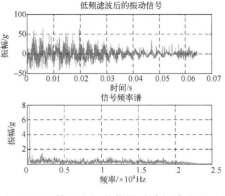

图 4-25　第 3 个振动信号时域频域波形图

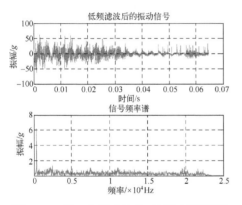

图 4-26　第 4 个振动信号时域频域波形图

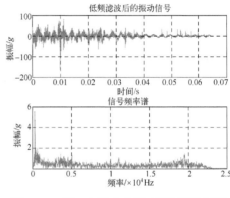

图 4-27　第 5 个振动信号时域频域波形图

通过对比观察 6 个振动信号在频域的波形，可以发现后坐过程引起的振动能量主要集中在 338Hz、2000Hz、7500Hz、11100Hz、19500Hz、22000Hz 这些频率周围。因此，应用上述基于能量的小波包特征提取方法对信号进行 4 层小波包分解，小波选用 db5 小波，熵选用 shannon 熵值。分解后再对包含上述 6 个频率的频段进行重构，结果如图 4-29～图 4-34 所示。由分解后得到的信号再分别求各频段的能量，组成反后坐装置后坐过程特征向量，如表 4-5 所列。

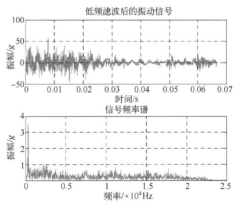

图 4-28　第 6 个振动信号时域频域波形图

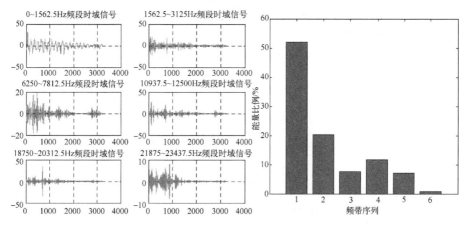

图 4-29 第 1 个后坐过程振动信号各频带时域信号及其能量分布图

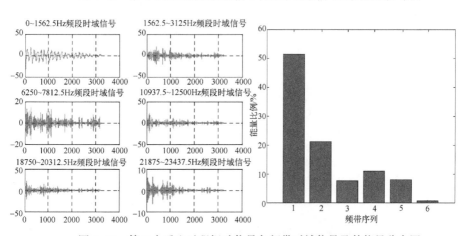

图 4-30 第 2 个后坐过程振动信号各频带时域信号及其能量分布图

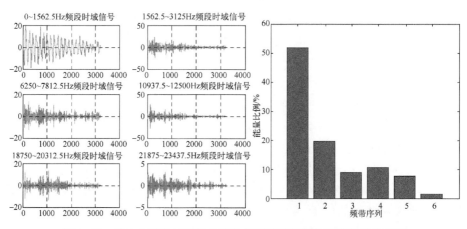

图 4-31 第 3 个后坐过程振动信号各频带时域信号及其能量分布图

第 4 章 振动信号检测与故障诊断

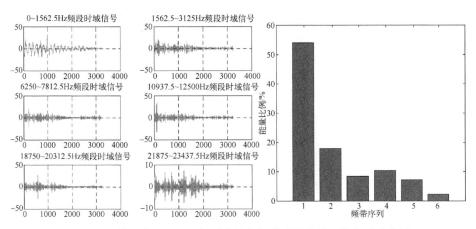

图 4-32　第 4 个后坐过程振动信号各频带时域信号及其能量分布图

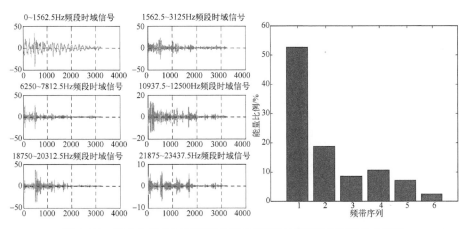

图 4-33　第 5 个后坐过程振动信号各频带时域信号及其能量分布图

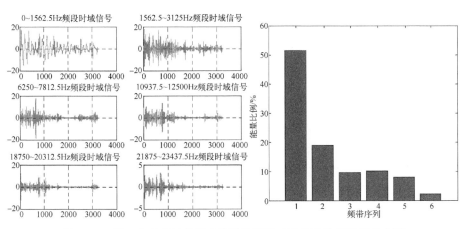

图 4-34　第 6 个后坐过程振动信号各频带时域信号及其能量分布图

表 4-5 实测振动信号小波包分解提取的能量特征向量

频率序号	0~1562.5Hz	1562.5~3125Hz	6250~7812.5Hz	10937.5~12500Hz	18750~20312.5Hz	21875~23437.5Hz
1	52	20.30	7.69	11.71	7.18	0.81
2	51.40	21.21	7.62	11.01	8.02	0.70
3	51.82	19.50	8.88	10.60	7.71	1.49
4	54-91	17.76	8.31	10.26	7.19	2.12
5	52.54	18.76	8.58	10.68	7.14	2.31
6	51.43	18.81	9.54	10.08	7.93	2.21

由表 4-5 进一步计算得到每一发的特征值即高频能量比例，分别为 19.70%、19.73%、19.80%、20.02%、20.13%、20.22%，如图 4-35 所示。

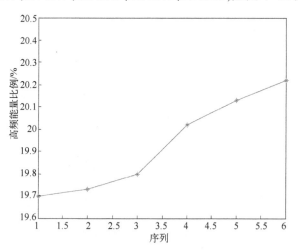

图 4-35 传统小波包能量特征提取法高频能量比例

定义特征区分度函数

$$\text{DIST} = 10^4 \frac{\sum_{i=1}^{5} |x_i - x_{i+1}|}{\sum_{i=1}^{6} x_i} \qquad (4-23)$$

DIST 表示各特征值之间不相同的程度，用于衡量特征提取方法的有效性，DIST 的值越大表示特征提取方法越有效。

运用此方法得到 DIST=44~4783。

3) 振动信号的改进Ⅰ型小波包能量特征提取

利用小波多分辨分析，将振动信号分解到各个频带之后，提取了振动信号的能量特征,但是由于传统的小波包频带能量特征提取是对整个频带进行统计分析,没有考虑频率的时变性,这在特征提取的过程中是存在缺陷的,特别是针对冲击性和瞬态性的信号。本文研究的反后坐装置的振动信号带有很强的冲击性,这种冲击的突出特点是能量大、时间短。对于这个特点,显然传统的小波包能量特征提取是无法表现的。基于改进 I 型的小波包能量特征提取对振动信号进一步进行处理。

利用改进的小波包能量特征法,将小波包分解后的 6 个频带信号分为 3 个时段:[0,0.02],[0.02,0.04],[0.04,0.64]。利用式(4-14),分别计算出各频段在各时段的能量,并且画出能量统计直方图,如图 4-36~图 4-41 所示。

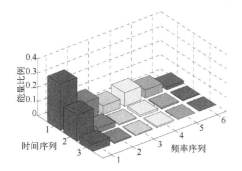

图 4-36　第 1 个振动信号能量时频分布图

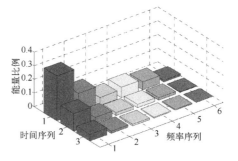

图 4-37　第 2 个振动信号能量时频分布图

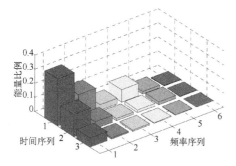

图 4-38　第 3 个振动信号能量时频分布图

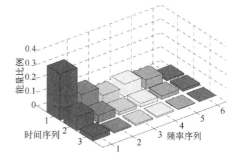

图 4-39　第 4 个振动信号能量时频分布图

通过上述能量分布图,可以很明显地观察到能量随时间递减的变化情况,而这一点在传统的小波包能量特征提取中是无法体现的。同时,低频段能量随时间递减的速度非常快,这是由于低频段的振动信号主要由火炮发射瞬间火药爆炸引起的,而高频段的能量随时间递减的速率相对减慢,这是因为高频段的信号大部分由反后坐装置自身后坐运动引起,驻退液在活塞的压力下,经活塞斜孔分流两路;大部分液体以很快的速度经节制杆和节制环间的环形间隙流到驻退筒前部,另一部分液体经驻退杆内表面和节制杆间的间隙,再经调速筒斜孔,冲开活瓣而流入驻退杆的后部。反后坐装置的振动也主要是由驻退液高速流过环形间隙而产生的。

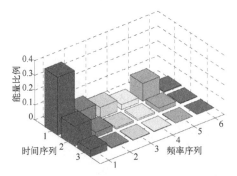

图4-40 第5个振动信号能量时频分布图

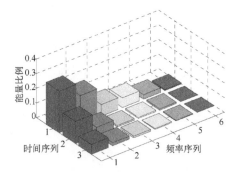

图4-41 第6个振动信号能量时频分布图

4) 振动信号的改进Ⅱ型小波包能量特征提取

通过改进Ⅰ型小波包能量特征提取得到的信号较传统小波包能量特征提取有更明显的时域特性,有助于更好地了解信号特性。这一节,利用改进Ⅱ型小波包能量特征提取方法对上述6个振动信号进行特征提取。仍然对信号进行4层小波包分解,小波选用"db5"小波,熵选用"shannon"熵值。分解后再对包含特征频率的6个频段进行重构,频段能量分布如图4-42所示,特征向量如表4-6所列。

表4-6 实测振动信号小波包分解提取的能量特征向量

频率序号	0~1562.5Hz	1562.5~3125Hz	6250~7812.5Hz	10937.5~12500Hz	18750~20312.5Hz	21875~23437.5Hz
1	50	22.26	7.77	12.71	6.11	0.84
2	52.52	21.23	6.50	12.07	7.12	0.56
3	50.55	20.47	9.03	10.54	7.89	1.52
4	54-8	16.98	7.04	11.52	6.5	2.16
5	56.76	14.65	8.29	11.57	7.53	1.21
6	50.52	19.39	9.66	10.19	9.03	1.21

由表4-6进一步计算得到每一发的高频能量比例,分别为19.66%、19.75%、19.95%、20.18%、20.31%、20.43%,$DIST = 64.0173$,如图4-43所示。

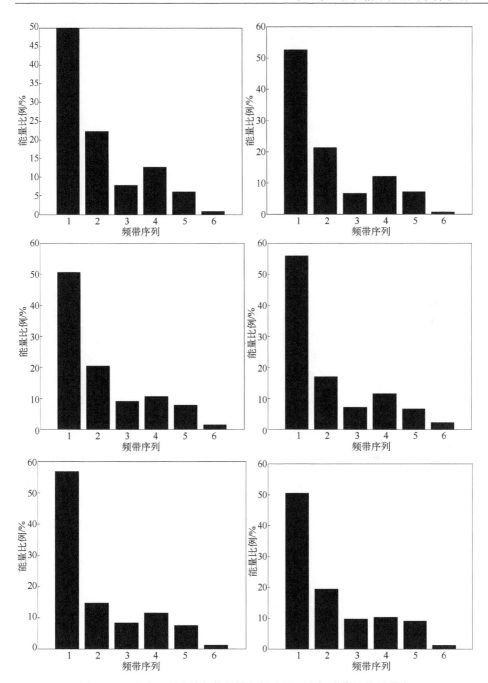

图 4-42 改进 II 型小波包能量特征提取的 6 个振动信号能量分布

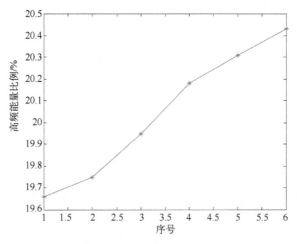

图 4-43 改进Ⅱ型小波包能量特征提取法高频能量比例

对比由传统小波包能量特征提取得到的特征向量和由改进Ⅱ型小波包能量特征提取得到的特征向量,不难发现,后者具有更大的区分度,并且将区分度整整提高了 47.24%。随着磨损量的增加,最大后坐距离会变长,导致高频信号在时域上的后移,因此,不考虑时域变化特点的传统小波包能量特征提取就不能区分出这一特点,而改进Ⅱ型小波包能量特征提取却恰恰考虑到了这一点,所以在反后坐装置振动信号特征提取上,改进Ⅱ型小波包能量特征提取方法能够表现得更好。

4.3.4 反后坐装置振动信号特征分析

通过改进Ⅱ型小波包能量特征提取方法,有效地提取了反后坐装置振动信号的特征。由特征向量可以得出以下结论:

(1) 反后坐装置振动信号低频段能量递减明显,高频段能量递减不明显;

(2) 反后坐装置自身运动所引起的振动主要集中在振动信号高频段;

(3) 节制环等元件的磨损导致振动信号高频能量增加。

下面具体分析磨损量与特征之间的定量关系。通过虚拟样机技术得到节制环磨损量和最大后坐位移之间的关系,如图 4-44、表 4-7 所列。

表 4-7 节制环磨损量与最大后坐位移关系

节制环磨损量	0.00	0.06	0.09	0.091	0.092	0.093
最大后坐位移	302.78	314.01	319.50	319.68	319.87	320.05

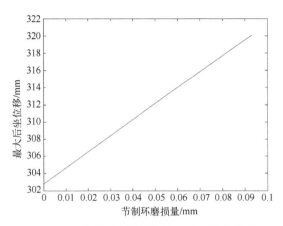

图 4-44　节制环磨损量与最大后坐位移关系

在测试反后坐装置振动信号的同时也采集了反后坐装置的位移信号,因此,可以建立最大后坐位移和高频能量比例之间的关系,如图 4-45、表 4-8 所列。

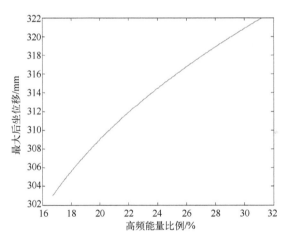

图 4-45　最大后坐位移和高频能量比例的关系

表 4-8　节制环磨损量与高频能量比例关系

最大后坐位移	308.48	308.63	308.93	309.30	309.49	309.67
高频能量比例	19.66	19.75	19.95	20.18	20.31	20.43

结合图 4-44 和图 4-45,进一步得到反后坐装置节制环磨损量和振动信号高频能量比例之间的关系,如图 4-46 所示。

由图 4-46 可知,反后坐装置的节制环极限磨损量大约为 0.092mm,而当高频能量比例达到 28.279% 时,节制环磨损量达到这个值,反后坐装置处于极不稳定状态,容易发生大的故障,造成大的人员财产损失。因此,当监测到反后坐装置振动信号的高频能量比例接近这个值的时候,就要停止训练,对反后坐装置进行适时的维修。将节制环磨损模型和火炮射弹发数结合起来,还可以建立反后坐装置的寿命预测模型,对火炮的射击任务的成功性作出预测。

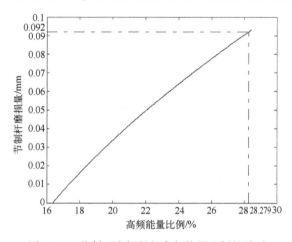

图 4-46　节制环磨损量与高频能量比例的关系

第5章

压力检测技术

5.1 概　　述

5.1.1 压力的概念

垂直并且均匀作用于单位面积上的力称为压强,在工程上习惯称之为压力。

压力常用绝对压力和表压力表示。绝对压力是指作用于单位面积上的全部压力(包括大气压力);表压力是指在压力表上所指示的压力,也称相对压力,其数值为绝对压力与当地大气压力的差值,在压力测量过程中,测量结果指的就是表压力。

5.1.2 火炮工程中压力测试的内容及其重要性

压力主要指火炮射击时的流体压力。在火炮工程中,压力测量工作较为频繁,需要测量的压力主要有膛内火药燃气压力、驻退机液体压力、气液式复进机气液压力和炮口冲击波压力等。

膛内火药燃气压力的测量是一项经常性的工作,原因如下:

(1) 火炮是以火药燃烧时产生的燃气压力为能源的特种机械。在火炮的设计过程中,火药燃气的最大膛压是炮身、炮架、火炮各部件及弹体强度设计的主要依据,火药燃气压力的变化规律是验证各种弹道理论、确定弹道计算中某些复合系数的重要手段,是评定火炮、发射装药、弹丸的弹道性能好坏的重要指标之一。在射击过程中,弹丸的飞行初速、旋转速度要靠火药燃气压力来获得,发射装药的燃烧规律直接影响着武器射击时的弹道性能。

(2) 发射装药燃烧规律是一个容易发生变化的参量。武器在射击过程中,由于火药燃气对火炮身管内膛的烧蚀、冲刷,弹丸对火炮身管内膛的磨损,使得火炮身管内膛直径发生变化,直接影响弹丸的挤进力,从而影响发射装药的燃烧规律。弹药在储存过程中,随着储存时间的延长,发射装药的理性性能将发生变化,使得发射装药的燃烧规律发生变化。

驻退机是火炮在射击时吸收后坐能量的装置,如果驻退机液体压力过大,说明它吸收的能量过多,可引起后坐体后坐不到位、不退壳、不能进行下一发的连续射击等故障。若压力过小,就会引起武器后坐体的后坐速度过高而引起强烈撞击,严重时可撞坏某些零部件。引起驻退机液体压力变化的主要原因是结构设计不合理、流液孔间隙由于磨损而变化、驻退液变质或液量不合适等。在武器的射击过程中(主要是在驻退机结构设计时),驻退机压力测量是一项经常性的工作。

复进机的作用是在后坐体后坐过程中,吸收并储存部分后坐能量。后坐终了时,使后坐体平稳地复进到位,并保持炮身在任何仰角不会下滑。气液式复进机气液压力的正常与否,将直接影响到后坐体能否复进到位、复进到位后的撞击是否过大、仰角较大时会不会下滑等方面的问题。

通过炮口冲击波压力的测试,能够检验炮口冲击波强度是否符合战技指标要求。如果超过规定的限度,将对战勤人员造成一定的生理损伤,严重时可使战勤人员失去战斗能力。冲击波压力测试数据为防护用具和其他防护措施的设计和使用提供了依据。摸清炮口冲击波的分布及传播规律,也为改进炮口装置(炮口制退器)的设计提供了可靠保证。

5.1.3　火炮射击过程中的压力测量方法

火炮射击过程中的压力测量方法有塑性变形测压法和弹性变形测压法两大类。其中塑性变形测压法可分为铜柱测压法和铜球测压法两种。弹性变形测压法可分为应变测压法、压阻测压法和压电测压法三种。塑性变形测压法只能测量膛内火药燃气的最大压力,不能测量压力随时间的变化规律,因此只适用于火药燃气最大压力的测量。而弹性变形测压法不但能测量火药燃气压力的最大值,还可以测量其变化规律,而且可用于其他压力(驻退机液体压力和复进机气液压力)的测量,是一种通用的测压方法。

5.2　铜柱(铜球)测压法

根据材料力学理论知,不论何种材料(物体),当自身受到力的作用后,都要产生变形,如果物体的受力使得自身的变形超过弹性极限,就要产生塑性变形,且变形量和受力大小成正比。铜柱(铜球)测压法是利用力敏感元件(测压铜柱或测压铜球)所具有的良好塑性变形特性,以其在火药燃气压力作用下产生的永久变形量作为压力值的度量。

5.2.1 铜柱测压法系统组成及工作原理

火炮射击时,膛内火药燃气作用在铜柱测压器上,由铜柱测压器的活塞杆将压力变换成力,这个力将使安装在铜柱测压器内的测压铜柱产生塑性变形。测压铜柱的变形量与所受到的力成正比。根据测压铜柱的变形量及自身的变形规律即可确定出膛内火药燃气压力的大小。铜柱测压法的原理框图如图 5-1 所示。铜柱测压法所用设备主要有测压铜柱、铜柱测压器、千分尺等。

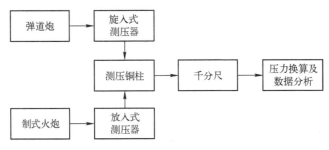

图 5-1 铜柱测压法原理框图

1. 测压铜柱

测压铜柱由纯净的电解铜加工而成,其含铜量不小于 95.97%,含氧量不大于 0.02%。这样可使测压铜柱具有良好的塑性变形。

为了能准确地测量出不同的压力值,测压铜柱制成了不同的形状和规格。我国使用的测压铜柱形状有圆柱形测压铜柱和圆锥形测压铜柱两种,结构如图 5-2 所示。

根据大量的实验证明,圆柱形测压铜柱在大压力(大于 70MPa)的情况下,其压力和变形量之间的线性关系好;而圆锥形测压铜柱在小压力(小于 70MPa)情况下,其压力和变形量之间的线性关系好。测压铜柱受到的压力与变形量之间的关系如图 5-3 所示。

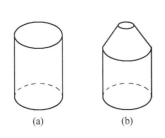

图 5-2 测压铜柱结构
(a)圆柱形测压铜柱;(b)圆锥形测压铜柱。

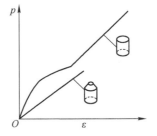

图 5-3 测压铜柱受压与变形之间的关系

为了满足不同武器压力测量的需要,两种不同形状的测压铜柱又制成了不同的规格。我国生产的测压铜柱尺寸规格见表 5-1。

表 5-1　测压铜柱规格

铜柱形状	规格 $\phi \times h$ (mm×mm)					
圆柱形	3×4.9	4×6.5	4×8	—	6×5.8	8×13
圆锥形	—	—	—	5×8.1	6×5.8	—

为保证测量精度,对测压铜柱的加工公差要求较高,具体要求见表 5-2。

表 5-2　测压铜柱加工公差要求

铜柱形状	高度偏差/mm	直径偏差/mm	偏斜度/mm	角度
圆柱形	<±0.02	<±0.02	<±0.02	—
圆锥形	<±0.01	<±0.02	—	65°±20′

注:表面不允许有裂纹、夹层等。

2. 铜柱测压器

测压铜柱变形需要的是力,而火药燃气产生的是压力,为了能让测压铜柱在规定的方向上产生正确变形,首先应将火药燃气的压力转换成力;其次应保证测压铜柱在约定的方向上产生变形,这一任务由铜柱测压器来完成。

铜柱测压器按用途可分为工作级测压器、检验级测压器、副标准级测压器和标准级测压器。工作级测压器用于日常的测压试验;检验级测压器用来鉴定与检验工作级测压器的工作性能;副标准级测压器用来检验与鉴定检验级测压器的工作性能;标准级测压器用来鉴选新的标准级和副标准级测压器,或用于检验副标准级测压器的工作性能。铜柱测压器按结构和使用方法可分为旋入式测压器和放入式测压器。

1) 旋入式测压器

旋入式测压器主要由本体、支撑螺杆和活塞等组成,如图 5-4 所示。活塞杆是将压力转换成力的装置,因此,对它的截面积大小要求非常严格。为了适应不同压力的测量,活塞杆面积还必须制成不同的尺寸,目前使用的旋入式测压器的活塞杆面积有两种规格:$0.2\text{cm}^2(d=5.05\text{mm})$ 和 $1.0\text{cm}^2(d=11.28\text{mm})$。

工作时,将旋入式测压器本体的螺纹部分旋入弹道枪(炮)的专用测压孔上。射击时火药燃气通过测压孔作用在旋入式测压器的活塞杆上,活塞杆将压力转换成力后再作用于测压铜柱上,使之变形。在安装旋入式测压器之前,为防止旋入式测压器活塞杆前部被火药燃气烧蚀,必须在活塞杆前部填满测压油。由于旋入式测压器使用时需要旋在特制的测压孔内(制式武器的身管上都没有测压孔),因此,旋入式测压器只适用于身管上开有测压孔的弹道枪(炮)。

2) 放入式测压器

放入式测压器主要由本体、螺塞、活塞、弹簧及铜套等组成,如图5-5所示。螺塞用来支撑测压铜柱并防止火药燃气进入本体腔内。

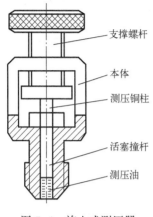

图 5-4　旋入式测压器

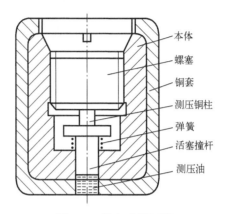

图 5-5　放入式测压器

活塞用来将火药燃气压力转换为力并传递给测压铜柱。活塞杆上套有螺旋形弹簧,使活塞紧压住测压铜柱。测压铜柱放在活塞平面与螺塞平面之间,为保证测压铜柱在工作时能始终处于两平面的中心,在测压铜柱上套有一个橡皮环。为防止火炮膛线在射击时被测压铜柱本体撞伤,在测压铜柱本体外部镶有铜套。为防止火药燃气直接烧蚀放入式测压器活塞外端面和放入式测压器螺塞的外端面,放入式测压器在放入药筒之前必须在两处填满测压油。

放入式测压器工作时,将其放置在药筒的底部。对于口径小于或等于57mm的火炮,活塞孔的一端应朝向弹丸;而对于其他口径的火炮,放入式测压器横放在药筒底部,但不得堵住底火孔。

由于放入式测压器在工作时要占用药室的部分体积,发射药的燃烧规律发生一定的变化,占用药室体积大小不同,对发射药的燃烧规律的影响也不同。因此,放入式测压器不但对活塞杆的面积大小要求非常严格,而且对放入式测压器的体积也有较严格的要求。目前使用的放入式测压器有以下四种规格。

测压器体积:$V=4.08cm^3$,$V=35cm^3$,$V=38cm^3$,$V=38cm^3$。

活塞撞杆面积:$S=0.2cm^2$,$S=1.0cm^2$,$S=1.0cm^2$,$S=0.125cm^2$。

活塞撞杆直径:$d=5.05mm$,$d=11.28mm$,$d=11.28mm$,$d=3.99mm$。

放入式测压器使用时需要放在药筒内部,这就要求药筒的体积足够大。因此,放入式测压器只适用于口径大于或等于37mm的弹道炮和制式火炮。

3. 千分尺

千分尺的量程为0~25mm,分辨率为0.01 mm,用于测压铜柱受压后变形量的测量。

5.2.2 铜柱测压器和测压铜柱的选取

为了统一测压标准,提高测压精度,在诸多的铜柱测压器和测压铜柱的规格中,应在规定的范围内选择。实践证明,相同的火药燃气压力,由于选择的铜柱测压器和测压铜柱不同,得出的结果也不同。因此,测压规程中规定了铜柱测压器和测压铜柱的选取原则。

选取铜柱测压器时,主要根据武器种类和武器的药室体积而定。对于较大口径的火炮,为了准确测量火药燃气压力,最好同时使用两个同一规格的铜柱测压器,但放入式测压器的总体积不得超过药室体积的2.5%。铜柱测压器的选取原则见表5-3。选取测压铜柱的主要依据是欲测的火药燃气压力和铜柱测压器的活塞杆面积。测压铜柱的选取原则见表5-4。

表5-3 铜柱测压器选取原则

武器类型	药室体积/cm³	选用铜柱测压器		一发弹用铜柱测压器数
		体积/cm³	活塞面积/cm²	
火炮、无坐力炮及筒装火箭炮等	<1400	4.08	0.2	1~2
	1400~3500	35	1.0	1
	>3500	35 或 38	1.0	2
高膛压火炮	>3500	38	0.125	2
迫击炮	<1400	4.08	0.2	1
	≥1400	35	1.0	1-2
弹道炮		旋入式	1.0	1-2
口径小于37mm 的炮和枪		旋入式	0.2	1-2

表5-4 测压铜柱选取原则

铜柱测压器		欲测膛压/MPa	所选测压铜柱	
类型	活塞杆面积/cm²		形状	规格
放入式或旋入式	0.2	≤80	圆锥形	φ5×8.1
		80.1~200	圆柱形	φ3×4.9
		200.1~420		φ4×6.5
	1.0	≤100	圆锥形	φ6×5.8
		100.1~160	圆柱形	φ6×5.8
		160.1~380		φ8×13
	0.125	380.1~600	圆柱形	φ4×8

5.2.3 铜柱压力表的编制

利用测压铜柱测量火药燃气压力时,实际上直接测量的是测压铜柱沿高度的塑性变形量。由于膛内火药燃气压力是通过铜柱测压器的活塞将压力转换成力作用到测压铜柱上,使其产生塑性变形。因此,必须找到测压铜柱塑性变形量与引起其变形的作用力(根据活塞杆面积可换算成压力)之间的关系。

为此目的,在同一批测压铜柱中随机选取若干组,用已知的、大小不相等的力分别作用在所选测压铜柱上。这样每个测压铜柱都可以得到作用力与其对应的压后高(变形量)。利用这种关系就可以编制作用力与测压铜柱压后高(变形量)之间的关系表。对测压铜柱施加作用力通常在铜柱压力机上进行,铜柱压力机是一种灵敏度和精度较高的砝码式仪器。它可以在一定范围内以一定精度给出一系列载荷。一种常用的 600MPa 杠杆式铜柱压力机结构原理如图 5-6 所示。在压力机杠杆的左端有一支点 O,杠杆右端有力作用点 B,载荷为 Q。测压铜柱放在升降台上,升降台可依靠齿轮组传动上下缓慢移动。杠杆在没有载荷时依靠 A 点的支撑弹簧来维持平衡。当在 B 点加上载荷时,杠杆失去平衡。此时升降台上升,使杠杆平衡,这时测压铜柱就受到力(F)的作用而变形。力的大小为

$$F=\frac{OB}{OA}Q \tag{5-1}$$

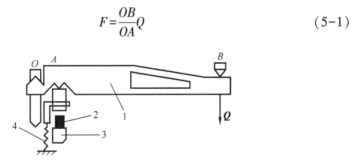

图 5-6 铜柱压力机示意图
1—杠杆;2—测压铜柱;3—升降台;4—弹簧。

由于铜柱测压法测量的是火药燃气的压力而不是力,为了使用方便,往往编制的并不是作用力与压后高(变形量)之间的关系表,而是根据所用的铜柱测压器活塞杆面积(S),利用 $p=F/S$ 关系式,把力(F)换算成压力(p),然后直接编制成压力与测压铜柱压后高(变形量)的关系表,这就是常用的铜柱压力换算表,简称铜柱压力表。

铜柱压力表有两种形式:一种是压后高表;另一种是变形量表。

1. 压后高表的编制方法

压后高表是测压铜柱受力后的压后高与所受压力的关系表。编制压后高表时,在铜柱压力机上采用平行压缩法对测压铜柱进行压缩,即每一级载荷都需要重新更换一组新的测压铜柱进行压缩。

在铜柱压力表的使用范围内,以间隔为 15.6MPa 的压力值对测压铜柱进行压缩,从而得到测压铜柱在不同压力作用下所对应的压后高;然后利用线性差值法求出相邻两个压力间的压后高相差 0.01 mm 时的压力值,并将其填写在专门的表格内,即构成铜柱压后高表(表 5-5)。

表 5-5 铜柱压后高表

某国营厂			铜柱压力表		规格	φ4×6.5		型号	柱型	
					表号			批号	9506	
1995 年 3 月 23 日					温度/℃	20		预压/MPa	215.7	
					适用活塞撞杆直径/mm			5.05		
压后高/mm	压力/MPa									
	0	1	2	3	4	5	6	7	8	9
4.4						284.3	283.2	282.1	281.1	280.0
4.5	278.9	277.8	276.7	275.6	274.5	273.4	272.3	271.2	270.1	265.0
4.6	268.0	266.9	265.8	264.7	263.6	262.6	261.6	260.5	255.5	258.5
4.7	257.5	256.4	255.4	254.4	253.3	252.3	251.3	250.2	245.2	248.2
4.8	247.2	246.1	245.1	244.1	243.0	242.0	241.0	235.9	238.9	237.9
4.9	236.8	235.7	234.7	233.7	232.6	231.6	230.6	225.9	228.5	227.5
5.0	226.5	225.5	224.5	223.5	222.5	221.6	220.6	215.6	218.6	217.6
5.1	216.7	215.7	214.6	213.5	212.4	211.3	210.3	205.2	208.1	207.0
5.2	205.9									

2. 变形量表的编制方法

变形量表是测压铜柱受力后的变形量与所受压力的关系表。编制变形量表时,在铜柱压力机上采用连续压缩法对测压铜柱进行压缩,即每一级载荷不需要重新更换测压铜柱,而是用一组测压铜柱逐级进行压缩。

在铜柱压力表的使用范围内,以间隔为 15.6MPa 的压力值对测压铜柱进行压缩,从而得到测压铜柱在不同压力作用下所对应的变形量。然后利用线性差值法求出相邻两个压力间的变形量相差 0.01mm 时的压力值,并将其填写在专门的表格内,即构成铜柱变形量表(表 5-6)。

表 5-6　铜柱压力表

某国营厂			铜柱压力表	规格	φ4×6.5	型号	柱　　型		
				表号		批号	9315		
				温度/℃	20	预压/MPa	215.7		
1993年10月20日				适用活塞撞杆直径/mm			5.05		
变形量/mm	压力/MPa								
	0	1	2	3	4	5	6	7	8	9
0.0	205.9	207.0	208.1	205.2	210.3	211.3	212.4	213.5	214.6	215.7
0.1	216.7	217.6	218.6	215.6	220.6	221.6	222.5	223.5	224.5	225.5
0.2	226.5	227.5	228.5	225.6	230.6	231.6	232.6	233.7	234.7	235.7
0.3	236.8	237.9	238.9	235.9	241.0	240.2	243.0	244.1	245.1	246.1
0.4	247.2	248.2	245.2	250.3	251.3	252.3	253.3	254.4	255.4	256.4
0.5	257.5	258.5	255.5	260.5	261.6	262.6	263.6	264.7	265.8	266.9
0.6	268.0	265.5	270.1	271.2	272.3	273.4	274.5	275.6	276.7	277.8
0.7	278.9	280.0	281.1	282.1	283.2	284.3				

5.2.4　铜柱测压时的压力换算

将测压铜柱压后高或变形量换算成火药燃气压力的方法有以下 3 种。

1. 直接查表法

利用直接查表法测量压力时,首先根据试验武器和火药燃气压力的图定值,选取适当的测压铜柱和铜柱测压器,试验前测量测压铜柱的起始高度(h_0)。射击后,测量测压铜柱的压后高(h_x)。根据 h_x(或变形量 $\epsilon = h_0 - h_x$)直接从该批测压铜柱的压力表中查出所测膛压 p_{mx}。

直接查表法存在以下两个缺点:

(1) 由于材料本身和加工原因,使得每个测压铜柱的力学性能存在一定差异。本身软的测压铜柱在相同的压力作用下变形量大,查表查出的压力值偏高。而本身硬的测压铜柱测出的压力偏低。测压铜柱的力学性能不一致引入的误差可达 3%~5%。

(2) 在铜柱压力表的编制过程中,作用在测压铜柱上的载荷是静载荷,每一级载荷在不变的情况下保持 5min,使测压铜柱产生充分的变形。而测量火药燃气压力时,火药燃气压力对测压铜柱的作用时间较短,测压铜柱变形达不到应有的高度(来不及变形)。用这种来不及变形的测压铜柱的压后高(或变形量)查表得出的结果将比正常值偏低。经大量的试验统计表明,由于测压铜柱测压时变形量大,短时间来不及变形引入的误差可达20%~30%。由于直接查表法存在以上两个缺点,所以一般不采用该种方法。

2. 一次预压法

1) 概念

一次预压法是在试验之前将测压铜柱放在铜柱压力机上,并以一定的压力值对测压铜柱进行一次预压。预压值 p_m,应比预测的压力值 p_m 小。

p_m<100MPa 时,预压值的具体数值见表5-7。

表5-7 铜柱预压值选取

欲测平均膛压 /MPa	铜柱预压值 /MPa	欲测平均膛压 /MPa	铜柱预压值 /MPa	欲测平均膛压 /MPa	铜柱预压值 /MPa
≤5	0	30.1~40	20	70.1~80	60
5.1~15	3	40.1~50	30	80.1~90	70
15.1~20	8	50.1~60	40	90.1~100	80
20.1~30	10	60.1~70	50		

p_m 在100~380MPa 范围内时,预压值应小于欲测膛压20~30MPa。

p_m>380MPa 时,预压值应小于欲测膛压30~40MPa。

p_m 在380~600MPa 范围内的高膛压火炮,用活塞杆面积为0.125cm² 的铜柱测压器测压时,预压值应小于欲测膛压35~55MPa。

测压铜柱的预压工作大都在测压铜柱生产厂进行,用户可根据任务需要向生产厂提出要求。

2) 一次预压法压力换算步骤

利用压后高表进行压力换算。

(1) 根据任务选取铜柱测压器和测压铜柱,包括测压铜柱的预压值(p_{ml})。

(2) 测量测压铜柱的压前高 h_1。

(3) 根据压前高查铜柱压力表得出对应的压力值($p_{m表}$)。

(4) 计算由于该测压铜柱力学性能与该批测压铜柱平均力学性能不一致引入的压力修正量(Δp_{ml})。

$$\Delta p_{ml} = p_{ml} - p_{m表} \tag{5-2}$$

注:Δp_{ml} 不得大于4MPa。

(5) 射击后,测量测压铜柱的压后高(h_x)。

(6) 根据测压铜柱的压后高查对应的压力表得出对应的压力值(p_{mx})。

(7) 计算实际测量结果,即

$$p_{mc}=p_{mx}-\Delta p_{m1} \tag{5-3}$$

利用变形量表进行压力换算。

（1）根据任务选取铜柱测压器和测压铜柱（包括测压铜柱的预压值）。
（2）测量测压铜柱的压前高。
（3）射击后，测量测压铜柱的压后高。
（4）根据预压值查出相对于编表初始值的测压铜柱变形量（ε_0）。
（5）计算该测压铜柱在编表初始压力作用下的高度，即

$$h_0=h_1+\varepsilon_0 \tag{5-4}$$

（6）根据测压铜柱的压后高计算相对于编表初始值的测压铜柱变形量，即

$$\varepsilon_0=h_0-h_x \tag{5-5}$$

（7）根据占查对应的压力表得出对应的压力值。

3）一次预压法特点

测压铜柱经过一次预压后，其力学性能得到了一次普遍调整，硬的测压铜柱压缩量小，硬度提高得少；而软的测压铜柱压缩量大，硬度提高得多。从而使每个测压铜柱的变形规律趋于一致，提高了测量精度。测压铜柱在预压过程中，已经得到了充分的变形，在对火药气体压力测量过程中，测压铜柱的变形量小。因此，减小了测压铜柱因来不及变形引入的误差。

3. 二次预压法（系数法）

二次预压法是在试验之前将测压铜柱放在铜柱压力机上用两种不同的压力值 p_{m1} 和 p_{m2} 对测压铜柱进行两次预压，两次预压值之差为 20MPa。第二次预压值 p 应比欲测的压力值 p_m 小，规定与一次预压法相同。

测压铜柱在预压过程中，每次预压后都要测量压后高 h_1 和 h_2。由于测压铜柱的变形量与所受到压力之间呈线性关系。因此，根据测压铜柱的两次预压值 p_{m1} 和 p_{m2} 和两个压后高 h_1 和 h_2 可以确定出该测压铜柱的硬度系数，即

$$\alpha=\frac{p_{m2}-p_{m1}}{h_1-h_2} \tag{5-6}$$

硬度系数反映了测压铜柱单位变形代表的压力值。

把经过两次预压后的测压铜柱装入铜柱测压器进行射击试验，然后测量测压铜柱的压后高。根据直线外推法即可得到被测火药燃气压力的大小，即

$$p_{mc}=p_{m2}+\alpha(h_2-h_x) \tag{5-7}$$

或

$$p_{mc}=p_{m1}+\alpha(h_1-h_x) \tag{5-8}$$

二次预压法的特点是：利用公式计算而不需要查表；测压铜柱经过两次预压后，力学性能能得到进一步改善，测量精度进一步提高；每个测压铜柱都有自己

的硬度系数,减小了用平均值编表时查表引入的误差;每个测压铜柱都需预压两次,且测量两次压后高,因而成本提高。

目前,直径大于或等于 5mm 的圆柱形铜柱都采用二次预压法,而直径小于 5mm 的圆柱形铜柱和所有圆锥形铜柱都采用一次预压法。

5.2.5 铜柱测压数据处理

1. 标准化修正

1) 药温修正(Δp_{m1})

在内弹道测试过程中,发射药温度对测量数据的影响较大,药温越高,测量出的膛压就越高。因此,必须将测量结果修正到标准温度。修正公式为

$$\Delta p_{m1} = m_t (T-t) p_{mc} \tag{5-9}$$

式中:m_t 为修正系数;T 为标准温度(枪:$T=20℃$;炮:$T=15℃$);t 为发射药实际温度;p_{mc} 为标准化修正前实测火药燃气压力平均值。

2) 药室体积修正(Δp_{mW0})

当采用放入式测压器进行火药燃气压力测量时,由于铜柱测压器将占据一部分药室体积,使得发射药的燃烧规律发生变化,进而影响测量结果。铜柱测压器体积越大,测出的膛压越高。因此,必须将测量结果修正到标准药室体积所对应的压力值,修正公式为

$$\Delta p_{mW0} = m_{W0} \frac{\Delta W_0}{W_0} p_{mc} \tag{5-10}$$

式中:m_{W0} 为修正系数;ΔW_0 为药室体积改变量(放入测压器总体积);W_0 为标准药室体积(图定值)。

3) 弹重修正 Δp_{mq}

弹子在制造过程中,其质量大小有一定的公差范围。出厂时,弹子实际质量与标准弹子质量的偏差用弹重等级符号"+"或"-"印在弹体上。利用符号表示的弹子质量偏差给出的是一个范围,应用时可取其中间值,如果对修正量的精度要求比较严格,可根据测量的弹子实际质量进行修正,修正公式为

$$\Delta p_{mq} = m_q \frac{q_i - q}{q} p_{mc} \tag{5-11}$$

式中:m_q 为修正系数;q_i 为单发实际弹重(有时用一组平均值);q 为标准弹重(图定值);$\frac{q_i - q}{q}$ 为弹子质量偏差。

4) 装药量修正 $\Delta p_{m\omega}$

枪弹装药量不修正。炮弹装药量一般也不需要修正。如果根据任务需要

修正时,可按下式进行,即

$$\Delta p_{m\omega} = m_\omega \frac{\omega_i - \omega}{q\omega} p_{mc} \tag{5-12}$$

式中:m_ω 为修正系数;ω_i 为单发实际装药量(有时用一组平均值);ω 为标准装药量(图定值)。

5)测压铜柱温度修正 Δp_{mT1}

在铜柱压力表的编制过程中,对测压铜柱的施压都是在(20±2)℃的条件下进行的。换言之,铜柱压力表反映了测压铜柱在(20±2)℃温度下的变形规律。在测量过程中,如果试验环境不满足这个温度条件,测压铜柱的变形规律就会发生变化,需要对其进行修正,修正公式为

$$\Delta p_{mTt} = K(20-t) p_{mc} \tag{5-13}$$

式中:K 为修正系数(表5-8);t 为测压铜柱实际温度。

表 5-8 测压铜柱温度修正系数

测压铜柱		K	
规格	类型	+15~+50℃	-50~+15℃
φ3×4.9	圆柱形	0.0016	0.0014
φ4×6.5	圆柱形	0.0016	0.0014
φ4×8	圆柱形	0.0016	0.0014
φ6×5.8	圆柱形	0.0016	0.0015
φ8×13	圆柱形	0.0015	0.0012
φ5×8.1	圆锥形	0.0017	0.0016
φ6×5.8	圆锥形	0.0017	0.0016

2. 标准化修正后的标准压力 p_{mb}

$$p_{mb} = p_{mc} + \Delta p_{mt} + \Delta p_{mq} + \Delta p_{m\omega} + \Delta p_{mW0} + \Delta p_{mTt} \tag{5-14}$$

式中:$\overline{p_{mb}}$ 为经标准化修正后的最大膛压平均值;$p_{\max}$ 为经标准化修正后的最大膛压单发最大值;$p_{\min}$ 为经标准化修正后的最大膛压单发最小值。

5.2.6 铜柱测压法特点

铜柱测压法特点如下:
(1)设备简单,操作方便,工作稳定,成本低廉;
(2)适用于大口径制式火炮火药燃气压力的测量;
(3)只能测量火药燃气压力最大值,不能测其随时间的变化规律;
(4)测量结果受操作者经验影响大,测量精度低;

(5) 测量结果与其他方法相比,存在系统误差,压力低 12%~15%;

(6) 测量效率低。

尽管铜柱测压法存在诸多缺点,但由于(1)(2)的优点存在,这种方法至今仍在广泛应用。

5.2.7 铜球测压法简介

1. 测压铜球

测压铜球与测压铜柱使用的材料相同,但规格只有一种,其直径为 $\phi 4.763^{0}_{-0.020}$ mm。将单一规格的铜球与不同活塞面积的铜球测压器配用,可满足 20~800MPa 范围内压力测量的需要。

2. 铜球测压器

铜球测压器按其结构和使用方法的不同可分为旋入式和放入式测压器两种,如图 5-7 和图 5-8 所示。

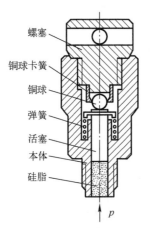
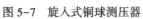

图 5-7 旋入式铜球测压器

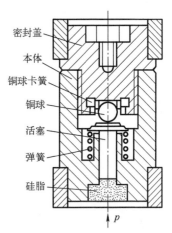

图 5-8 放入式铜球测压器

由于测压铜球只有一种规格,为了适应不同压力的需要,将铜球测压器(活塞面积)做成了不同的规格。铜球测压器的活塞面积及适应的压力范围见表 5-9。

表 5-9 铜球测压器适应的压力范围

铜球测压器型号	活塞面积/cm²	应用压力范围/MPa
T13 旋入式、T18 放入式	0.645	13.0~130.7
T17 放入式	0.430	15.6~196.1
T14 旋入式、T19 放入式	0.215	35.2~392.2
T15 旋入式、T20(M11)放入式	0.108	78.4~784.5

3. 铜球测压法与铜柱测压法的区别

（1）测压试件不同，且测压铜球不需要预压。

（2）压力标定的方法不同。铜球压力表的编制是在能产生模拟膛压曲线的半正弦压力波形的动态压力发生器上进行。动态压力发生器一般采用落锤液压发生器，由于该设备产生的半正弦压力脉冲和火药燃气压力曲线有一定的相似性，适当地调节半正弦压力脉冲的峰值和脉宽，就可在一定程度上模拟膛压对铜球的作用，得出压力幅值和铜球变形量之间的关系。

（3）压力表的编制方法不同。测压铜球的压后高(或变形量)与所受的作用力之间是一种非线性关系，因此不能用线性关系处理。在编制压力表过程中：首先根据标定得出的压后高(或变形量)与所受作用力的对应数值，利用多项式回归求出最优回归方程；然后在铜球压后高(或变形量)范围内，以间隔0.001mm 计算出不同压后高对应的压力值，形成铜球动态压力表。

5.3 应变测压法

5.3.1 概述

5.2 节研究了铜柱测压法，它是以塑性变形为基础的。因此，它不仅存在标定和测量不能使用同一个测量元件的问题，而且不能测量压力随时间的变化规律。然而在理论和实践上都要求能够准确地测出火药燃气压力随时间变化的 p-t 曲线，这就必须采用弹性变形测压法。

弹性变形测压法，是根据胡克定律利用某些材料受到载荷作用时产生变形，而卸载后又能恢复原始状态的特点，将压力转换为电参量进行测量的方法。它属于非电量的电测法。随着转换形式的不同，弹性变形压力测量系统可分为应变式、压电式、压阻式、电容式及电感式等形式。在火炮射击时的压力测量过程中，主要采用应变式、压阻式和压电式测量系统。本节介绍应变式压力测量技术。

5.3.2 应变式压力测量系统的组成

应变测压法是利用应变式压力测量系统将压力的变化转换为电量的变化并进行记录、输出的测量方法，测量系统的组成如图 5-9 所示。

测压过程中，火药燃气压力(驻退机液体压力、气液式复进机气液压力)作用在应变式测压传感器上，传感器将压力的变化变换成电阻的变化。这个电阻变化量首先由电阻应变仪的电桥电路转换成电压的变化；然后再进行不失真的放大并驱动记录显示设备进行记录。

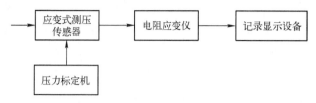

图 5-9　应变式压力测量系统框图

1. 应变式测压传感器

应变式测压传感器主要由弹性元件、应变片及各种辅助器件组成。它是以弹性变形为基础，被测压力作用在弹性元件上使其产生弹性变形，并用弹性变形的大小来度量压力的大小。常用的应变式测压传感器有以下几种。

1) 筒式应变测压传感器

筒式应变测压传感器由应变筒、应变片、本体及信号插座等组成，如图 5-10 所示。

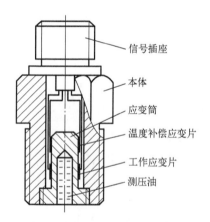

图 5-10　筒式应变测压传感器

筒式应变测压传感器的弹性元件是一个钻了盲孔的应变筒，在应变筒的外壁空心部位粘贴有两片工作应变片，在应变筒的实心部位粘贴有两片与工作应变片相同阻值、同一批次的温度补偿应变片。应变筒内灌满测压油。

应变筒的结构参数决定了传感器的测量精度，可按以下原则选取。

（1）应变筒应选强度高、弹性好、金属组织均匀、弹性后效小及加工性能良好的材料，如 40Cr、30CrMnSi、40CrNiMo 及 45 钢等。

（2）应变筒的壁厚为

$$h = d_2 - d_1 = \frac{npd_1}{\sigma_1} \tag{5-15}$$

式中:d_2为应变筒外径;d_1为应变筒内径;n为安全系数,一般取2~2.5;p为最大待测压力值;σ_1为所选材料的弹性极限。

(3) 为保证传感器有良好的工作特性,应变片需粘贴在应变筒的应力均匀分布段。应变筒的有效工作段长度为

$$L = 2.5\sqrt{d_1 h/2} + (1.2 \sim 1.5)L_{ty} \tag{5-16}$$

式中:L_{ty}为粘贴应变片所需长度。

一般认为,合适的应变筒工作长度可取在$(5\sim10)d_1$的范围内。测压前,将传感器拧到测压孔上,射击过程中,火药燃气压力通过测压油作用在应变筒上,使应变筒产生周向应变,应变筒外表面的周向应变与所受压力的关系为

$$\varepsilon = \frac{p}{E} \times \frac{d_1^2}{d_2^2 - d_1^2}(2-\mu) \tag{5-17}$$

式中:E为应变筒材料的弹性模量;μ为应变筒材料的泊松比。

对于测量小压力用的薄壁应变筒,由于

$$d_2^2 - d_1^2 = (d_2+d_1)(d_2-d_1) \approx 2d_1 h \tag{5-18}$$

则

$$\varepsilon = \frac{p}{E} \times \frac{d_1}{h}(1-0.5\mu) \tag{5-19}$$

应变筒在压力作用下产生周向应变后,粘贴在应变筒上的工作应变片也将发生变形。结果是工作应变片的电阻值发生变化,完成了压力到电阻的转换。

应变片的电阻值除随其形状的变化而变化外,还受温度变化的影响。在射击过程中,随着射弹发数的增多,火药燃气的温度将逐渐传递给应变筒,应变筒温度的变化将同时引起工作应变片和温度补偿应变片电阻值的变化。由于温度补偿应变片的电阻值只受温度影响而不受变形的影响,因此,根据温度补偿应变片的电阻值变化情况,可判断出温度对工作应变片影响的大小。

筒式应变测压传感器的频率响应能力与应变筒的固有频率和压力的传递途径有关,应变筒自身的固有频率比较高,不会影响传感器频响能力。但是,由于这种传感器需要通过具有一定压缩性的测压油将压力传递给应变筒,因此其固有频率较低,频响能力约为5~7kHz。

2) 活塞式应变测压传感器

活塞式应变测压传感器由活塞、应变管、应变片、本体及信号插座等组成,如图5-11所示。

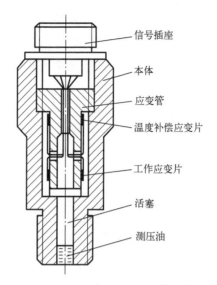

图 5-11 活塞式应变测压传感器

活塞式应变测压传感器的弹性元件是应变管,在应变管的外壁空心部位粘贴有两片工作应变片,在应变管的实心部位粘贴有两片与工作应变片相同阻值、同一批次的温度补偿应变片。

测压前,将传感器拧到测压孔上,射击过程中,火药燃气压力作用在活塞上,活塞将压力转换为力再传递给应变管使应变管产生轴向变形,应变管的轴向应变与所受压力的关系为

$$\varepsilon = \frac{4pS}{\pi E(d_2^2 - d_1^2)} \tag{5-20}$$

式中:p 为最大待测压力值;S 为活塞杆面积;E 为应变管材料的弹性模量;d_2 为应变管外径;d_1 为应变管内径。

应变管在压力作用下产生应变后,粘贴在应变管上的工作应变片也将发生变形,结果是工作应变片的电阻值发生变化,完成了压力到电阻的转变。

应变片的温度补偿原理同筒式应变测压传感器。

活塞式应变测压传感器通过活塞杆传递压力,尽管质量较大的活塞影响了传感器的频率响应能力,但因去掉了具有一定压缩性的测压油,使得固有频率有所提高,频响能力可达 10~15kHz。且通过减轻活塞质量、提高活塞杆刚度可提高传感器的频响能力。

3) 平膜片式应变测压传感器

平膜片式应变测压传感器由膜片、应变片、本体及信号插座等组成,如图 5-12 所示。

第 5 章 压力检测技术

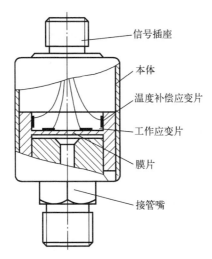

图 5-12　平膜片式应变测压传感器

该测压传感器的弹性元件是周边固定的平圆膜片。上面粘贴一个组合应变片,当膜片在被测压力作用下发生弹性变形时,应变片也发生相应的变形,从而使应变片的阻值发生变化,通过电桥电路就有相应的电压信号输出。

周边固定的平圆膜片,当其一面承受均布压力时,膜片发生弯曲变形,在另一面上(粘贴有应变片的一面)的径向应变和切向应变为

$$\varepsilon_r = \frac{3p(1-\mu^2)}{8Eh^2}(r_0^2 - 3r^2) \tag{5-21}$$

$$\varepsilon_q = \frac{3p(1-\mu^2)}{8Eh^2}(r_0^2 - r^2) \tag{5-22}$$

式中:p 为作用在膜片上的压力;h 为膜片厚度;r_0 为膜片的有效半径;r 为膜片任意点半径;E 为膜片材料弹性模量;μ 为膜片材料的泊松比。

由式(5-21)和式(5-22)可知:

在膜片中心($r=0$)处,径向应变和切向应变都达到最大值,即

$$\varepsilon_{rm} = \varepsilon_{qm} = \frac{3pr_0^2}{8Eh^2}(1-\mu^2) \tag{5-23}$$

在膜片的边沿处,切向应变为零,径向应变达到负的最大值(压缩应变),即

$$\varepsilon_{-rm} = \frac{3pr_0^2}{4Eh^2}(1-\mu^2) \tag{5-24}$$

在 $r=\frac{1}{\sqrt{3}}r_0$ 处,径向应变为零;当 $r<\frac{1}{\sqrt{3}}r_0$ 时,ε_r 为正应变(拉伸);当 $r>\frac{1}{\sqrt{3}}r_0$ 时,ε_r 为负应变(压缩)。

根据以上分析,膜片的应变分布如图 5-13 所示。根据膜片应变分布曲线来考虑应变片结构、粘贴位置和方向,可提高传感器的灵敏度和减小非线性失真。对这种平圆膜片所用应变片,目前大都采用如图 5-14 所示的箔式组合应变片。

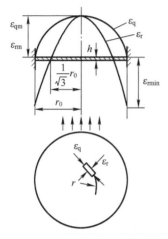
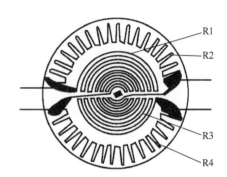

图 5-13　平圆膜片应变分布图　　　　图 5-14　箔式组合应变片

结合平圆膜片应变分布曲线图可以看出,位于膜片中心部分的两个电阻 R1 和 R3 感受正的切向应变(拉伸应变),则应变片丝栅按圆周方向排列,丝栅被拉伸,电阻增大;而位于边缘的两个电阻 R2 和 R4 感受负的径向应变(压缩应变),则应变片丝栅按半径方向排列,丝栅被压缩,电阻减小。应变片这种布局所组成的全桥电路灵敏度高,并具有温度自动补偿作用。当采用箔式组合应变片作为工作应变片时,图 5-12 中的温度补偿应变片可以取消。

膜片的厚度为

$$h = \sqrt{\frac{3pr_0^2}{4E\varepsilon_r}(1-\mu^2)} \tag{5-25}$$

根据膜片(应变片)所允许的应变量 ε_{rm} 和传感器的量程 p 并选定膜片半径 r_0 后就可计算出膜片的厚度。

在压力 p 作用下,膜片中心的最大位移量为

$$\delta_m = \frac{3(1-\mu^2)r_0^4}{14Eh^2} \tag{5-26}$$

当 $\delta_m \leqslant 0.5h$ 时,传感器呈线性输出。

膜片的自振频率可用下式估算,即

$$f_0 = \frac{2.56}{\pi r_0^2} \sqrt{\frac{E}{3\rho(1-\mu^2)}} \qquad (5-27)$$

式中：ρ 为膜片材料密度。

当膜片受到压力作用时，将产生弯曲变形，使得粘贴在它上面的应变片的几何尺寸发生变化，从而完成压力到电阻的转变。这种传感器去掉了质量较大的活塞，使得固有频率进一步提高，频响能力可达 20kHz。

4) 垂链膜片式应变测压传感器

垂链膜片式应变测压传感器的结构如图 5-15 所示，它由应变管、垂链式膜片、应变片、本体及信号插座等组成。垂链式膜片承受压力并把压力传递给应变管，在应变管外表面沿轴向粘贴有工作应变片，沿圆周方向粘贴有温度补偿应变片。

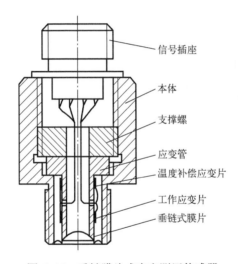

图 5-15 垂链膜片式应变测压传感器

垂链式膜片薄而柔软，膜片弯曲应力小，主要承受拉伸应力。因此，它比平圆膜片可减轻质量，从而提高传感器整体的固有频率。设计传感器时，为使膜片应力分布均匀，一般选取应变管直径 d 与膜片直径 D 的比值为 $d/D = 1/\sqrt{3}$。因此，受压膜片的有效面积为总面积的 2/3，在相同压力作用下，该面积决定了作用在应变管上的力。

垂链膜片式应变测压传感器的弹性元件是应变管，在压力作用下，应变管发生轴向变形。应变管轴向振动固有频率，直接决定着该传感器的频响能力。应变管的轴向固有频率为

$$f_0 = \frac{1}{2\pi l}\sqrt{\frac{Em_0}{\left(m+\frac{1}{3}m_0\right)\rho}} \qquad (5-28)$$

式中:l 为应变管工作部分长度;E 为应变管材料的弹性模量;m 为应变管端部的附加质量;m_0 为应变管工作部分质量;ρ 为应变管材料的密度。

这种传感器去掉了质量较大的活塞,采用垂链式膜片进行压力和力的转换,使得固有频率进一步提高,频响能力可达 30～50kHz。在火炮射击过程中,能满足各种压力的测量需要。因此,得到了广泛的应用。

2. 电阻应变仪

应变式测压传感器在压力的作用下,输出的是微弱的电阻变化量,不能用于推动记录显示设备。因此,需要将传感器输出的电阻值变化转换成电压的变化且不失真地放大,以便推动记录显示设备。这一任务由电阻应变仪承担。

电阻应变仪具有灵敏度高、稳定性好、能做多点较远距离测量等特点。且具有高阻抗的电流输出及低阻抗的电压输出,便于连接各种记录仪器。

电阻应变仪按其工作频率范围可分为:静态应变仪,工作频率范围 0～5Hz;静动态应变仪,工作频率范围 0～200Hz;动态应变仪,工作频率范围 0～10kHz;超动态应变仪,工作频率范围 0～200kHz。在武器射击时的压力测量中,应根据被测信号的最高频率合理选取电阻应变仪。对于大口径火炮的膛内火药燃气压力测量和驻退机、复进机压力测量可选用动态应变仪;对于中、小口径火炮和轻武器的膛内火药燃气压力测量应选用超动态应变仪。

3. 记录显示设备

应变式测压传感器输出的微弱电阻变化信号经电阻应变仪的转换和放大后,以电压的形式输出。该信号必须由记录显示设备进行记录显示,以便进一步地分析处理。常用的记录显示设备包括光线振子示波器、磁带记录仪、存储示波器,以及具有采集系统和数据处理软件的计算机都能满足该信号的记录和显示。

4. 压力标定机

压力标定机的作用是为应变式测压传感器提供标准的压力信号。压力标定机的分类、结构、原理将在 5.6 节详细介绍。

5.3.3 应变测压法的数据处理

用应变式压力测量系统进行压力测量时,作用在传感器上的被测物理量是压力,测量系统的输出是高度随时间变化的曲线或电压幅值随时间变化的曲线。图 5-16 所示为所测得的火炮膛内火药燃气压力随时间变化曲线。应变测压法数据处理的目的是获取曲线各点代表的压力大小与时间的对应关系。获取这一对应关系的关键是确定测量系统的灵敏度。由于影响应变式压力测量系统灵敏度的因素较多,如环境温度、电阻应变仪的灵敏度、调整电位器的初始位置等,因此,每次实验前(或后)都需对系统进行标定。根据标定结果并采用线性回归方法确定出系统的灵敏度。标定方法见5.6节的有关内容。

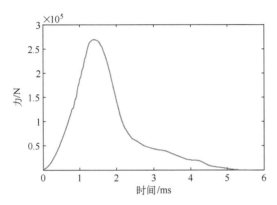

图 5-16 膛内火药燃气压力随时间变化曲线

5.3.4 应变测压法特点

应变测压法的测量精度高于铜柱测压法,不存在12%~15%的系统误差;可测量压力随时间的变化规律,即 p—t 曲线;测压效率高;既可测静态压力,又可测动态压力;不但可测量膛内火药燃气压力,还可用于驻退机压力和复进机压力的测量。该方法的缺点是:在膛内火药燃气压力测量时,只适用于弹道枪(炮)的膛压测量。每次实验前(或后)都需对系统进行标定,以获取系统的输出/输入关系(灵敏度),使用较麻烦。

5.4 压电测压法

5.4.1 压电式压力测量系统的组成

某些物体(压电晶体)当沿着一定方向受到压力作用时,内部将产生电极化现象,同时在某两个表面上便产生大小相等、符号相反的电荷,当外力去掉后,又恢复不带电状态。压电测压法就是利用压电晶体的这种物理性质,把压力转变为电荷进行测量的方法。其测量系统如图 5-17 所示。

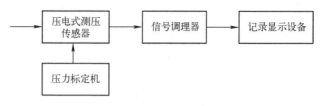

图 5-17 压电式压力测量系统框图

测压过程中,火药燃气压力(驻退机液体压力、气液式复进机气液压力)作用在压电式压力传感器上,传感器将压力的变化转换成电荷的变化。这个电荷变化量首先由信号调理器的输入级转换成电压的变化,然后再进行不失真的放大并驱动记录设备进行记录。

5.4.2 压电式压力传感器结构与工作原理

压电式压力传感器是一种发电型传感器,它以某些电介质的压电效应为基础,在外力的作用下,电介质的表面上产生电荷,从而实现非电量电测的目的。压电传感元件是力敏感元件,所以它能测量最终能转换成力的那些物理量。

压电式压力传感器主要用于动态压力的测量,例如,武器射击过程中的火药燃气压力、驻退机液体压力和气液式复进机气液压力等。其结构有活塞式和膜片式两种。

图 5-18 所示为活塞式压电压力传感器的结构原理图。活塞式压电压力传感器主要由压电晶片、本体、活塞、砧盘、压盖及信号插座等组成。传感器在装配时,利用压盖给晶片组件一定的预紧力,用以消除各组件之间的间隙,防止工作时各组件之间的冲击而损坏压电晶片,并可提高传感器的固有频率。

活塞是将压力转换成力的装置,活塞面积有两种规格,即 0.2cm^2 和 0.5cm^2。

活塞将压力转换成力后,通过砧盘传给压电晶片,由于砧盘的作用,可使作用在压电晶片上的力均匀,避免压电晶片因局部受力而损坏。压电晶片是压电式压力传感器的传感元件,当它受到砧盘传来的力后,在它的两个表面将产生电荷。为了提高传感器的灵敏度,压电晶片往往采用两片以上的一组压电晶片,安装时需要使压电晶片并联连接。在图 5-18 中,两个压电晶片的接触面产生的电荷相同(都为正电荷)。

测量时,将传感器的螺纹部分拧到测压孔上,被测压力通过测压油作用到活塞上,活塞将压力转换成力后并通过砧盘传递给压电晶体。压电晶体产生的电荷通过电缆线、信号插座输出。活塞式压电压力传感器由于存在较大质量的活塞,使得频响能力受到一定影响,只能达到 30kHz 左右。

图 5-19 所示为目前应用比较广泛的一种膜片式压电压力传感器的结构原理图,主要由压电晶片、本体、膜片、砧盘及信号插座等组成。

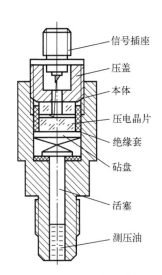

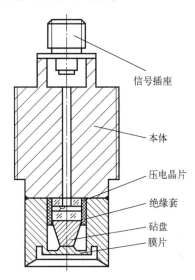

图 5-18　活塞式压电压力传感器　　图 5-19　膜片式压电压力传感器

膜片式压电压力传感器与活塞式压电压力传感器相比,它用金属膜片代替活塞,膜片起着传递压力、实现预压和密封 3 个作用。膜片用微束等离子焊与本体焊接,整个结构是密封的。因此,在性能稳定性和勤务性上都大大优于活塞式结构。由于该传感器膜片质量很小,与压电元件相比刚度也很小,如果提供合适的预紧力,传感器的频响能力可达 100kHz 以上。目前,膜片式压电压力传感器已基本替代了活塞式压电压力传感器。

膜片式压电压力传感器由于去掉了较大质量的活塞,使得频响能力大大提高。

膜片式压电压力传感器在工作时,除了受到压力的作用外,一般情况都要同时受到温度和加速度的影响。例如,在测量火药燃气压力时,传感器在高温火药燃气作用下,温度迅速上升,与此同时,安装传感器的身管还伴有一定的振动加速度。温度和加速度的变化都会使得压电式压力传感器的电参量发生变化,给测量的压力结果中引入一定的误差。因此,精度较高、性能较好的压电式压力传感器从结构方面大都采取了一些补偿措施,主要有温度补偿和加速度补偿。

传感器的温度特性主要表现在两个方面:一是温度引起的传感器灵敏度的变化;二是温度引起的传感器零点漂移。对物理性能良好的石英晶体而言,温度引起的灵敏度变化很小,可以忽略不计。但是,温度的变化会引起传感器各不同材料的零件产生不同程度的变形。由于石英晶体的膨胀系数远小于金属零件的膨胀系数,当温度变化时,金属体的线膨胀大于石英晶体的线膨胀,从而引起预紧力的变化,导致传感器的零点漂移,严重的还会影响线性度和灵敏度。对于这种影响,一般采用的补偿办法是在压电晶片与膜片之间安装一块线膨胀系数大的金属片(如铝、铍青铜),自动抵消弹性套与压电晶体线膨胀的差值,保证预紧力的稳定。

传感器在振动条件下测量压力时,由于各零部件自身质量的存在,在加速度作用下产生惯性力,该惯性力对中、高量程的传感器产生的附加电荷比被测压力对压电晶体作用产生的电荷相对较小,可忽略不计,但对小量程传感器就不能忽略。对加速度采取的补偿办法是在传感器内部工作压电晶片的上部设置一附加质量块和一组与工作压电晶片极性相反的补偿压电晶片,在加速度作用时,附加质量块对补偿压电晶片产生的电荷与工作压电晶片因加速度产生的电荷相抵消,只要附加质量块选择适当,就可达到补偿目的。由于传感器内部安装加速度补偿压电晶片,与不安装该补偿压电晶片相比,其灵敏度要低。

5.4.3　信号调理器的选取与应用

压电式压力传感器的输出电信号是较微弱的电荷,而且传感器本身有很大内阻,故输出能量甚微。为此,通常将压电式压力传感器的输出信号先输入到具有高输入阻抗的前置放大器。该放大器的作用:一是进行阻抗变换,即将传感器的高阻抗输出变换为低阻抗输出;二是放大由传感器输出的微弱信号。目前,配接压电式压力传感器的放大器有两种:一种是测量电荷在电容上的电压,称为电压放大器;另一种是直接测量传感器输出的电荷值,称为电荷放大器。由于电压放大器自身存在着电压灵敏度随频率及电缆电容变化而变化的不足之处,因此只适用于精度要求不高的测量中。在火炮射击时的压力测量过程中,通常采用电荷放大器。电荷放大器是一个具有深度电容负反馈的输入阻抗极高的高增益运算放大器,共有两级运算放大器;第一级运算放大器承担把电荷变换成电压的任务;第二级运算放大器承担控制输出电压,可将压电式压力传感器的电荷灵敏度归一化,以便利用电荷放大器灵敏度及输出电压确定作用在传感器上的被测物理量。

在第一级运算放大器中,由于运算放大器的高开环增益,以及负反馈电容的负反馈作用,放大器的输入电压极小,传感器压电元件产生的电荷主要用来对反馈电容充电,故第一级运算放大器的输出电压与输入的电荷成正比。

电荷放大器的输出电压与传感器和电荷放大器之间的信号传输电缆长短无关。这一结论对于火炮测试很重要,因为火炮测试用的电缆都比较长,并且经常变化。

电荷放大器的输出电压与输入的电荷成正比,与运算放大器的线性误差无关,所以电荷放大器的线性度好。

1. 选用电荷放大器注意事项

(1) 根据传感器灵敏度和预测压力的最大值估算传感器输出的最大电荷。电荷放大器允许的最大电荷输入量应比传感器最大电荷输出量高出 1/3,以保证电荷放大器工作在线性区。

(2) 电荷放大器的上限频率应比被测信号的最高有用频率大 3 倍左右。

电荷放大器的其他指标一般都能满足压力测量的要求,选用时不用过多地考虑。

2. 使用电荷放大器注意事项

(1) 传感器与电荷放大器之间的传输电缆应选择低噪声电缆,电缆的长度在满足使用的条件下应尽量地短。虽然电荷放大器的输出电压与传感器和电荷放大器之间的信号传输电缆长短无关,但随着电缆的增长,其干扰噪声也要增加,减小了电荷放大器输出信号的信噪比。

(2) 传感器与电荷放大器用传输电缆连接时:首先将电缆与传感器连接;然后将电缆另一端接头的芯线和屏蔽层短路一下再接入电荷放大器的输入插座,以免烧坏电荷放大器。

(3) 电荷放大器的下限频率旋钮一般应设置在最低位置,上限频率旋钮应设置在比被测信号的最高有用频率约大 3 倍的位置。

(4) 电荷放大器的输出灵敏度应根据最大测量压力与记录设备的输入电压要求合理设置,以保证记录设备工作在线性区内,且不被烧坏。

5.4.4 压电测压法的数据处理

压电式压力测量系统由于有确定的输入输出关系,数据处理变得比较简单。根据电荷放大器输出灵敏度和某一时刻输出的电压可直接换算出该时刻作用在传感器上的压力。

5.5 压阻测压法

5.5.1 压阻式压力测量系统的组成

压阻式压力测量系统主要由压阻式压力传感器、电压放大器、记录显示设备及压力标定机等组成,如图 5-20 所示。被测压力作用在压阻式压力传感器上,传感器内部的测量元件硅杯组件将压力的变化转变为电阻的变化,并由传感器内部转换电路将电阻变化转换为电压变化。传感器输出的微弱电压信号经电压放大器进行不失真的放大后，驱动记录显示设备记录下来，以便进一步分析处理。压力标定机为传感器提供标准的压力信号，根据电压放大器的输出可确定系统的输出/输入关系。

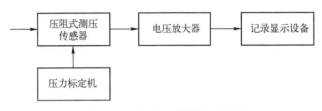

图 5-20　压阻式压力测量系统框图

5.5.2　压阻式压力传感器

压阻式压力传感器是利用半导体的压阻效应制成的，典型的压阻式压力传感器结构如图 5-21 所示。传感器端部是高弹性钢膜片，头部填满低黏度硅油，用以传递压力和隔热。硅杯组件浸在硅油中，被测压力通过钢膜片和硅油传递到硅杯的膜片上。硅杯的膜片上在承压面扩散有 4 个电阻，组成惠斯通电桥。电桥电阻通过金引线与绝缘端子相连，在印制电路板上设置有各种补偿电阻。当硅杯的膜片受力后，由于半导体的压阻效应，扩散在膜片上的 4 个电阻值发生变化，经传感器内部的电路部分转换后，以电压的形式输出。

传感器的测量元件是硅杯组件，硅杯膜片下部受均布压力 p 作用时，其膜片上任意点将产生径向应力 σ_r 和切向应力 σ_t，表达式为

$$\sigma_r = \frac{3p}{8h^2}[(1+\mu)r_0^2 - (3+\mu)r^2] \tag{5-29}$$

$$\sigma_t = \frac{3p}{8h^2}[(1+\mu)r_0^2 - (1+3\mu)r^2] \tag{5-30}$$

式中：h 为膜片厚度；r_0 为膜片的有效半径；r 为膜片任意点半径；μ 为膜片材料的泊松比，硅可取 $\mu = 0.35$。

根据式(5-29)、式(5-30)可得硅杯膜片的应力曲线，如图 5-22 所示。

由膜片的应力公式和分布图可知：

（1）当 $r=0$ 时，即膜片中心处的应力为最大压应力，且径向应力和切向应力相等，即

$$\sigma_{rm} = \sigma_{qm} = \frac{3r_0^2}{8h^2}(1+\mu)p \tag{5-31}$$

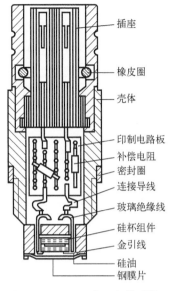

图 5-21 压阻式压力传感器

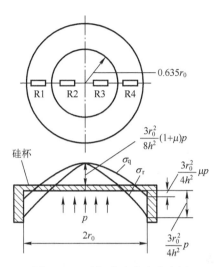

图 5-22 硅杯膜片应力分布图

（2）当 $r=r_0$ 时，膜片边沿处的应力为最大拉应力，即

$$\sigma_{-rm}=-\frac{3r_0^2}{4h^2}p \tag{5-32}$$

$$\sigma_{-qm}=-\frac{3r_0^2}{4h^2}\mu p \tag{5-33}$$

（3）当 $r=0.635r_0$ 时，$\sigma_r=0$；$r>0.635r_0$ 时，$\sigma_r<0$ 为拉应力；$r<0.635r_0$ 时，$\sigma_r>0$ 为压应力。当 $r=0.812r_0$ 时，$\sigma_q=0$，仅有 σ_r 存在，且 $\sigma_r<0$ 为拉应力。

根据以上分析，在膜片上扩散电阻时，只要其中两个电阻处于 $r<0.635r_0$ 的位置，使其受压应力；而另两个电阻处于 $r>0.635r_0$ 的位置，使其受拉应力，这样所构成的电桥电路输出灵敏度最大。

硅杯膜片应力的变化与扩散电阻阻值的变化关系为

$$\frac{\Delta R}{R}=\varepsilon_r\sigma_r+\varepsilon_q\sigma_q \tag{5-34}$$

式中：ε_r 为径向压阻系数；ε_q 为切向压阻系数。

5.5.3 电压放大器

传感器在压力作用下，电桥电路的最大输出电压为毫伏级，不能直接驱动记录显示设备。因此，必须利用电压放大器对其进行不失真的放大。该电压放大器一般放置在传感器壳体的内部，与传感器组成一个整体。传感器在压力作用下,能产生 0~5V 的电压输出。

5.5.4 压阻式压力测量系统(传感器)特点

压阻式压力测量系统(传感器)特点如下。

(1) 压阻式压力传感器结构简单,可微型化。压阻式压力传感器结构中的主要部件是硅杯,硅杯的直径可以制作得很小,可达 1mm,传感器微型化后对被测对象几乎没有影响。

(2) 固有频率高。由于压阻式压力传感器结构轻巧,无活动元件,膜片直径小,刚度大,固有频率一般可达几十千赫至几百千赫,目前最高已达 1500kHz。

(3) 灵敏度高。半导体硅杯的灵敏度系数比金属应变片灵敏度系数高 50~100 倍,因此传感器输出信号大。

(4) 精度高。由于该传感器没有活动部件和应变片黏结剂,因此它的非线性、滞后、重复性误差都较小。目前,一般测量精度为 0.05%~0.1%。

(5) 使用温度范围小。因半导体温度系数大,传感器的使用温度受到一定限制,一般在 100℃以内。因此,在火炮射击时的压力测量中,只能用于驻退机和复进机压力的测量。

5.6 压力测量系统的标定

5.6.1 概述

在压力测量中,利用专用的压力标定装置,以已知的标准压力值对传感器进行加压,测量传感器(或测量系统)的输出量,从而得到输出量与压力值之间的数量关系(系统灵敏度),完成这一工作的过程称为压力标定。

在非电量的电测系统中,压力的测量首先是通过一系列测量环节把压力转换为电量,然后用记录装置记录下来。但是,在这样的测量结果中并没有得到具体的压力值,因此,必须进行压力标定。压力标定不仅能得到测量结果的数量概念,而且还能对测试系统的各个环节的工作特性进行检验和研究。

从理论上讲,为了得到精确的压力值,标定过程就应该模拟试验过程的特点,即要求给出的标准压力应该与被测量的特征相同,且试验的各种条件也相同。只有符合这些条件的标定结果才是完全可靠的,试验条件主要是指测试系统各环节的工作特性和周围环境条件。被测量的特征是指静态压力或是动态压力,由此也就产生了静态压力标定和动态压力标定。在静态压力标定中,给定的压力应具有与被测压力相同的静载性;而动态压力标定所给定的压力应具有与被测压力相同的动载性。在火炮射击过程中的压力测量时,不同火炮、不同机构的气液压力的幅值、上升前沿及变化规律都有较大差别。因此,要求给定的标准压力与被测压力的动载性完全相同是不现实的。一般情况,动态标定比静态标定要困难得多,如果测试系统的各个环节动态特性都非常好,那么把静态标定的结果应用到动态量的测量中,所产生的测量误差就可以忽略不计;否则将产生较大的标定误差。

在测压系统的工作过程中,对于应变压力测量系统,其输出灵敏度是不断发生变化的。因此,每次试验前(或后)都需要对测量系统进行标定,以确定系统的灵敏度。而对于压电式压力测量系统,其自身的灵敏度参数变化比较缓慢,不需要每次试验前(或后)都对测量系统进行标定,而是根据需要或定期进行。

5.6.2 压力测量系统的静态标定

静态标定,是指用一系列不随时间变化的已知压力对压力测量系统的传感器进行输入,根据系统的输出量确定测量系统输出/输入关系的过程。

静态标定可以确定测量系统的静态特性指标,如灵敏度、非线性、重复性及迟滞等。

常用的静压发生装置(产生标准压力的装置)有活塞式压力标定机、杠杆式压力发生器、弹簧测力计式压力发生器及液柱式压力计等。在武器压力测量过程中,常用的压力标定设备是活塞式压力标定机。本节只对活塞式压力标定机进行介绍。

活塞式压力标定机是一种精度较高、标定量程较宽的压力发生设备。

图 5-23 所示为活塞式压力标定机,图 5-24 所示为活塞式压力标定机的原理。

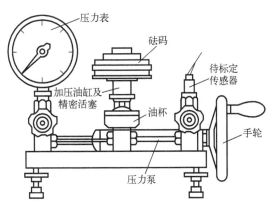

图 5-23 活塞式压力标定机

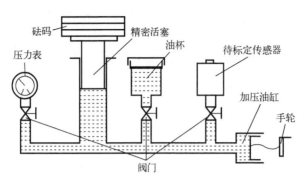

图 5-24　活塞式压力标定机原理

该标定机主要由砝码、精密活塞、加压油缸、压力表和传递压力的管路等组成。当转动手轮时，加压油缸的活塞向左移动，管路中的液体压力增加，当液体压力增加到一定值时，精密活塞连同上面的砝码被顶起。此时压力可通过精密活塞的有效面积和砝码及精密活塞的总质量精确计算，也可根据压力表直接观察压力的大小，但压力表的显示精度比通过砝码计算的精度要低。一般情况，一台标定机上只存在一种示值模式，如果用砝码指示压力，则不需要安装压力表。该压力同时作用在待标定传感器上。通过增加或减小砝码质量可改变压力的大小。

活塞式压力标定机通过控制精密活塞面积的加工精度和砝码的质量，可将该标定设备的标定精度做得较高，目前使用的活塞式压力标定机的精度等级分别为 0.5、0.2、0.05 和 0.02。

应变式测压传感器、压阻式压力传感器在标定过程中要均匀地加载和卸载，加砝码时要避免因冲击引起的压力值的过冲而影响对传感器的静态滞后特性指标的测定。在相同的实验条件下，应经过至少 3 次以上的连续加载和卸载过程，即可根据标定数据求得被标定测量系统的静态特性指标。

压电式压力测量系统的标定过程不能采用均匀的加载和卸载，因为电荷在传输过程中存在泄漏，尽管采用了时间常数大的电荷放大器，但电荷泄露造成的实验及标定过程中电压读数的误差总是存在。为了尽可能地降低这种误差，除了设备的选用（如选用输入阻抗高的电荷放大器）、增加测量系统的绝缘电阻、连接电缆及接插件干燥存放等措施外，标定过程中缩短加载时间是减小标定误差的重要途径。为此，实验中常采用快速卸载法来标定压电式压力测量系统。首先，用活塞式压力标定机对被标定传感器加压至某一稳定压力值，按电荷放大器"清零"按钮，这样便释放掉了加载过程中产生的电荷，此刻电荷放大器输出电压为零；然后，旋开活塞式压力标定机的油杯阀门，由于液压油可看作是不可压缩的液体，阀门开启的瞬间，液体压力便会迅速降为零，这时传感器便产生了与所加压力相对应的电荷量,电荷放大器随之输出电压值。由于卸载过程比加载过程快得多,从而可提高标定精度。

5.6.3 压力测量系统的动态标定

在压力测量过程中,如果用反应很慢的压力测量系统去测量变化较快的压力,所得到的结果是很难令人信服的。因此,一个压力测量系统是否符合某种动态压力的测量问题,往往需要动态标定来解决。动态压力标定的目的有两个:一是测定压力传感器(或整个压力测量系统)的动态响应特性(瞬态响应特性或频率响应特性);二是当传感器(或测量系统)的静态灵敏度与动态灵敏度不同,或者系统根本没有静态响应(如压电式压力测量系统)时,对测量系统进行灵敏度标定。

对压力测量系统进行动态标定,关键是给传感器输入一个标准的激励压力。常采用的标准激励压力可分为按正弦规律变化的压力和瞬变压力两类。与之对应的动态压力标定设备也分两大类:一类是按正弦规律变化的压力发生器;另一类是瞬变压力发生器。正弦压力发生器一般只能用于小压力或者低频率范围的标定,在火炮动态压力测量中很少采用。因此,本节主要介绍瞬变压力发生器。

瞬变压力发生器主要有激波管、落锤液压发生器、爆膜装置、快速开启装置及密闭爆炸装置等几种。其中激波管和落锤液压发生器最为常用。

1. 激波管

目前,在所有的动态压力标定装置中,激波管被认为是对快速响应的压力测量系统进行动态标定的最好的装置。它能产生一个前沿非常陡(上升时间为$10^{-9} \sim 10^{-8}$s)的阶跃压力,具有压力范围宽、便于改变压力值、频率范围广等特点。

激波管,就是用来产生平面激波的一种设备,结构示意图如图5-25(a)所示。激波管是一个两端封闭的圆管或方管,管子分为两段,左边一段是高压腔,尺寸较短,右边一段是低压腔,尺寸较长,中间用法兰盘对接,并用一个膜片把高压腔、低压腔隔开。膜片可用金属(如铝箔)、塑料或纸(低压时)制成。根据传感器动态校准的要求,高压腔、低压腔充以不同压力的空气,低压腔内的气体压力一般为1atm(1atm=0.1MPa)(有的抽成真空)。当高压腔内的气体压力达到要求的压力值时,用撞针刺破膜片(也可以通过改变膜片的材料和厚度使其在一定压力下自行破裂)。膜片突然破裂时,较高压力的气体立即流向较低压力部分,并压缩较低压力的气体,形成激波。在低压腔距膜片10~15倍管径的距离处,就可建立起波形良好的激波。激波沿低压腔向右传播,同时形成的稀疏波向左传播。

激波管在各个工作阶段的压力传播过程如图 5-25(b)~(e)所示。

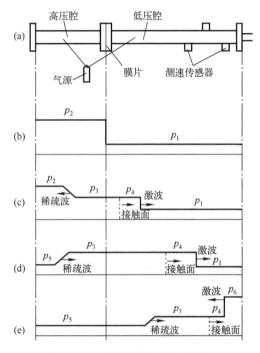

图 5-25 激波管结构原理示意图

图 5-25(b)所示为膜片破裂之前的情况，p_2 为高压腔的压力，p_1 为低压腔的压力，且 $p_2>p_1$。图 5-25(c)所示为膜片破裂后不久的情况，在低压腔，激波以超声速向右推进，在激波未到之处，压力维持原值 p_1，激波后面一直到接触面之间的压力为 $p_4(p_1<p_4<p_2)$。在高压腔，膜片破裂时，在膜片附近产生稀疏波，这个波以当地声速向左传播。稀疏波未到之处压力不变仍为 p_2，当稀疏波经过后，压力逐渐下降到 p_3，而且 $p_3=p_4$。p_3 与 p_4 的接触面称为温度分界面。图 5-25(d)所示为稀疏波在到达高压腔端部并被反射而改向右方传播时的状况，在稀疏波前面，压力保持原来的值 p_3，在稀疏波后面，压力降到 p_5。图 5-25(e)所示为反射激波的波动情况，当 p_4 到达低压腔端面时，激波就在低压腔的右端面反射，在反射激波的前面（左边）压力保持原来的值 p_4，而反射激波的后面到低压腔的右端面之间的压力则升高到 p_6（一般 $p_6>2p_4$）。

从上面激波管工作过程的定性描述可以看出，如果将待标定传感器安装在激波管低压腔的侧壁上，当激波经过时，传感器上的压力将由 p_1 升跃为 p_4，也就是受到一个幅度为 p_4-p_1 的阶跃压力。而将待标定传感器安装在激波管低压腔的右端面上,当激波到达端面并反射时,传感器上的压力将由 p_1 升跃为 p_6,也就是受到一个幅度为 p_6-p_1 的阶跃压力。

由空气动力学可知,p_4-p_1 与 p_6-p_1 可表示为

$$p_4-p_1 = \frac{7}{6}(Ma_s^2-1)p_1 \tag{5-35}$$

$$p_6-p_1 = \frac{7}{3}(Ma_s^2-1)\left(\frac{2+4Ma_s^2}{5+Ma_s^2}\right)p_1 \tag{5-36}$$

式中:Ma_s^2 为激波的马赫数。

马赫数是激波的传播速度与当地声速的比值,激波的传播速度可通过测速传感器测量激波面通过两个传感器的时间,并根据两个测速传感器的设置距离而获取。

2. 落锤液压发生器

锤液压发生器是直接利用落锤自由落体作用于液压系统,将落体的动能在一个短时间内转化为液体的弹性势能,并在硅油内形成压力,当压力达到最大值后,由于硅油的弹性作用,将活塞与重锤推回,从而获得一个压力脉冲。这种压力脉冲并不是阶跃形的,而是类似于半正弦的曲线。这种曲线的形状和幅度不能依靠理论计算精确地获取。因此,在对待标定传感器标定的同时,需在相同压力的位置安装标准压力测量系统,并将被校验的测量系统的输出与标准压力测量系统的输出信号加以对比分析。

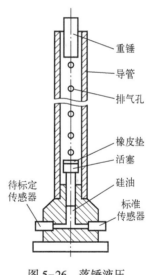

图 5-26 落锤液压发生器原理

图 5-26 所示为落锤液压发生器的原理,图中略去了支架和提升重锤用的滑轮、绞盘等附属设施。导管上沿轴线开有一系列排气孔,以减少重锤下落的阻力。重锤采用密度较大的钢钨制成。活塞下面的空腔内充满了低黏度的硅油。空腔的体积应尽量小,以便使压力更有效地传递给传感器。

标准压力测量系统应具有优良的静态和动态特性。为了提高标准压力测量系统的动态响应特性,一般采用去掉膜片、活塞之类的附加质量,将压阻或压电元件直接浸入液压硅油内的传感器结构。

5.7 炮口冲击波压力测试

5.7.1 炮口冲击波的概念

火炮射击时,高速、高压、高温的火药燃气在弹丸飞离炮口瞬间,猛烈膨胀,压缩周围空气,形成炮口压力波。炮口压力波包括冲击波和噪声两个物理量。

噪声以弱扰动的形式稳定地传播,扰动通过空气时,空气分子只发生振动,其温度、密度、压力只有微量变化,当环境条件不变时,噪声在空气中的传播速度不变。冲击波则以强扰动的形式传播,波阵面上的温度、密度、压力都由初始状态而突变。冲击波在空气中的传播速度与波阵面的压强有关,并以超声速运动。冲击波波阵面后的空气分子随波阵面运动,其速度大小与冲击波强度有关,其方向在正压区作用时与波阵面同向,负压区作用时与波阵面反向。正压区是指压力大于静止时的空气压力的区域,而负压区是指压力小于静止时空气压力的区域,如图 5-27 所示。

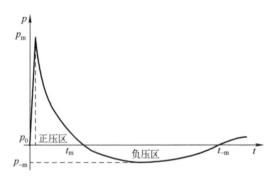

图 5-27 冲击波压力曲线

p_0—静止状态时空气压力;p_m—冲击波最大正压力;p_{-m}—冲击波最大负压力;
t_m—正压力持续时间;t_{-m}—负压区结束点时刻。

冲击波的强度一般用冲击波超压值表示,简称冲击波压力。冲击波超压值是指冲击波最大正压力 p_m 与静止状态时空气压力 p_0 之差,即

$$\Delta p_m = p_m - p_0 \tag{5-37}$$

冲击波的波前具有压力跃变性,由环境压力升到峰值的时间 $\tau<1\mu s$。冲击波的持续时间 t_m,大口径火炮为毫秒级,小口径火炮一般在微秒级。

冲击波与噪声的数量级,目前尚无严格的界线,通常把超压值大于 1.2MPa 的称为强冲击波;小于或等于 1.2MPa、大于或等于 0.01MPa 的称为弱冲击波;小于 0.01MPa 的称为噪声。火炮炮口冲击波超压值一般不超过 0.05MPa,通常

在 0.03MPa 左右,属于弱冲击波。

图 5-28 所示为典型的炮口冲击波波形图。冲击波的传播速度随着冲击波强度变化而变化,强度越大,速度越快。随着传播距离的增大,传播迅速衰减,压力、温度、密度逐渐减弱。当冲击波传到一定距离之后,波阵面作迁移运动的介质点停止运动,波的传播速度不再衰减,为一常数,冲击波便蜕变成为声波。图 5-29 所示为同一火炮不同位置上的几个炮口波形图。

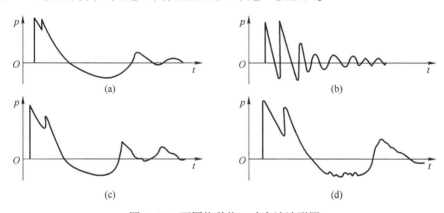

图 5-28　不同炮种炮口冲击波波形图
（a）85mm 加农炮炮口波形；（b）40mm 火箭炮口波形；
（c）130mm 加农炮炮口波形；（d）152mm 加榴炮炮口波形。

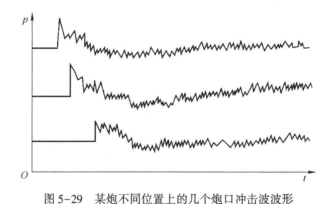

图 5-29　某炮不同位置上的几个炮口冲击波波形

为了用数学法描述冲击波正超压值随时间变化的规律,一般采用近似公式,即

$$\Delta p = \Delta p_\mathrm{m}\left(1-\frac{t}{t_\mathrm{m}}\right)\mathrm{e}^{\frac{t}{t_\mathrm{m}}} \tag{5-38}$$

式中,参量含义如图 5-27 所示。

在进行频谱分析时,也可采用 N 型波公式进行计算,即

$$\Delta p = \frac{t}{t_m}\Delta p_m \tag{5-39}$$

冲击波压力的单位一般用国际标准单位 Pa 表示,但有些场合采用 dB 表示,这是因为:正常人耳能听到的声音声压是 2×10^{-5}Pa,称为听阈声压。当声压达到 20Pa 时,人耳将产生疼痛的感觉,称为痛阈声压。

从听阈到痛阈($2\times10^{-5}\sim20$Pa),若用声压的绝对值表示声音的强弱,很不方便,习惯上用一个成倍比关系的对数量声压级代替声压来表示声音的强弱。把相当于声压 p 的声压级定义为

$$L_p = 20\lg\frac{p}{p_0} \tag{5-40}$$

式中:L_p 为声压级,是无量纲的相对量(dB);p 为声压(Pa);p_0 为基准声压,取听阈声压 2×10^{-5}Pa 作为基准声压。

这样把相差 100 万的可阈声压范围,简化成 0~120dB 的声压级变化。给使用带来了方便,而且也完全符合人耳对声音的主观感觉。由定义看到,声压增加 1 倍,声压级增加 6dB。

5.7.2 炮口冲击波压力的安全标准

冲击波对人体的损伤,主要是听觉器官,严重时内脏也将损伤。因此,炮口冲击波压力必须限定在一定范围内,以确保火炮操作者的安全。

冲击波压力从炮口传递到火炮操作者时,其性质已转变成声压,只有当这个声压峰值不超过痛阈声压 20Pa 时,才能保证火炮操作者的安全。实际上压力波的安全性是由多参量决定的,除了压力峰值外,冲击波压力的脉冲宽度、频谱、脉冲的上升和下降时间、声压作用在人耳的总时间等都对压力波的安全性有影响。但是,若要把所有的参数在压力波的安全标准中都得到体现,其安全标准必定十分复杂,使用就很不方便(要测试的参数太多)。经过大量试验结果的分析,压力峰值、脉冲宽度和声压作用在人耳的总时间在压力波的安全性方面起主要作用,其他方面的影响可以作为一个常数来考虑。压力波的安全标准用下式表示,即

$$p_m = 177 - 6\lg(TN) \tag{5-41}$$

式中:p_m 为炮口冲击波可允许的压力峰值(峰值压力指瞬间的最大压力)的分贝数;T 为脉冲时间(μs);N 为 1 天内发射的总次数。

脉冲宽度简称脉宽,对于典型的单尖峰 N 型压力波形,脉宽指正向的持续时间;若压力波为多峰形的,则脉宽指其包络自峰顶下降 20dB 处的持续时间(通常从峰顶算至下降 90%处)。火炮发射时产生的压力波很少有典型的单尖

峰 N 型波,较多的是非典型的单峰或多峰(如火箭压力波),火炮压力波的脉宽基本上在 1~100ms 的范围内。

在俄罗斯国家靶场的试验法中,将炮口冲击波超压值的压力峰值限定在 0.02MPa(180dB)以内;在美国国家靶场试验法中,将炮口冲击波超压值的压力峰值限定在 4~6psi(1psi=6.89kPa)(约 184~187dB)。

5.7.3 冲击波压力的测量方法

火炮冲击波压力的测试有纸膜法、机械式自记忆法、应变法、压电法等几种方法。

1. 纸膜法

纸膜法是用纸膜冲击波计测量冲击波压力。根据冲击波对不同直径的纸膜的破坏情况来判断冲击波的强弱。纸膜的直径越大,越容易被冲破。冲击波较弱时,仅能冲破大直径的纸膜。纸膜冲击波计示意图如图 5-30 所示。

纸膜法测量的是冲击波压力峰值,不能测其随时间的变化规律,测量精度差,目前已很少采用。

2. 机械式自记忆法

机械式压力自记仪如图 5-31 所示。由金属波纹膜片作为压力信号的感受元件。当冲击波压力作用在金属波纹膜片时,金属波纹膜片便发生与压力值成正比的弹性变形,此变形量通过划针记录在特制的记忆盘上,记忆盘由发条和齿轮传动机构带动作匀速运动。因此,可以记录完整的冲击波压力波形。

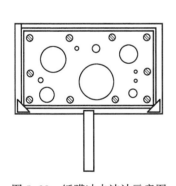

图 5-30 纸膜冲击波计示意图

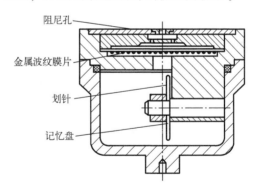

图 5-31 机械式压力自记仪示意图

机械式压力自记仪由于频响能力差、工作效率低及测量精度低等缺点,目前国内已很少使用。

3. 应变法

图 5-32 所示为用于冲击波压力测量的应变式冲击波压力传感器,主要由

膜片、应变片、壳体、螺盖和信号插座等组成。

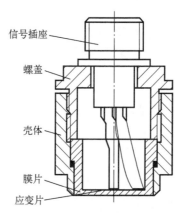

图 5-32 应变式冲击波传感器

应变式冲击波压力传感器的敏感元件是膜片，由于冲击波压力比较低，为了使膜片有较大变形，膜片通常采用铝材。在膜片上粘贴有两个应变片：一个贴于膜片中心；另一个贴在旁边。为了提高传感器的灵敏度，减小非线性失真，目前常采用如图 5-14 所示的箔式组合应变片。

当炮口冲击波压力作用于传感器的膜片上时，膜片发生变形，与此同时应变片也随之变形，应变片的变形引起电阻的变化，导致应变仪电桥的不平衡，从而产生与冲击波压力对应的电压输出。

应变式冲击波压力传感器与其测量电路配合，可测量冲击波压力随时间的变化规律，频率响应能力可达 10~15kHz，在 20 世纪 70 年代被广泛采用。该系统在使用过程中，每次都需要标定，给测试工作带来较大不便。另外，其频响能力和压电冲击波压力传感器相比较低，不能真实地再现冲击波压力随时间的变化规律。因此，该种方法已基本被压电法代替。

4. 压电法

1) 组合式压电冲击波压力传感器

组合式压电陶瓷压力传感器结构如图 5-33 所示，主要由金属纱网、绝热片、压电陶瓷片、芯柱、前置级等组成。

金属纱网可起电屏蔽作用，用以消除低频杂音。

绝热片多采用非极化压电陶瓷材料，无压电效应，声阻和压电陶瓷相同，因此对压力传递影响甚小，能有效地隔绝冲击波波阵面的高温和环境温度对压电陶瓷的直接作用，控制压电陶瓷的热释电效应而减小测试误差。

压电元件多采用压电陶瓷（锆钛酸铅材料）制成，这种材料有较高的灵敏度、较好的线性、烧结方便、价格便宜等优点。但是，受温度影响较大，稳定性较

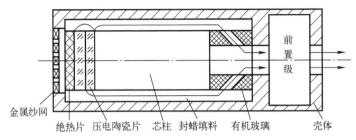

图 5-33 组合式压电陶瓷压力传感器结构

差,使用时应作相应处理,如在 80MPa 压力下保持 24~48h 进行老化,或在 250℃下保温 8~24h 进行温度老化,都可以很好地改善稳定性。

芯柱是压电陶瓷片的支承体,其结构形状对传感器的频响影响较大,若结构形状不合理,会由于芯柱的弹性波在压电陶瓷片与芯柱界面间的反复反射而增加噪声。

前置级是一个集电荷转换、阻抗变换和电压放大为一体的装置,其输入阻抗大于 $10^8\Omega$,与压电陶瓷片输出匹配;输出阻抗小于或等于 100Ω,与放大器或记录仪器匹配。前置级可代替电荷放大器的部分功能,因此这种传感器的输出可直接驱动记录显示设备。

冲击波压力通过金属纱网和绝热片作用在压电陶瓷片上,由于压电陶瓷片的压电效应,使之输出电荷。输出电荷的变化规律与冲击波压力的变化规律一致。压电陶瓷片输出的电荷输入给前置级,经过转换、放大后,以电压形式输出。

2) 单一型压电冲击波压力传感器

单一型压电陶瓷压力传感器结构如图 5-34 所示,主要由压电陶瓷片、导电片、本体和插座等组成。

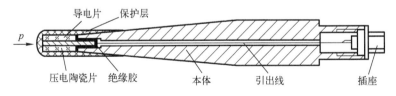

图 5-34 单一型压电陶瓷压力传感器结构示意图

冲击波压力作用在压电陶瓷片上后,压电陶瓷片将产生电极化现象,同时在其两侧产生大小相等、极性相反的电荷。压电陶瓷片内侧的电荷由导电片并通过引出线及插座输出。在保护层与压电陶瓷片之间也有一层很薄的导电层,用于将压电陶瓷片外侧的电荷引到传感器本体上。

该传感器必须通过电荷放大器对输出的电荷进行转换、放大,才能驱动记录显示设备。

5.7.4 冲击波压力测量系统的标定

冲击波压力测量系统标定有测速法、计算法等。

1. 测速法

测速法标定示意图如图 5-35 所示,图中炸点产生冲击波,其波阵面向四周传播。A 点设置待标定冲击波压力传感器,在 A 点前后各 $l/2$ 处(通常 l 为 500mm~1000mm)设置两个压力传感器,用于测量冲击波的传播速度,并使传感器工作面朝向炸心且在同一水平面上。为避免前面的压力传感器对后面压力传感器位置冲击波场的影响,应将两个用于测量冲击波速度的压力传感器设置在如图 5-35 所示的 1 靶和 2 靶位置。两靶所处的冲击波辐射线应对称于图 5-35 中的水平线。

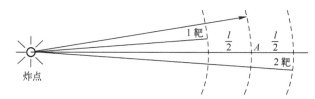

图 5-35　点爆炸标定冲击波压力示意图

两个用于测速的压力传感器与测时仪相连,当冲击波的波阵面通过两个测速压力传感器时,将产生两个电信号。1 靶信号控制测时仪开始记录时间,2 靶信号控制测时仪停止记录时间,最终由测时仪记录下冲击波的波阵面由 1 靶位置传播到 2 靶位置的时间(t),则冲击波波阵面在 A 点的传播速度为

$$v_A = l/t \tag{5-42}$$

冲击波压力的峰值 p_m 与其传播速度 v_A 之间的关系可由兰金-干戈尼奥(Ranklne-Hugoniot)方程给出,即

$$p_m = \frac{2\gamma}{\gamma+1}\left[\left(\frac{v_A}{a}\right)^2 - 1\right]p_0 \tag{5-43}$$

式中:p_m 为冲击波压力峰值;γ 为冲击波传播介质的绝热指数或称比热容比,空气:$\gamma = 1.40$,火药燃气:$\gamma = 1.20 \sim 1.25$;v_A 为冲击波波阵面传播速度;a 为实验时当地的声速;p_0 为实验时空气压力。

当测得冲击波波阵面的传播速度后,即可根据式(5-43)计算出该时刻的冲击波压力峰值。

待标定冲击波压力传感器(测量系统)在冲击波压力的作用下,将产生一个电压随时间变化的曲线。曲线的电压峰值 v_m 点即为冲击波压力峰值的作用点。因此,利用测速法获取冲击波压力峰值和待标定冲击波压力传感器(测量系统)输出的电压峰值,即可确定冲击波压力测量系统的灵敏度 K,即

$$K = \frac{p_m}{v_m} \tag{5-44}$$

2. 计算法

点爆炸时,冲击波压力峰值 p_m 与测点距炸点距离 $\bar{R}$ 有如下关系。

球形炸药空中爆炸时,有

$$p_m = \frac{0.84}{\bar{R}} + \frac{2.7}{\bar{R}^2} + \frac{7}{\bar{R}^3} \tag{5-45}$$

柱形炸药地面爆炸时,有

$$p_m = \frac{1.06}{\bar{R}} + \frac{4.3}{\bar{R}^2} + \frac{14}{\bar{R}^3} \tag{5-46}$$

$$\bar{R} = \frac{R}{\omega^{1.3}} \tag{5-47}$$

式中:ω 为炸药量(kg)。

根据式(5-44)即可计算出冲击波压力测量系统的灵敏度。

5.8 放入式电子测压系统

放入式电子测压系统是 20 世纪 90 年代初由中北大学开始研发的一种新型测量设备,该设备主要用于火炮膛内火药燃气压力的测量。

放入式电子测压系统由放入式电子测压器和计算机两部分组成。对计算机部分的要求不高,只要具有并口通信功能和 USB 口通信功能并安装专用软件即可可靠工作。因此,本节只介绍放入式电子测压器的结构、工作原理及使用情况,对计算机部分不作要求。

利用放入式电子测压系统测压的方法兼具铜柱测压法和引线电测法(应变测压法、压电测压法、压阻测压法)的优点。放入式电子测压器既有与铜柱测压器相当的体积小、无引出线、使用方便的特点,又有与引线电测法相当的测试精度高和可记录膛压-时间曲线的能力,并可重复使用。它是一种理想的火炮膛内燃气压力测量设备。

5.8.1 放入式电子测压器结构

放入式电子测压器由测压器壳体、前后端盖、前后护膛环、压力传感器、电

路模块、电池组、倒置开关等组成,如图5-36所示。

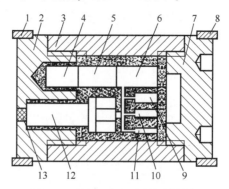

图5-36 放入式电子测压器结构
1—后护膛环;2—后端盖;3—测压器壳体;4—倒置开关;5—电路模块;
6—电池组;7—前端盖;8—前护膛环;9—控制组件;10—输出接口;
11—电源开关;12—压力传感器;13—传感器高压硅脂。

测压器壳体及前、后端盖采用超高强度钢制造,经热处理后达到额定强度,以保护压力传感器及电路模块在高温高压环境下不受破坏。前后护膛环用紫铜制作,防止测压器在膛内无规则运动时损坏膛线。压力传感器采用压电式压力传感器,其测量范围与工作频带应满足要求。电路模块主要由电荷放大器、控制电路、模/数(A/D)转换电路、存储器等组成,用来对压力传感器输出的电荷的变化进行变换、放大及存储。电池为可充电聚合物锂离子电池。倒置开关为测压器的关键部件,采用双球式结构,可有效地降低测压器保温过程功耗。

5.8.2 放入式电子测压器工作原理

射击前,将放入式电子测压器放于药筒底部。射击过程中,火药燃气压力作用在压电式压力传感器上,压电式压力传感器将压力的变化转变为电荷的变化。电荷放大器将压电式压力传感器输出的电荷转换为电压并进行放大和滤波。电荷放大器的输出信号为模拟信号,该信号由模/数转换器转换为数字信号后存入存储器中。射击结束后,将放入式电子测压器连接到计算机上,通过计算机将放入式电子测压器存储器中的信号读出,根据压电式压力传感器和电荷放大器的灵敏度即可确定出被测压力的大小。

在武器(或弹药)的内弹道测试过程中,为了提高测试精度或某一试验任务的需要,通常需要对试验用弹药进行保温(高温或低温),保温时间根据武器口径不同一般为24~72h。在利用放入式电子测压器进行压力测量时,放入式电子测压器必须在保温前放于药筒底部,随弹药一起保温。因其内部的电池容量有限,在随弹药一起保温时放入式电子测压器必须处于省电状态,在图5-36

中,电池只给控制电路提供工作电压,而电荷放大器、模/数转换器和存储器都处于断电状态。射击前短时间内必须通过电源控制装置使放入式电子测压器转为工作状态。这一任务由倒置开关完成。倒置开关采用双球式结构,如图 5-37 所示。倒置开关处于闭合状态时,小钢球将壳体和电极导通,电源通过电极和壳体向用电设备提供电源。倒置开关处于断开状态时,小钢球滑向如图 5-37(b)位置,切断电池与用电设备之间的回路。在将放入式电子测压器放于药筒底部时,应保证在弹药保温期间使倒置开关处于断开状态,而将药筒放入药筒后,应保证倒置开关处于闭合状态。

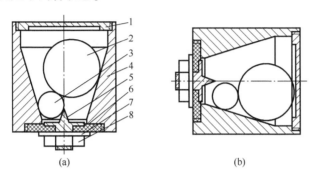

图 5-37 倒置开关结构原理
(a)开关闭合状态;(b)开关断开状态
1—端盖;2—大钢球;3—小钢球;4—壳体;5—电极;6—绝缘板;7—导电片;8—螺母。

5.8.3 放入式电子测压器分类及性能指标

在 GJB2870—97《放入式电子测压器规范》中从两个方面对放入式电子测压器进行了分类。按适应的压力范围分为 0~400MPa 和 0~800MPa 两类。按随弹药保温要求保温类别分为保高温、保低温和常温三类。

随着科学技术的不断发展,放入式电子测压器的技术也在不断更新,近几年新研制的放入式电子测压器量程有所增加,体积有所减小。原来压力范围为 0~400MPa 的放入式电子测压器量程已增加到 0~600MPa,体积减小到小于 80cm^3。而 0~800MPa 的放入式电子测压器体积减小到小于 102cm^3。新型放入式电子测压器操作规范的国军标正在制定中。

第6章

光学检测技术

6.1 光电式传感器

光电式传感器是一种将被测物理量通过光量的变化再转换成电参量变化的装置。光电式传感器是利用某些金属或半导体物质的光电效应制成的。当具有一定能量的光子投射到某些物质表面时,该物质表面逸出电子,或物体电阻率改变,或物体在某一方向产生电动势的现象叫作光电效应。根据光电效应发生的位置,光电效应可分为两类。

(1) 外光电效应。当物体受光照射时,电子从物体表面逸出的效应,如光电管、光电倍增管等。

(2) 内光电效应。当物体受光照射时,物体内部的电特性发生改变的效应,具体分为以下两种。

① 光电导效应。有些半导体材料在黑暗环境下电阻很大,受到光线照射时,若光子的能量大于半导体材料的禁带宽度,则禁带中的电子吸收了光子的能量后就会跃迁到导带,从束缚状态变成自由状态,激发出电子—空穴对,使半导体中载流子浓度增加,从而增加了导电性,使电阻值减小。照射光线越强,电阻值下降越多,光照停止,自由电子与空穴逐渐复合,电阻又恢复原来值,这就是光电导效应。具有光电导效应的器件有光敏电阻、光敏晶体管等。

② 光生伏特效应。是指在光的照射下使物体在某一方向产生电动势的现象,如光电池。外光电效应通常发生在金属材料上,内光电效应一般发生在半导体材料上。

6.1.1 光电管和光电倍增管

光电管种类较多,但原理基本一样,典型光电管结构如图 6-1 所示。它是一个装有阴极和阳极的真空玻璃管。阴极有多种形式,常用的有在玻璃管内壁涂上阴极涂料结构和在玻璃管内装有阴极涂料的柱面形极板结构两种形式。

阳极为置于光电管中心的环形金属板或置于柱面中心线的金属柱。

光电管的阴极受到光照射后便放射光电子，这些光电子被具有一定电位的阳极吸引，在光电管内形成空间电子流。例如，在外电路中串联适当阻值的电阻，则该电阻上将产生正比空间电子流的电压降，其值与照射在光电管阴极上的光强呈函数关系。

在玻璃管内充入惰性气体（如氩、氖等）即构成充气光电管。由于光子流对惰性气体进行轰击，使其电离，产生更多的自由电子，从而提高光电转换的灵敏度。

光电倍增管结构如图 6-2 所示。在玻璃管内除装有光电阴极和光电阳极外，还装有若干个光电倍增极。光电倍增极上涂有在电子轰击下能发射更多电子的材料，光电倍增极的形状及位置设置得正好能使前一级倍增极发射的电子继续轰击后一级倍增极。在每个倍增极间均依次增大电子流。设每级的倍增率为 δ，若有 n 级，则光电倍增管的光电流倍增率为 δ^n。

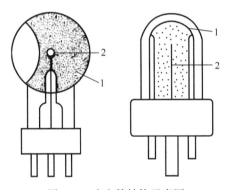

图 6-1　光电管结构示意图
1—阴极；2—阳极。

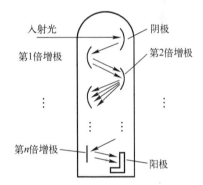

图 6-2　光电倍增管结构示意图

6.1.2　光敏电阻

1. 结构与工作原理

光敏电阻的结构如图 6-3 所示。它的光电转换元件是光电半导体，由于光电导效应仅限于光线照射的表面层，所以光电半导体一般做成薄片装在顶部有玻璃的外壳中，为了获得较高的灵敏度，光电半导体的电极一般采用梳状结构。

光敏电阻在不受光照时的阻值称"暗电阻"，暗电阻越大越好，一般是兆欧数量级。而光敏电阻在受光照射时的阻值称"亮电阻"，光照越强，亮电阻就越小，一般为千欧数量级。光敏电阻没有极性，使用时在电阻两端加直流或交流偏压，如图 6-4 所示。

图 6-3　光敏电阻的结构及梳状电极
（a）光敏电阻结构；（b）梳状电极。

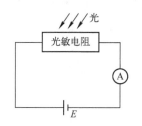

图 6-4　光敏电阻连接电路

2. 基本特性

1) 光照特性

光敏电阻的光电流与光照强度之间的关系称为光敏电阻的光照特性。一般光敏电阻的光照特性曲线呈非线性，因此光敏电阻常用在开关电路中作光电信号变换器。图 6-5 所示为硫化镉光敏电阻的光照特性。

2) 伏安特性

光敏电阻的光电流与外加电压之间的关系特性称为伏安特性。图 6-6 所示为硫化镉光敏电阻的伏安特性，由图可知，在给定的电压下，光电流的数值随着照射光的增强而加大，照射光强不变时，外加电压越高，光电流也越大，灵敏度随之增大。但最高工作电压受到允许耗散功率限制，不同元件有不同的规定，使用时应加以注意。

3) 光谱特性

光谱特性表示照射光的波长与光电流的关系。不同材料光敏电阻的光谱特性不同；同一材料照射光的波长不同时，光敏电阻的灵敏度也不同，如图 6-7 所示。从图 6-7 中可看出，光敏电阻的灵敏度有一个峰值，材料不同，灵敏度峰值对应的波长不同。如硫化镉适用于可见光，硫化铊适用于紫外线，而硫化铅则适用于在红外线区域工作。所以选择光敏电阻时，要与使用的光源结合起来考虑,才能获得较好的效果。

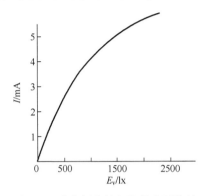

图 6-5 硫化镉光敏电阻的光照特性

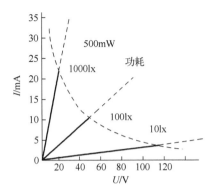

图 6-6 硫化镉光敏电阻的伏安特性

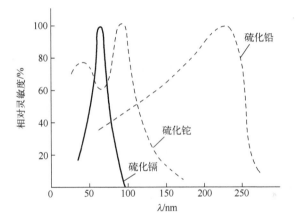

图 6-7 不同材料光敏电阻的光谱特性

4) 温度特性

光敏电阻与其他半导体器件一样,温度对其特性影响很大。温度升高时,暗电阻增大,灵敏度降低,同时图 6-7 中的光谱特性向短波方向移动。

5) 时间特性与频率特性

光敏电阻受到脉冲光照射后光电流不能立即达到饱和值,而要经历一段时间才能达到饱和值。光照停止后,光电流也不是立即完全消失,同样存在一定的延时,如图 6-8(a)所示,该性质称为光敏电阻的时间特性。上升时间和下降时间越短,表示光敏电阻的惯性越小,对光信号的响应越快。

频率特性表示相对光谱灵敏度与照度变化频率间的关系特性。不同材料的光敏电阻具有不同的时间常数,因而它们的频率特性也不同,图 6-8(b)所示为两种不同材料的频率特性曲线。

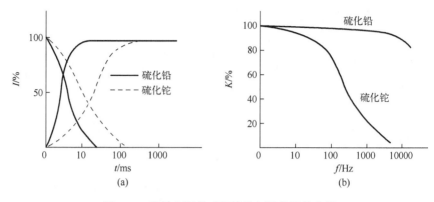

图 6-8　光敏电阻的时间特性与频率特性曲线
（a）时间特性；(b) 频率特性。

6.1.3　光电池

光电池是一种直接把光能转换成电能的元件。图 6-9 所示为硅光电池的结构。它有一个大面积的 PN 结，当光线照射到 PN 结上时，PN 结两端便出现电势，P 区为正极，N 区为负极。不同材料的光电池的灵敏度不同，因此应用光谱的范围也不同。硅光电池适用于波长在 $0.4 \sim 1.1 \mu m$ 范围内的光谱，硒光电池适用于波长在 $0.3 \sim 0.6 \mu m$ 范围内的光谱。因此，在实际使用中可根据光谱特性，选择光源性质或光电池。光电池有两个主要参数指标，即短路电流与开路电压。短路电流在很大范围内与光照强度呈线性关系，而开路电压与光照强度呈非线性关系。图 6-10 所示为硅光电池的开路电压和短路电流与光照强度的关系曲线。根据光照强度与短路电流呈线性这一关系，光电池常用作电流源。

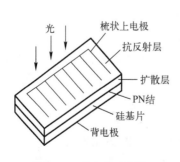

图 6-9　硅光电池结构

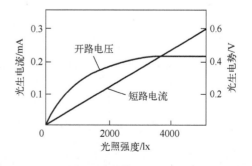

图 6-10　硅光电池的特性曲线

6.1.4 光电三极管

光电三极管与普通三极管相似,同样有 e、b、c 3 个极,但基极不引线,而是封装了一个透光孔。当光线透过光孔照到发射极 e 和基极 b 之间的 PN 结时,就能获得较大的集电极电流输出,输出电流的大小随光照强度的增强而增加,这就是光电三极管的工作原理。图 6-11 所示为光电三极管的伏安特性和光照特性曲线。光电三极管在不同照度下的伏安特性与普通三极管在不同的基极电流下的伏安特性非常相似。

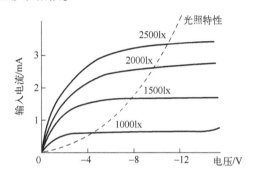

图 6-11 光电三极管伏安特性和光照特性曲线

光电三极管也分为硅管和锗管。两者对光线的波长反应不同。一般来说,硅管常用于可见光的测试,而锗管常用于红外光的测试。光电三极管在使用时,应使光电流、极间耐压、耗散功率和环境温度等不超过最大限制,以免损坏。由于光电三极管的灵敏度与入射光的方向有关,还应保持光源与光电三极管的相对位置不变,以免灵敏度发生变化。

6.1.5 光电式传感器应用及分类

自然界中有很多信息是通过光辐射形式传播的,如火灾造成的热辐射、被照明物体的光反射等。它们绝大多数用肉眼或常规仪器无法检测,而通过光电式传感器却可获得这些信息。光电式传感器是以光电器件作为转换元件,它可用于检测直接引起光学量变化的非电量,如光强、光照强度、辐射测温、气体成分分析等;也可用来检测能转换成光学量变化的其他非电量,如零件直径、表面粗糙度、应变、位移、振动、速度、加速度,以及物体的形状、工作状态的识别等。光电式传感器具有非接触、响应快、性能可靠等优点,因此在工业自动化装置和机器人中有着广泛的应用。

按照检测系统输出量的性质,可将光电检测系统分为模拟量光电检测系统和开关量光电检测系统。

1. 模拟量光电检测系统

它利用光电元件将被测量转换成连续变化的光电流,如图 6-12 所示。

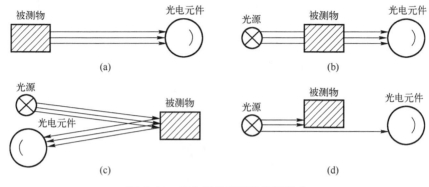

图 6-12 光电元件应用的几种形式
(a) 直射型;(b) 透射型;(c) 反光型;(d) 遮光型。

图 6-12(a)是被测物发出的光直接照射到光电元件上,光电元件将被测物辐射的能量转换为光电流,如光电比色高温计。

图 6-12(b)是检测透射光。光源发出的光穿过被测物时,部分被物体吸收后投射到光电元件上。吸收量与被测介质的透明度或混浊度有关,如检测液体、气体透明度的光电比色计,减光式感烟火灾报警器等。

图 6-12(c)是检测反射光。光源发出的光投射到被测物上后再反射到光电元件上。反射光的强度取决于被测物反射表面的性质和状态,如表面粗糙度传感器等。

图 6-12(d)是检测位移。光源发出的光被被测物遮挡了一部分,使照射到光电元件上光的强度变化,光电流的大小与被测物遮光的多少有关。利用这一原理可以测量零件的直径、长度及圆度等。

2. 开关量光电检测系统

它是将被测量利用光电元件转换成断续变化的光电流,通过测量电路输出开关量或数字信号。大多用于光、机、电结合的检测装置中,如电子计算机的光电输入机、数字光电转速计、光电计数器等。

光电式传感器常用于旋转机械的转速测量。通常分为反射式与透射式两种,二者均由光源、光敏元件、放大整形电路构成。国内已有测量转速用的光电式传感器的定型产品可供选择,其测速范围可达每分钟几十万转,且使用方便,对被测旋转体无干扰。图 6-13、图 6-14 所示分别为反射式、透射式光电转速传感器,测量时只需在被测轴上布置一定间隔的反光面或透光孔便可工作,当光束透过与轴一起转动的圆盘孔或被某一反光面反射时,便会输出一个电脉冲信号。

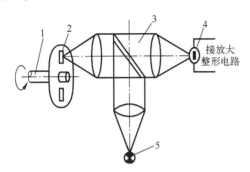

图 6-13 反射式光电转速传感器
1—玻测轴；2—反光面；3—透镜组；
4—光敏元件；5—光源。

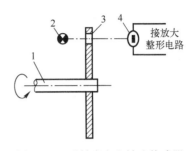

图 6-14 透射式光电转速传感器
1—旋转轴；2—光源；
3—开有通孔或齿槽的圆盘；4—光敏元件。

6.2 装甲车辆武器系统常用光学检测手段

6.2.1 光学星形测径仪

火炮身管内膛直径尺寸测量属于计量学的长筒内径测量，常用的测量方法有机械测径、光栅测径、激光测径等。光学星形测径仪，测量炮膛直径从 ϕ45mm 到 ϕ570mm 范围内，最大深度为 20m 的滑膛炮和线膛炮，利用附件时，还可以测量炮膛药室部分的直径。

1. 基本结构

光学星形测径仪主要由观察望远镜、三脚架、准直仪、照明装置、定心支撑环、接杆等组成。

准直仪在炮膛内由定心支撑环自行定中心，按阳线、阴线或滑膛炮内径测量时，光学星形测径仪的全套设备中配备有一套带导头的可更换的测量头，导头的作用是保证准直仪测量头沿被测阳线或阴线运动，其移动的距离由接杆上的刻线来确定。

利用光学星形测径仪测量内径时，被测炮膛直径的变化，是通过准直仪部分测量头的测杆顶在滑板上，而滑板上固定了两块分划板作相对移动，由观察望远镜读出分划板相对移动的数值，从而达到测量炮膛内径的目的。

分划板最小格值为 0.02mm，实际测量时可以估读到 0.01mm。

2. 测量方法

（1）根据被测炮膛阳线或阴线的宽度，选用不同的导头，以保证测量头正确地沿膛线运动,对于滑膛炮选用不同的球面状导头即可。

(2) 用外径千分尺(或样圈),按被测身管阳线或阴线的公称尺寸校正仪器零位,所谓校正仪器零位,是调整微调螺钉,通过观察望远镜来观察准直仪的其中一个分划板(标号分划板称副尺)刻线与另一个分划板(刻度分划板称主尺)刻线对齐。可以使零和零对齐,也可以使任意两个数对齐,但是必须记住两数之和(俗称对数)。例如,4 和 2 对齐,则记对数为 6。

(3) 将观察望远镜架于炮尾端三脚架上或插入火炮药室部分(如测量坦克炮时),准直仪从炮口端通过接杆逐渐往身管纵深移动,移动距离由接杆刻线确定。当炮膛直径与事先校对的公称尺寸发生变化时,则从观察望远镜看到准直仪内两个分划板刻线相互错开,此时即读得炮膛直径的变化值。当接杆往身管纵深移动一定距离,必须在接杆上加正撑环,以保证接杆中心与炮膛轴线基本一致。

(4) 读数规则。

① 记住仪器校正零位时的对数。

② 若副尺的数字与主尺的数字对齐,则两数相加即读得结果。

③ 若副尺的数字处在主尺两个数字之间。则首先把副尺上的数字和主尺上与之靠近小的一个数字相加;然后加上处在此两相加数字之间的格值(主尺每一小格值为 0.02mm)。

a. 对于 $\phi 45mm \sim \phi 76mm$ 测径仪。格值往主尺大的数字方向读数为正,相反往小的方向读数为负。

b. 对于 $\phi 76mm$ 以上测径仪。格值往主尺小的数字方向读数为正,相反往大的方向读数为负。

(5) 被测量炮膛实际尺寸等于校正尺寸(被测炮膛直径的公称尺寸)加仪器读数结果校正仪器零位时的对数。

利用光学星形测径仪及其附件可以直接测量药室各断面直径,测量方法与身管直径测量相同。

3. 关于测量误差

根据药室的结构,药室直径的测量主要是锥度的直径测量。利用光学星形测径仪测量时,其测量头基本是圆柱形,在校正仪器零位时,校正尺寸是通过测量头中心来确定的,一般选用球面状导头,所以测量某截面锥度直径不是反映测量头中心的实际尺寸,测量中带来一定的误差。另外,在测量某截面直径时,距身管尾端面的距离稍有变化,也会引起测量误差,锥度越大,测量误差越大,当锥度 $K=1/10$,若测量头轴向距离相差 1mm,则误差达 0.1mm,若最大锥度为 $K=1/1.86$,距离相差 1mm,误差可达 0.54mm。

从上述分析,用光学星形测径仪进行药室直径的测量误差较大,为了确保测量精度,每次测量时,一定要严格控制测量头距身管尾端面的距离。同时,药室直径应重复测量3次,取算术平均值得测量结果,根据测量数据绘制出药室断面图。

6.2.2 光栅测径仪

1. 设备概述

炮膛光栅测径仪主要用于100mm、105mm火炮炮膛阴线和阳线直径和125mm火炮炮膛内径的测量。

本仪器采用全数字测量技术,性能稳定、可靠,测量精度高,可液晶实时显示和现场打印测量结果。

仪器结构简单,体积小、重量轻,操作简便易行,可明显提高工作效率。

仪器可交直流两用。采用的直流输入保护措施,可有效避免正负极误接线所造成的损坏。

2. 结构原理

炮膛光栅测径仪主要由光栅传感器、测量头本体、浮动体、前后连接管、前后定心环、导向头体、推拉杆、支承盘、光栅数显表、微型打印机、直流电源、导线等组成,如图6-15所示。

1) 测量头本体

测量头本体与前后连接管相连为一体。测量头本体用以安装浮动体;前后连接管用于连接和安装前后定心环。

2) 浮动体

浮动体是测量头主体,内部装有光栅位移传感器,下部装有支撑头、浮动体弹簧和弹簧座等,测量不同口径火炮,需要更换不同的弹簧和弹簧座。

3) 定心部

前定心部由前定心环和带导向头的导向头体组成;后定心部由后定心环和带导向头的导向头体组成。装上不同尺寸的前、后定心部,即可测量不同口径火炮的炮膛直径。

4) 导向头

导向头安装在导向头体上,用于引导测量头沿膛线测量。对于同一口径火炮,通过导向头体的不同固定位置来实现阳线或阴线的直径测量。不同膛线结构的火炮,要选择安装不同尺寸的导向头。测量不同口径火炮时,要选择相应的导向头体来安装。

5) 支撑头

不同尺寸的支撑头,其中:

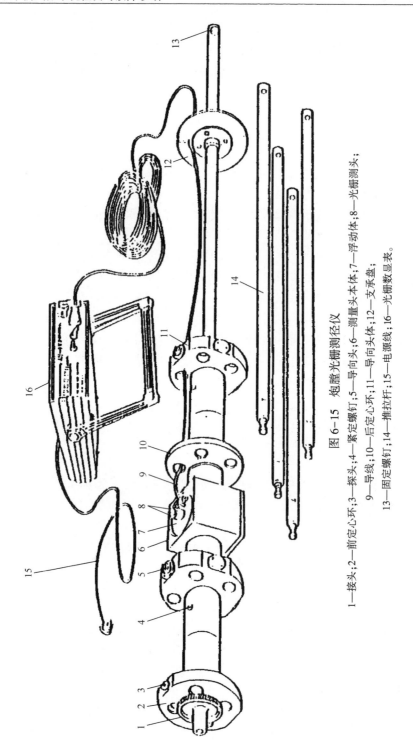

图 6-15 炮膛光栅测径仪

1—接头；2—前定心环；3—探头；4—紧定螺钉；5—导向头；6—测量头本体；7—浮动体；8—光栅测头；9—导线；10—后定心环；11—导向头体；12—支承盘；13—固定螺钉；14—推拉杆；15—电源线；16—光栅数显表。

短的支撑头用于测量 76.2mm 火炮的阴线和阳线直径；

中等长度的支撑头用于测量 100mm 火炮的阳线直径；

长的支撑头用于测量 100mm 火炮的阴线直径。

6）推拉杆

推拉杆每节长度为 500mm，上面有编号、刻度线和数字，用以确定测量深度。支撑盘用于支撑推拉杆和导线。

7）光栅数显表

光栅数显表的前后面板如图 6-16、图 6-17 所示。

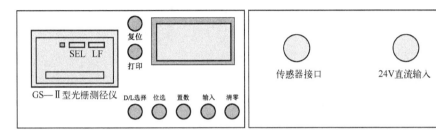

图 6-16 光栅数显表前面板图　　图 6-17 光栅数显表后面板图

光栅数显表的前面板上装有液晶显示屏、点阵式微型打印机，设有"复位"按钮、"打印"按钮、"D/L 选择"按钮、"位选"按钮、"置数"按钮、"输入"按钮、"清零"按钮。

打印机上设有状态选择键（SEL）和走纸键（LF）。打印机可以方便地从面板上取下并更换打印纸和色带。

仪器的后面板上有 10~28V 直流电源插座、光栅位移传感器输入插座和电源开关。

仪器底部的支架可以改变角度，便于观察测量结果。

仪器可在野外条件下直接使用 12V 或 24V 的坦克电瓶（不分正负极）进行测量，也可使用专门配备的直流电源在（220±20）V 的交流电源环境下使用。

3. 工作原理

光栅是采用光栅叠栅条纹原理测量位移的传感器。光栅是在一块长条形的光学玻璃上密集等间距平行的刻线，刻线密度为 10~100 线/mm。由光栅形成的叠栅条纹具有光学放大作用和误差平均效应，这种传感器的优点是量程大和精度高，光栅传感器可测量静、动态的直线位移和整圆角位移。传感器由标尺光栅、指示光栅、光路系统和测量系统 4 部分组成。标尺光栅移动时，便形成大致按正弦规律分布的明暗相间叠栅条纹。这些条纹以光栅的相对速度移动，并直接照射到光电元件上，在它们的输出端得到一串电脉冲，通过放大、整形、辨向和计数系统产生数字信号输出,直接显示被测的位移量。

图 6-18 所示为光栅测径仪在炮膛内工作情况图。整个系统的工作原理为火炮身管不同深度直径的变化,迫使顶在膛线上的测量杆进行相应的伸缩,并带动与其相连的标尺光栅和指示光栅作相对移动,光栅传感器应用莫尔条纹原理,将此位移转换成相应的电信号,经放大器、接口板,通过显示器显示测量结果。

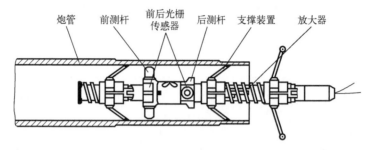

图 6-18　光栅测径仪

4. 性能参数

光栅测径仪采用全数字测量技术,性能稳定可靠,可液晶实时显示测量结果。仪器结构简单,操作简便易行,可明显提高工作效率和测量精度。其主要技术性能:

系统测量误差小于 0.01mm;

示值误差为 ±0.001mm;

显示方式为背光液晶显示;

工作电源交流 220V,直流 24V。

5. 使用方法

(1) 仪器的连接:根据被测火炮身管验收技术条件的规定,选择相应的测量部件,组装成测量装置,连接导线的各插头,并以总电源、分电源的顺序接通各路开关。

(2) 仪器校正:校正仪器的标准值,以确保仪器准确无误,满足精度要求。

(3) 仪器操作:将校正好的测量装置从炮口端装入被测的身管内膛并用带刻度的连接杆使其在膛内移动,按火炮内膛测量规程的要求进行全膛测量。对每一个测量点的数据进行采集。

(4) 测量完毕,按开启电源的相反顺序关闭电源,拆卸导线和各测量部件。

6.2.3　火炮窥膛镜

1. 设备概述

装甲车辆火炮窥膛镜主要用于直接确定 100mm、105mm 和 125mm 火炮炮膛内壁上的疵病,如锈蚀、裂纹、划伤、挂铜及膛线脱落等。并可确定疵病所在的位置和大小,以确定火炮内膛的表面状况。

2. 构造与工作原理

仪器主要由物镜、光学管、目镜、照明灯头,定心圆盘及刻度尺组成。其中光学管有4组,在每组光学管内都装有转相机构,第一组管子称为主管,其余分别为第一、第二和第三辅助管。目镜可接在任意一个主管和辅助管上进行观察。照明灯头安装在主管上,定心圆盘安装在第一和第二、第二和第三以及第三和第四光学管之间,用于给光学管支撑和定心。

各部件结构说明如下。

1) 光学主管

主管由两个总长为1.3m长的铝管制成。管的外表面刻有相距为10cm的刻线,刻线上刻有数字。管内装百转相机构的全部透镜。主管的左端嵌入物镜管,右端则通过装有两个弹性销钉的套管与目镜或辅助管相连。

2) 光学辅助管

辅助管是由两个总长为1.5m长的铝管制成。管的外表面与主管相似也刻有相互距离为10cm的刻线及数字。左端有两个台肩用于固定定心圆盘,右端带有连接另一个辅助管或目镜的套管。管内装有辅助转相机构的全部透镜。

3) 目镜

目镜透镜固定在镜框上,在镜框的一端有目镜盖。镜框置于目镜头内,目镜头则与套筒相连接,在套筒上拧有左螺纹垫圈。使用仪器时可旋转套筒使目标清晰。

4) 物镜

物镜由固定在镜框内的全部物镜透镜及管子组成。管子左端与照明灯头相连,右端则与主管相连。

5) 照明灯头

灯头是照明被测火炮内膛的光源。它的右端拧在管子上。划板与其上固定有供侧视观察时用的反射镜框相连,并可沿灯头体上的导轨左右滑动,侧视时划板移到最右端,作圆周观察时可依被测火炮的孔径大小滑至适当位置,此位置由框子上的刻线确定。

6) 刻度尺

刻度尺用于测定疵病的位置和测定疵病的大小。尺上的刻线数字与炮口指示的管子上的刻线数字的总和就是疵病位置到炮口的距离。

随着孔径的增大,最近的可见点到物镜的距离也随着增加,因而尺子也需相应增长。仪器毫米的尺子使用时应插入 $\phi 100mm$,$\phi 105mm$ 或 $\phi 125mm$ 第一个定心圆盘的三个孔中固定。

7）定心圆盘

定心圆盘是仪器检查火炮内膛时的支撑体，同时它可使仪器和被测火炮的中心线大体一致。仪器附有 ϕ100mm，ϕ105mm 及 ϕ125mm 火炮用的 3 套圆盘，每套共 4 件。它们依次放置在照明灯头、主管及个辅助管之间。其中 ϕ100mm、ϕ105mm 及 ϕ125mm 用的 3 套圆盘中置于照明灯头与主管间的一个圆盘有固定刻度尺的 3 个小孔。

3. 主要性能与技术参数

（1）仪器视场角 70°。

（2）观察深度为 6m。

（3）出瞳直径为 1.01±10%。

（4）出瞳距离为 11±20%。

（5）鉴别率：在物镜前光轴上距物镜第一透镜 205mm 时不低于 5 线对/mm。

（6）电源：24V 或 220V 交流电。

（7）侧视和直视放大率依被试火炮孔径而定。

第7章

枪炮噪声检测技术

发声体(声源)的振动,通过中间的空气介质以纵波的形式传播到人的耳朵中,使人的听觉能感受到的,称为可听声,可听声的频率范围为 20Hz~20kHz。声音的音调高低由它的频率决定,声音的强弱则由空气波传递的能量多少决定。从物理学的观点说,噪声是由许多不同频率和不同强度的声波,杂乱地、无一定规律地组成的一种不协调的声音。

多年来人们对噪声的研究十分重视,研究表明,噪声对人的听力有十分明显的影响,进一步研究指出,噪声对人的心脏系统、神经系统也有影响。噪声是如此广泛的存在,它严重危害着人们的健康。在兵器行业,枪炮噪声造成靶场人员职业性耳聋已为人熟知,对它的测量、防范和治理,并对定型武器提出噪声安全要求,已成为兵器质量安全部门的重要任务。

枪炮噪声究其实质仍然是武器中的特有声波,是不需要而且有危害作用的噪声,对于噪声,我们要抑制它、防范它。例如,要研制一种夜间作战、侦察用的微声冲锋枪。首先,确定噪声指标,限定该枪射手处峰值声压不得超过 100dB;然后,在设计消声器前,必须测量这种枪的噪声特性,诸如幅度大小、频率分布、声压场等,为消声器的设计提供必不可少的准确的参数。又如,战士用的耳罩,既要使战士免受炮声"隆隆"之苦,又要使战士能正常地进行会话,小小耳罩的研制也要经历指标、测量和噪声控制设计的过程。

7.1 噪声的物理度量

噪声(或声音)的强弱以声压级、声强级和声功率级的大小来表示。

7.1.1 声压级

当空气中声波传播时,会引起空气的压力波动,而空气压力总是在原大气压附近起伏变化的,因此空气压力相对于原大气压力出现了增量,称空气压力的这个增量为声压,声压的单位为 Pa(N/m^2)。声压反映了声波振幅的大小,表示声音的强弱。正常人听到的频率为1000Hz,但声压不同的声音,给人的感觉是不一样的。人耳刚刚能听到的声压是 $2×10^{-5}$Pa,这个声压称为听阈声压,当声压达到20Pa时,人听到会产生痛觉,称为痛阈声压。因此,人耳听觉能感受到的声压范围大约为 $2×10^{-5} \sim 2×10$Pa。显然人耳听觉感受的声压范围很大,事实上,用声压表示人耳听觉感受声音的强弱很不方便。为了使用时方便,采用了声压级来表示声音的强弱。如果某一声音的声压为 p,该声音的声压级定义为

$$L_p = 20\lg \frac{p}{p_0} \tag{7-1}$$

式中:p 为声压(Pa);p_0 为基准声压,在空气中取听阈值 $2×10^{-5}$Pa 作为基准声压,即 $p_0 = 2×10^{-5}$Pa;L_p 为声压级,是相对量(dB)。

根据可听声的声压范围,由式(7-1)可知,听阈声压级为0,痛阈声压级为120dB。

可见用声压级表示声音强弱,不但使用方便,而且也符合人耳对声音的感觉。噪声测量仪器中,一般是测量噪声的声压值,如果需要将声压换算到声压级,可由测量仪表中的运算电路来完成。

7.1.2 声强级

声强是在垂直于声波传递方向上,单位时间内通过单位面积的声能。噪声测量中也不直接用声强表示声音的强弱,而是采用声强级表示,如果某声音的声强为 I,该声音的声强级定义为

$$L_I = 10\lg \frac{I}{I_0} \tag{7-2}$$

式中:I 为声强(W/m^2);I_0 为基准声强,取听阈声强 10^{-12} W/m^2 为基准声强,即 $I_0 = 10^{-12}$ W/m^2;L_I 为声强级(dB)。

7.1.3 声功率级

声功率级是表示噪声强弱的另一种应用广泛的物理量,声功率级测量的优点是:声压级测量随测点位置和环境的不同,测量结果会有所不同,误差较大;声功率级测量考虑的是声源的声功率输出,受测点位置和测量环境的影响较小,结果较准确。声功率级的数学表达式为

$$L_W = 10\lg \frac{W}{W_0} \tag{7-3}$$

式中：W 为待测声功率（W）；L_W 为声功率级（dB）；W_0 为基准声功率值，$W_0 = 10^{-12}$ W。

7.1.4 分贝的运算

在噪声的现场测试中，常会遇到不只一个噪声源，有时一个噪声源的分贝值也常随频率和时间在变化。因此实际分析中常会用到有关分贝值的计算。由于分贝值的概念是一个相对比较后取对数的量值，所以分贝值的计算不能和一般的自然数运算一样。例如，有两台机器在各自单独运行时，其噪声都是85dB，而两台同时运行时其总噪声仅比一台单独运行时增加 3dB，即两台同时运行时总噪声为(85+3)dB=88dB。

1. 分贝值的相加

设两个以上互相独立的噪声源，其声压和声压级分别为 p_1、p_2、…、p_n；L_{p1}、L_{p2}、…、L_{pn}，若 i 为 1、2、…、n，则第 i 个声压 p_i 和声压级 L_{pi} 的关系式为

$$L_{pi} = 20\lg \frac{p_i}{p_0} = 10\lg \left(\frac{p_i}{p_0}\right)^2 \tag{7-4}$$

$$\left(\frac{p_i}{p_0}\right)^2 = 10^{\frac{L_{pi}}{10}} \tag{7-5}$$

若 n 个噪声同时存在，其总声压级为 L_{pT}，则

$$L_{pT} = 20\lg \frac{p_1}{p_0} + 20\lg \frac{p_2}{p_0} + \cdots + 20\lg \frac{p_n}{p_0} = 20\lg \left[\sum_{i=1}^{n} \left(\frac{p_i}{p_0}\right)\right]$$

$$= 10\lg \left[\sum_{i=1}^{n} \left(\frac{p_i}{p_0}\right)^2\right] = 10\lg \left[\sum_{i=1}^{n} 10^{\frac{L_{pi}}{10}}\right] \tag{7-6}$$

若有两个独立声源，且声压相等，即 $p_1 = p_2 = p$，则

$$L_{p1} = L_{p2} = 10\lg \left(\frac{p}{p_0}\right)^2 \tag{7-7}$$

两个声源同时存在时，总声压级为

$$L_{pT} = 10\lg 2\left(\frac{p}{p_0}\right)^2 = 10\lg \left(\frac{p}{p_0}\right)^2 + 10\lg 2 \approx 10\lg \left(\frac{p}{p_0}\right)^2 + 3 \tag{7-8}$$

由上可知，若两个声压级（分贝值）相等的噪声源同时存在，其总的分贝值仅比一个噪声的分贝值多了3dB。而当两个噪声源的分贝值之差等于或大于10dB时，其总的分贝值仅比两个中较大者大，但不超过 0.5dB。这点很重要，它很清楚地说明，在这种情况下，总分贝值近似等于两个中分贝值较大者。实际

在运算中为了方便求和,常应用分贝和的增值表(表 7-1)或分贝和的增值图(图 7-1)来进行分贝的求和运算。

表 7-1　分贝和的增值表　　　　　　　单位:dB

级差 $\Delta = L_{p1} - L_{p2}$	0	1	2	3	4	5	6	7	8	9	10
加在 L_{p1} 上的增值 ($L_{p1} > L_{p2}$) ΔL	3.0	2.5	2.1	1.8	1.5	1.2	1.0	0.8	0.6	0.5	0.4

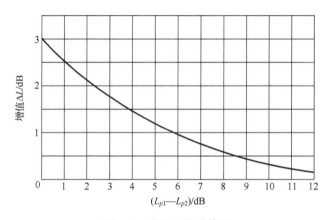

图 7-1　分贝和的增值图

例:已知 $L_{p1} = 75\text{dB}$, $L_{p2} = 72\text{dB}$,求两噪声同时存在时总声压级 L_{pT}。

解:由 $\Delta = L_{p1} - L_{p2} = 3\text{dB}$,查表 7-1 或图 7-1 得增值 $\Delta L = 1.8\text{dB}$ 则 $L_{pT} = L_{p1} + \Delta L = (75+1.8)\text{dB} = 76.8\text{dB}$。

2. 分贝值的相减

在实际噪声测量中,为确定某一个独立噪声源产生的噪声分贝值,往往测量出的是总的噪声的分贝值。此总噪声中不仅包括了被测的噪声源,还包括了其他无关的干扰噪声,这些干扰噪声称为本底噪声(或称背景噪声)。因此,在进行噪声测量之前,使噪声源先不发声,先对本底噪声进行测量。为确定噪声源的噪声分贝值,应从总噪声中减去本底噪声,此即是分贝值的相减问题。

若 L_{pT} 为总噪声的声压级值, L_{pe} 为本底噪声的声压级值, L_{ps} 则为噪声源的声压级值:

$$L_{ps} = L_{pT} - L_{pe} \tag{7-9}$$

3. 分贝值的平均运算

在工程实际中有时也用到分贝值的平均。由分贝求和公式,即

$$L_{pT} = 10\lg\left[\sum_{i=1}^{n} 10^{\frac{L_{pi}}{10}}\right] \tag{7-10}$$

将式(7-10)括号内的和除以个数 n 即可得平均分贝值:

$$L_{pT} = 10\lg\left[\frac{1}{n}\sum_{i=1}^{n} 10^{\frac{L_{pi}}{10}}\right] \tag{7-11}$$

分贝的平均运算在此不再举例,后面等效连续 A 声级的计算即为分贝的平均。

7.2 噪声的主观评定

噪声的主观评定就是以人的听觉来评定噪声的强弱。因为人的听觉对声音强弱的感受与以物理量来表示的不完全一致,人耳听到的声音大小(响不响)不仅与声压有关,还与其频率有关。人耳对高频声音敏感,对低频声音则迟钝,对两个声压相同但频率不同的声音,人听起来就不一样响,频率高的听起来响些。由于主要考虑噪声对人体健康的危害,因此对噪声不仅要研究其物理参数,还要探讨噪声的主观评定。

7.2.1 纯音的响度级和等响曲线

为了说明噪声的主观评定,首先讨论纯音的主观评定。所谓纯音,就是声压与时间的关系为一正弦曲线,即具有单一频率的声音。现实中纯音是很少见的,对纯音用响度级来主观评定。纯音的响度级是在纯音的等响曲线上确定的。图 7-2 所示为纯音的等响曲线。它是根据大量的听觉正常人的比较试听,把尽管频率和声压级都不相同,但听起来响度是相同的点连接起来而得到的曲线。这一簇曲线是人耳听觉范围内的等响曲线,此曲线表达了响度相同的纯音的声压级与频率的关系。从曲线上可知,同样响的不同频率的纯音的声压级值不一定相同;同一条曲线上各频率的纯音一样响,具有相同的响度级值。每条曲线的响度级值是等于该曲线上基准音(1000Hz 的纯音)的声压级的数值,响度级的单位以"方"(phon)表示。每条曲线的上面标出的数字就是该曲线的响度级值。如标 30 的曲线,在该曲线上各频率的纯音响度级均为 30phon,但声压级值则不同。由图 7-2 可以看出,只有 1000Hz 的纯音声压级为 30dB,但 100Hz 的纯音声压级则为 43dB。最下面一条虚线为听阈线(MAF),响度级为 0。从等响曲线上也看出人耳对低频声音不如对高频声音敏感。在进行纯音测量时,如果已测得某纯音的频率和声压级值,便可从等响曲线上查得响度级值。

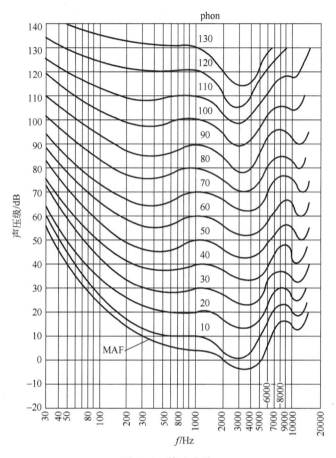

图 7-2 等响曲线

7.2.2 宽带噪声的主观评定

人们日常工作和生活中听到的噪声一般都含有多种频率成分,其频率范围可占相当宽的频带,即所谓宽带噪声,评定它要比评定纯音复杂得多。常用的方法为 A 声级、等效连续 A 声级、噪声评价数 NR 法和等响指数曲线法等。

1. A 声级 L_A

宽带噪声中各频率成分的强度(声压级)是无一定规律的。由于人耳对各频率成分的敏感程度不同,因此仅测量出噪声的总声压级并不能确切反映人耳对噪声的感觉。噪声测量常用的仪器是声级计,这类仪器设置了一种特殊的滤波器——计权网络。计权网络是模拟人耳对声音的响应,将通过它的噪声中的不同频率成分的声压信号作不同程度的衰减,各频率成分的衰减是仿照了等响曲线来进行的。这样,当噪声通过计权网络后得到的结果就不再是客观的物理量(噪声的总声压级),而是对某些频率成分的声压进行了衰减的一个声压值,这个值称为计权声压级,简称声级,其单位是 dB。

一般的声级计中都设置了 A、B、C 3 种计权网络。图 7-3 所示为三种计权网络的频率响应曲线,它们近似地模拟了 40phon、70phon、100phon 的等响曲线。从图 7-3 知三种计权网络的区别在于对通过它们的同一频率的噪声衰减值不同,如某噪声通过 A 计权网络,则其中频率为 50Hz 的成分衰减 31dB,而频率为 200Hz 的成分衰减 12dB;当通过 B 计权网络时,则分别衰减 11dB 和 3dB。

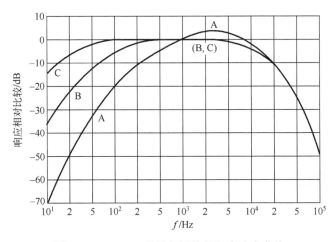

图 7-3　A、B、C 3 种计权网络的频率响应曲线

用声级计测量噪声时,可选 A 计权网络,或选 B、C 计权网络。如选 A 计权网络,则被测噪声信号通过 A 计权网络,最后指示的数值称 A 声级,以 L_A 表示,其单位写作 dB(A)。如选 B、C 计权网络,则称 B 声级或 C 声级,以 L_B 或 L_C 表示,其单位写作 dB(B) 或 dB(C)。

经大量试验证明,用 A 声级来评定噪声与人耳感觉比较接近,也就是噪声的 A 声级数值的大小,能够体现人耳感觉噪声对人的吵闹程度和对人的听力的损伤程度。因此,目前许多国家都把 A 声级作为评定噪声强弱的尺度之一。正如前面所介绍的,我们测出噪声的 A 声级值,并不是噪声的总声压级值。

2. 等效连续 A 声级 L_{eq}

在噪声是稳定连续的情况下,用 A 声级来评定它较合适,而噪声是非稳定连续情况则用等效连续 A 声级评定。什么是等效连续 A 声级呢?在声场中某一定点的位置上,对某段时间内暴露的几个不同 A 声级,采用能量平均的方法,以一个在相同时间内能量与之相等的稳定连续 A 声级来表示该段时间内非稳定的噪声大小,这个稳定连续 A 声级就是不稳定噪声的等效连续 A 声级,以 L_{eq}

表示。实际应用中用下式计算(此式即是分贝的平均运算):

$$L_{eq} = 10\lg \frac{1}{T}(t_1 \times 10^{\frac{L_{1A}}{10}} + t_2 \times 10^{\frac{L_{2A}}{10}} + \cdots) \qquad (7-12)$$

式中:L_{eq} 为等效连续 A 声级(dB);t_1、t_2 … 为 L_{1A}、L_{2A} … 所对应的暴露时间(min 或 s);L_{1A}、L_{2A} … 为 t_1、t_2 … 时间内的 A 声级(dB)。

7.3 信号测量系统组成及其工作原理

声学信号测量系统组成如图 7-4 所示。

图 7-4 声学信号测量系统

声学信号测量中,最基本的量是声压。对于稳态声,通常只要求测量声压和声压频率特性,而声强、声功率等量则可以由声压测量导出。

7.3.1 声级计

声级计是噪声测量中最常用、最简单的测量仪器,其体积小、重量轻、用干电池供电、携带方便。它不仅可以单独测量声压级值,而且还可以和相应的仪器或附件配套作频谱分析及振动测量用。声级计一般有普通级和精密级两种,测量机床噪声采用精密级。国产精密级声级计有 ND_1 和 ND_2 型,其测量误差为 ±1dB,图 7-5 所示为 ND_2 型精密声级计的外观图。声级计由传声器和其他器件电路两个基本部分组成。

声级计的工作原理:声压信号通过传声器被转换为电压信号,由前置放大器变换阻抗使之与衰减器匹配,然后输入放大器成为具有一定功率的电信号,再通过具有一定频率响应的计权网络对信号进行计权处理(分 A 挡、B 挡、C 挡、L 挡即线性挡),经过计权处理的信号再经衰减器及放大器把信号放大到一定的幅值,通过均方根检波器就可以推动以分贝定标的

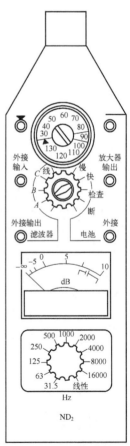

图 7-5 ND_2 型精密声级计外形图

指示表头。

1. 传声器概述

传声器也称扬声器,它是一种声电换能器件,能把声压信号转换成电信号。按换能原理和元件结构的不同,传声器主要有 4 类:电动式、压电式、电容式和永电体式传声器,在此只介绍常用的电容式传声器。

电容式传声器主要由振膜和背极构成电容的两个极板。振膜是一个拉紧的金属膜片,其厚度为 0.0025～0.05mm,和振膜相对的是背极,背极靠绝缘体与空腔壁绝缘。振膜与背极之间保持一定的距离,并加一直流电压(极化电压),使振膜与背极保持一个不变的充电状态,如图 7-6 所示。

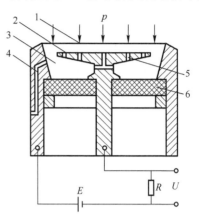

图 7-6 电容式传声器结构简图
1—振膜;2—背极;3—内腔;
4—毛细孔;5—阻尼孔;6—绝缘体。

当振膜在声压作用下振动时,两极板距发生变化,引起电容的变化,从电路上可看出输出电压产生了和声压信号相应的变化。

电容式传声器是目前较理想的一类传声器,它体积小,灵敏度高,在很宽的频率范围内响应平直,输出性能稳定。但这种传声器受外界影响大,潮湿情况下不能正常工作,通常用在精密声级计上。

2. 传声器主要特性

1) 灵敏度

传声器输出电压与有效声压的比值。按负载可分为空载灵敏度和有载灵敏度。按测量声压方法可分为声压灵敏度和声场灵敏度。

2) 灵敏度指向性

灵敏度随声波入射方向变化的特性。

声波以 θ 角入射时传声器灵敏度与轴向入射($\theta=0$)时灵敏度之比为灵敏度指向函数,即

$$R(\theta)=\frac{E_\theta}{E_0} \tag{7-13}$$

3) 等效噪声级

没有声波入射时,环境空气压力的起伏和传声器电路的热噪声,在传声器前置放大器输出端有一定的噪声电压,称为固有噪声。固有噪声决定了传声器

所能测量的最低声压级,通常用等效噪声级描述。一声波作用于传声器时,产生的输出电压与固有噪声电压相等,这一声波的声压级就等于传声器的等效声压级。电容式传声器的等效噪声级一般不大于20dB。

4) 最高声压级与动态范围

在强声波作用下,传声器的输出会产生非线性畸变。当畸变达到3%时,此时的声压级习惯上规定为传声器能测量的最高声压级。最高声压级减去等效噪声级就是测量传声器的动态范围。一般电容式传声器最高声压级为160dB,容许超过3%的谐波畸变,则可提高10~15dB,接近了传声器膜片破裂的情况。

5) 稳定性

温度、湿度、气压等环境条件的变化会影响传声器灵敏度,用稳定性来描述这种变化的影响。较理想的传声器,应该具有较高的灵敏度,宽而平直的频率特性,足够的动态范围,良好的长期稳定性,并且要求传声器的体积小,满足没有指向性的要求,以免干扰被测量的声场。

3. 其他器件

传声器是声级计的主要构成部分,除了它以外,还有放大器、衰减器、计权网络、指示仪表,关于这些器件在此不再作细述。

7.3.2 频率分析仪

在噪声测量中,只测量噪声的声压级值或测噪声总的声压级值往往是不够的,因为这些数据是噪声所有频率成分的综合反映。为了了解噪声的频率结构,需要掌握噪声各频率成分的声压级值。也就是说,要对噪声信号进行频谱分析,找出其频谱。

噪声的频谱分析也是按一定宽度的频带进行的,通常使用带通滤波器。频谱分析仪也分为恒带宽分析仪和恒定百分比带宽分析仪两类。

ND_2声级计自身也附带有倍频程滤波器,它只能作一些简单的频谱分析。测量声压时传感器为传声器,放大器为传声器放大器;测量声强时,声强探头中包含了传感器和放大器。

7.4 枪炮噪声的安全标准

1. 安全标准

完全消除噪声是不可能的。问题是应该制定一个标准,既能允许工业生产、社会活动、军事行动的正常进行,又不至于危害人们的身心健康。以噪声对听力的影响为例,许多国家做了大量工作,在美国就制定了三类噪声标准:听力保护标准、听力损伤危险标准、装备设计标准。20世纪70年代以来,我国也制定了相应的标准。

图7-7所示为是美国军用标准MID-SID-1474B(MI)军用设备的噪声极限,它是以听力损伤危险、语言清晰度、人耳感觉、降噪技术水平以及美国各联邦与州的法规等衍生而来的一种设计标准,其目的是希望能概括典型的工作条件。该标准适用于向有人的场所发射噪声的所有新系统、子系统、设备和装置的设计。

图7-7中指出设备噪声在W线之上,必须使用听力保护器,高于Z曲线则不允许,听觉保护必须遵守X、Y、Z限制。它向我们揭示一个重要事实:噪声对听力的损伤,不仅与声压的峰值有关,而且与持续时间B有关。持续时间B是一种另有特殊意义的持续时间。

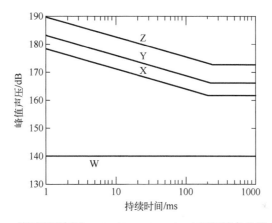

图7-7 美国军用标准MID-SID-1474B(MI)军用设备的噪声极限

声压峰值和B持续时间是在规定的条件下测量的。试验场地应是一个具有均匀坡度和30m范围内没有建筑物、树木或山坡等反射面的开阔场地。半消声室可用来代替室外测量场地。当已知实际工作中某设备存在,那么测量也应在尽可能接近实际工作条件下进行。

作为一个声波的吸收体和反射体,操作者的存在与否也影响测量结果。当规定操作者不在场,测量点应选在操作者存在时头部估计位置的中心。对于站立位置,传声器应置于离地面1.5m处;对于坐着位置,传声器应置于座椅上方0.8m处。当操作者必须在场,测量点应选在操作者右耳侧水平线上距0.15m处;如果工作现场墙壁或其他反射面距操作者右耳小于0.3m,则传声器应置于右耳与反射面中间。

测量场地的背景噪声至少应比被测设备的噪声级低10dB,且比该设备规定的最大声压级至少低 10dB。当风速大于等于 9km/h,测量应使用防风罩;当风速达到或超过 19km/h,所作测量无效。

传声器灵敏度系数的指向特性也影响测量结果。为使测量结果具有可比性,对传声器指向也要明确规定。应采用声场传声器,它在丹麦 B&K 公司和我国产品序列尾数为奇数,如 B&K4119、CH-13 等。这种传声器在声传播方向和传声器敏感面平行时,具有平直的频率响应曲线;传声器通常应垂直于地面放置在测量点,并使其敏感面朝上。但是对于固定军用设备的外部测量,在距离大于 3 倍试件主要尺寸的位置上,可以把传声器指向试件;这时声源的传播方向垂直于传声器敏感面(正入射),采用的是产品序列尾数为偶数的声压传声器,如 B&K4118、CH-14 等。

种种约束和规定遵循三个原则:一是尽量接近实际情况;二是抑制背景噪声的影响;三是使测量具有可比性。特殊情况下这些规定无法实验,因地制宜的布置必须详尽记录在案,否则测量结果无法检验。

2. 稳态噪声与脉冲噪声

评定噪声对人耳听力的影响安全与否,不仅与脉冲声压峰值和持续时间有关,而且与噪声的频率分布有关。军用声学中"听觉无感觉域"所指的是在这个范围内,能保证通常出现的声传播情况下听觉上并无感觉。这个距离与频率有关。

就估计的听觉无感觉而言,静环境是从 63~8000Hz 频率范围内,作用于听者耳器官声压级为 20dB 的环境。它可以是远离声源或者是遮盖、屏蔽、吸收声波等方法形成。平均听力指的是大多数人正常耳器官对稳态噪声的双耳自由场听觉阈。

在静环境曲线之上为噪声,在平均听力曲线之下为听觉无感觉区。图 7-7 中的频率标度采用倍频程,这是声学上通用的频率标度方法之一,此外还有 1/3 倍频程等。

听觉无感觉域是噪声的另一端极限。美军规定,军方采购军用设备要考虑听觉无感觉区,即要测量噪声的频率分布并考虑该装备对环境无任何影响的距离。

上述关于军用设备噪声对人耳影响以及安全极限,与稳态噪声、脉冲噪声的概念有关。稳态噪声系指声波在大气压力下,以可听见的声频率作周期或随机变化的噪声;这种变化可以是连续的、间断的、起伏的,其声压级也可在很宽范围内变化,变化的持续时间大于 1s。从是否妨碍通话、通信的角度,稳态噪声可分为几类,见表 7-2。该表中 A 类型的军用设备噪声最大,是合格的军用设备最大的设计限制。表 7-3 定量地指出各类稳态噪声声压级上限。

表 7-2　噪声的类型

通信、通话及听力保护要求	类　型
不要求直接进行人与人之间语音联络;最大设计限制;需有听力保护	A
用隔声头盔或耳机可进行通信联络;此噪声级在无保护的情况下对听力有危害	B
在 0.3m 距离上可偶尔进行喊话联络;宜用听力保护装置	C
在 0.6m 距离上可偶尔进行喊话联络;可不用听力保护装置	D
在 1.5m 距离上可偶尔进行直接联络、打电话等	E
在 1.5m 距离上可经常进行直接联络、打电话等	F

表 7-3　各类稳态噪声声压级上限　　　　单位:dB

倍频程中心/Hz	稳态噪声类型					
	A	B	C	D	E	F
63	130	121	111	106		
125	119	111	101	96		
250	110	103	92	89		
500	106	102	88	83		
1000	105	100	85	80		
2000	112	100	84	79		
4000	110	100	84	79		
8000	110	100	86	81		
A 声压级/dB	108	100	90	<85	75	65

从噪声对听力的影响而言,持续时间短的强噪声可与持续时间长的弱噪声等效,为此又有等效连续声级 L_{ep} 的概念,它是一个用来表达随时间变化的噪声等效量,由下式确定:

$$L_{ep} = 10\lg\left[\frac{1}{T}\int_0^T\left(\frac{p_A(t)}{p_0}\right)^2\right]dt \tag{7-14}$$

式中:T 为采样时间;$p_A(t)$ 为 A 计权瞬时声压;p_0 为参考声压,$p_0 = 20\mu Pa$。

脉冲噪声与稳态噪声的主要区别表现在持续时间长短及压力上升的快慢上,它是一种由单个脉冲声或多个脉冲声组成的短暂发声,冲击波属于脉冲噪声,单个脉冲的压力-时间历程首先是压力迅速上升至峰值,尔后较慢地衰减至环境压力,其持续总时间小于 1s。枪炮射击时所产生的脉冲噪声是一种单脉冲噪声。

军用设备的稳态噪声和脉冲噪声都会对人的听力造成危害,军用设备的设计、定型均受噪声安全标准的约束。但它们测量的难度不一:稳态噪声变化较平缓,其频率范围在可听域 20Hz~20kHz 之内,声学测量技术、设备已很成熟;枪炮脉冲噪声和冲击波都不然。

7.5 声学特性与测量要求

1. 从空间域看枪炮脉冲噪声和冲击波

前面主要从时间域和频率域上研究武器中特有的声波。其空间域特性,即声压场特性也反映了涉及军用设备噪声安全的枪炮脉冲噪声与枪炮膛口冲击波的不同。

为评价枪炮脉冲噪声对人耳的听力损害,测量点规定在枪炮膛口后方射手的耳朵附近;周围的环境、反射物等要尽量与真实情况接近。通过图 7-8 可以分析它们的区别。

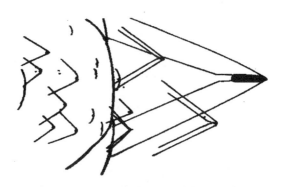

图 7-8　7.62mm 步枪膛口闪光摄影描绘图

图 7-8 是根据闪光摄影的照片描绘的,以弹丸头部出枪口为基准延迟 596μs 拍摄。此时弹丸离膛口约 0.4m。由图 7-8 清楚地看到图中的中后方贯穿上下的激波线是高速喷出的火药气体所形成的冠状微波,图中前方是伴随超声速弹丸的弹头波,中间有许许多多的小点——从枪口喷出的火药残渣;有的速度高,形成小圆锥角的激波;有的速度低,形成大圆锥角激波;有的速度小于声速则不形成激波等。控制闪光摄影的延迟时间,仍可以拍摄弹丸刚出枪口,离枪口约 0.1m、0.2m…不同位置和不同时刻的流场。

枪炮射击时的噪声主要源于火药气体的高速射击及其抛射物。不仅可以通过理论分析、定性推断,而且可以通过试验证实枪炮膛口流场是严重的不对称:在膛口前方即射击方向上,激波压力要大得多,对于火炮,此压力峰值一般大于 180dB;压力上升时间要快得多,一般在 5~20μs,此时间枪比炮要更短些。由于枪炮脉冲噪声定的测量点在枪炮膛口后方射手的耳朵附近,空间域的不同,使枪炮脉冲噪声的时域曲线和冲击波曲线在声压大小、持续时间等方面有明显区别。

闪光摄影不仅揭示了枪炮膛口复杂的流场,而且对一些重要的试验事实给出了合理的解释。对火炮冲击波测试的大量试验事实发现,有的炮口冲击波存在两个超压峰值,而且第二个峰值可能比第一个高,如图 7-9 所示。

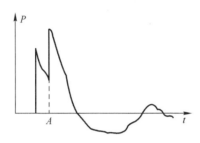

图 7-9　炮口冲击波双峰值超压曲线

再看图 7-8 闪光摄影所显示的膛口大量火药残渣的存在,有足够理由推断在适当的条件下这些火药残渣二次燃烧,引起冲击波压力再度上升,叠加在第一峰值上形成更高的第二超压峰值。我国拟订的 GJB349.28—90 中反映了这一重要的试验事实。

闪光摄影拍摄的是密度场变化。试验中闪光摄影装置采用 Marx 冲击电压发生器原理,即储能电容并联充电,然后串联放电获得 400kV 的高电压输出。通过调整放电球间的气隙,通过延时外触发,使放电球间气隙击穿,短路放电,产生强闪光(闪光时间约数 10ns),照在暗室里试验枪炮上,在摄影胶片上就获得清晰的密度场。

枪炮膛口流场实际上是气体和固体粒子混合的二相流场,极为复杂。但通过定点的冲击波压力测试,定点的脉冲噪声测试,通过瞬态激光干涉仪等手段,可较准确地描述枪炮膛口流场特性。

2. A 持续时间和 B 持续时间

由于枪炮脉冲噪声的测量点在射手附近,且尽量接近实际操作和声反射的环境,故枪炮脉冲噪声的时域曲线不仅压力低,而且是在冲击波曲线的基础上叠加了更多的反射声波,如图 7-10 所示。

人的听力损伤是一个十分复杂的生物物理过程,它本身就是一个噪声作用时间连续积累或分散积累的过程。随着声学理论分析特别是有关生物试验研究的深入和经验的积累,认为早期强调的 A 持续时间仅考虑声压脉冲正压力超过 10%部分对人听力的损伤作用是不够的,因而提出 B 持续时间的概念。

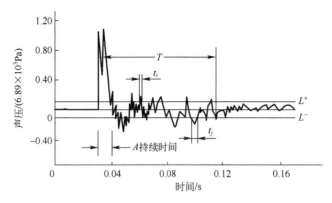

图 7-10　枪炮脉冲噪声的声压-时间曲线

B 持续时间是否充分而且必要地反映脉冲噪声对人耳的损伤作用，±10%的阈值是否准确等，随着人们对真理追求的逐渐逼近，一切将在变化之中。事实上德国的人耳损伤标准就采用了 C 持续时间——忽略正压尖峰附近短暂作用的一种时间累积效应。

7.6　枪炮脉冲噪声与冲击波测试仪

国内外并没有专用的枪炮脉冲噪声与冲击波的测试仪器，多采用组合系统测量。如传感器+脉冲声级计+磁带记录仪/记忆示波器，在实验室进行数据处理；或传感器+瞬态波形记录仪+计算机，可现场进行处理。

枪炮脉冲噪声和冲击波的测试，在解决传感器的关键技术后，对于测试仪器系统的前置放大、数据采集和处理主要围绕着信号的不失真、能测定 B 持续时间等要求进行设计。在现代科学技术水平和条件下，设计一个高增益的、带宽优于 0~100kHz 的前置放大器，研制一个采样速度达 500kHz、分辨率高于 10bit 的瞬态数据采集装置，用计算机或微控制器实现 A 持续时间、B 持续时间等计算等，是不难实现的。

问题在于，枪炮脉冲噪声与冲击波测量主要目的在于进行人的听力安全评价等。它必然要与数 10 年声学的发展、声学测量体系相衔接；它应该遵从现有的声学测量标准、规范，甚至习惯，尽管这些标准、规范和习惯不尽合理仍在修改之中。从枪炮脉冲噪声与冲击波，测试仪本身看，在强调本身特点的同时，也保持环境噪声、工业噪声测试的功能，"向下兼容"无论对扩展枪炮脉冲噪声与冲击波测试仪的使用范围，或比较、分析在当时条件下的测试数据等都是有利的。这里介绍的枪炮脉冲噪声与冲击波测试仪，以现代微控制器（MPU）为中心。采用大规模集成电路、A/D、D/A 转换等技术。在满足枪炮脉冲噪声和冲击波测试要求的同时,实现传统声学测量仪器的种种功能,并可以软件的方式为将来进一步扩展留有余地。以下的论述将集中在与声学本身特点紧密相关的技术上。

1. 声学测量的特点

声学是围绕人在社会活动中听力感觉及种种需求而研究发展起来的。在生物进化过程中人耳已适应外界环境。感受声压的变化范围超过 $1 \sim 10^7$ 倍;没有任何一个仪器不改变量程就能测量如此大的动态范围。人耳以对数刻度区分声波压力的大小,而不是按其线性比例。声学测量的第一个特点是动态范围大,以对数刻度表示。

国际电工委员会 IEC651—1979 声级计标准规定声级计输入衰减通常以 10dB 换挡,动态范围从低端到高端可相差 70dB,即 3000 倍以上。因此,声学测量要求测量仪器的前置放大器必须是一个高增益的放大器,输入量程以对数刻度衰减。

从声波的频率特性看,对于同样幅度的声波,由于频率不同,人耳却感到强度有异;当声波幅度变化时,这种主观感觉又有差异。人耳是一个特殊的滤波器,为了模仿它,IEC651—1979 又规定 A 声级——模拟人耳对低强度噪声的频率响应;B 声级——模拟人耳对中等强度噪声的频率响应;C 声级——模拟人耳对高强度噪声的频率响应等。在 IEC651 中详细地列出了频率 10Hz~20kHz A 声级、B 声级和 C 声级等频率响应的数值表和特性曲线,相应的声学测量必须遵从。因此,声学测量的第二个特点是必须有数个特殊的频率计权网络,按规定的频率响应特性对声信号进行滤波。

不仅如此,人对噪声的主观感觉还与噪声的持续时间有关。噪声持续时间短,人耳来不及反应,犹如一个 *RC* 电路因时间常数太大来不及充电到峰值一样。人耳对于持续时间小于 0.2s 的噪声,"充电"的时间常数约 30~50ms;对于一般的噪声,"充电"的时间常数约 100~150ms;对于变化、持续时间较长的噪声,"充电"的时间常数可达 1000ms。声学测量的时间计权特性就模拟了人耳对噪声持续时间的响应,这也是声学测量应该考虑的特点。

2. 噪声测量的频率计权

对 IEC651—1979 规定的 A、B、C 频率计权特性,从理论上讲,也可用软件方法数字滤波实现。但仅依靠几条用 dB 表示的曲线和为数不多样点的离散值,难以建立较精确的解析式;何况从图形观察,也是一个较复杂的关系式,按其特性进行数字滤波是一件相当困难、颇难实现的事。根据网络理论用滤波电路满足频率计权要求是适宜的。采用分析方法设计滤波电路主要根据技术要求,利用影像参数的基本节,用样板拼凑来确定参数,计算出终端节和中间节的数据后，按阻扰匹配的原则链接以形成完整的滤波电路。设计流程如图 7-11 所示。

3. 用软件实现时间计权

标准 IEC651—1979 给出了声压级测量的时间计权要求。传统的声学测量仪表是用模拟电路实现这一功能的。对于平方电路用二极管平方检波特性实现；对于指数平均电路用 RC 充电电路实现。平方电路要求输出电压严格与输入电压的平方成正比，线路响应具有理想的抛物线特征，但二极管的检波特性却难以达到这一点。实际中多采用折线段逼近光滑的抛物线，折线越短，近似性越好（图 7-12）。

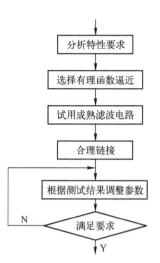

图 7-11 滤波电路设计流程

丹麦 B&K 公司的声级计采用八点连接的抛物线近似作为二极管检波器的平方电路，性能有明显改进。指数平均电路因分立元件 R、C 的误差，时间常数误差为 5%～10% 左右。鉴于上述情况，IEC651—1979 对时间计权特性采取了"宽容"的态度：在误差分别为±0.4dB、±0.7dB、±1.0dB、±1.5dB 的 0 级、1 级、2 级、3 级的声级计中，允许 1 级声级计的时间计权正弦波群响应误差为±1dB。

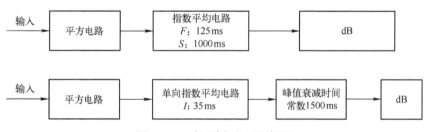

图 7-12 时间计权的原理框图

然而有效值、指数平均和声压级分贝计算均有精确的数学解析式与之对应，按定义有效值为

$$V_{\text{RMS}} = \sqrt{T\int_0^T V^2(t)\,dt} \tag{7-15}$$

RC 充电：

$$V = V_{\text{RMS}}(1 - e^{-\frac{1}{RC}}) \tag{7-16}$$

在微控制器（MPU）的控制下，通过编制程序，用软件实现规定的要求，是可能而且精确的。

声压信号数据采集的截取时间 T 的选取要考虑互相矛盾的两个方面。第一,为了准确的计算、逼近,T 不能太小。对于周期波,正好采样一个周期就能准确地计算,但实际声压信号多为非周期,且难以保证恰好采样一个周期。故尽量取大一些。长时间的取样平均要准确些,RC 充电过程结束基本上逼近终值。第二,T 又不能太大。对用模拟电路实现时间计权不存在这一个问题,它能即时地反映参数的变化。用软件实现时间计权,至少在采样完毕后才能显示参数和进行下一时刻的采样,T 选取太大就不能反映短期的变化现象。按指数变化的规律,采样时间 T 大于 3 倍时间常数 T 后,误差已小于 5%,我们选取 $T=(3\sim10)\tau$。以 $T=5\tau$ 计,对于 FAST、SLOW、IMPULSE HOLD 各挡的采样时间分别为 $\tau_F=0.625\text{s}$、$\tau_S=5\text{s}$、$\tau_I=0.175\text{s}$。假设人的观察用 3~5s 能读出显示的数据,那么上述采样时间的选取就不显得长了。

枪炮脉冲噪声与冲击波测试仪中,时间计权程序是用 8031 型 MPU 的汇编语言编制的,工作量和难度颇大,此处不再赘述。IEC651—1979 规定时间计权的准确度用正弦波群校核,按此用频率为 2kHz、持续时间为 5ms 的单个正弦波群检验,选取不同的截取时间 T,用软件方法进行时间计权,其误差如表 7-4 所列,在 $T=5$ 时结果明显优于 1 级声级计要求。

表 7-4 误差

参 数	误 差		
	F/dB	S/dB	I/dB
τ	−0.35	−1.0	−2
2τ	−0.5	−0.4	−0.6
3τ	−0.2	−0.1	−0.2
4τ	0	0	0
5τ	0	0	0
6τ	0	0	0

4. 多功能声级计

图 7-13 所示为枪炮脉冲噪声和冲击波测试仪的原理框图,也是一个多功能的声级计。它充分利用微控制器(MPU)的硬件资源、软件资源,以 MPU 为核心,以高速 A/D 转换器采集声压信号数据,通过各种控制、运算实现多种声学测量功能。

图 7-13 中,自校准电压是一个频率为 1000Hz 的正弦信号发生器;其幅度调整到和 94dB 的声压有效值相当。它可以无需传声器对测试仪器部分进行独立的校准。

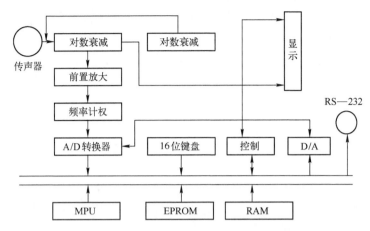

图 7-13　枪炮脉冲噪声与冲击波测试仪原理框图

前置放大器是一个宽频带、高增益的放大器，采用 LF411 集成运算放大器组成。它的带宽优于 0~100kHz，增益约 30 倍，可根据校准的情况进行微调。对数衰减开关在 MPU 的控制下，可置成 70dB、60dB、50dB、40dB、30dB、20dB、10dB、0 八挡，则前置放大对声压信号的实际放大倍数为 1~3162 倍。

频率计权网络由 RC 滤波电路组成，可控制设置为 A 声级、B 声级、C 声级、L 挡（线性挡）和 GUN（枪炮脉冲噪声挡及冲击波挡）。在 L 挡频带为 5Hz~20kHz，在 GUN 挡频带为 0~100kHz，适合枪炮脉冲噪声与冲击波的测试。

A/D 转换器由美国模拟器件公司的 AD7821 芯片组成，它的最高采样速率为 1MHz，分辨率为 8bit，有独立的时钟。也可采用 1MHz、12bit 的 A/D 芯片，可提高 A/D 转换的精度。根据不同的测试对象，A/D 转换器的采样速率可在 MPU 的控制下改变。

16 位小键盘是枪炮脉冲噪声与冲击波测试仪的人机界面之一，它代替了传统声学测量的许多开关、旋钮。受控器件的状态设置、不同显示方式的选定，都是由键盘输入决定的。图 7-13 中控制的对象很多，对数衰减、频率计权、A/D 转换以及各种显示方式、D/A 输出等，都在它的管辖之下。但它属于电位控制，在键盘输入选定后，就设定相应控制电位不变，不会形成干扰。

增加 D/A 转换器的目的在于将 RAM 中的数据，周而复始地以模拟信号的方式输出，用普通示波器不需要记忆示波器也能现场观察瞬态信号，用磁带机记录也很方便。

RS232 串行通信口的设置，可使枪炮脉冲噪声与冲击波测试仪直接与笔记本电脑或微计算机通信，在现场进行复杂的图形显示、打印、频谱分析等。

本测试仪的 MPU 型号为 8031，它是一种低成本的、性能较好的微控制器。

目前这种微控制器用得很多,其大量的软件资源、硬件资源可以借用。

EPROM 为 64KB,其中存有系统监控程序、计算子程序库、时间计权、分贝计算、B 持续时间计算、显示控制、RS-232 通信及错误诊断等程序。64KB 留有足够的扩展空间备用。

5. 声学信号测量注意事项

(1) 当传声器膜片积存灰尘或黏附有其他物质时,会影响传声器灵敏度和频率响应,带来测量误差。不能用手或其他硬质物品接触膜片。

(2) 传声器受潮时,传声器灵敏度将产生较大漂移,甚至损坏传声器。所以,应尽可能避免在湿度很大的环境中使用电容式传声器。传声器不用时,应干燥保存。

(3) 测试环境对测量结果的影响很大。通常需要一些专用的声学试验环境,如消声室和混响室。

(4) 测量以前,应该查阅适用的国家标准或国际标准的有关测量方法的建议。这些标准中,详细叙述了测量技术和所用设备的规格,还明确给出了测量程序。

(5) 选用传声器和声强探头时,要注意它们的工作频率范围、灵敏度等主要特性,同时要注意它们与分析仪的匹配。

(6) 在室外特殊条件(如有风、雨等环境)下使用传声器时,应该用防风罩、防雨罩。防风罩用来减少空气动力噪声,在室外测量时应该使用多孔聚氨酯海绵制成的专用防风罩,它还可以为传声器遮挡住灰尘、污物和雨滴。防风罩装在传声器上约有 10dB 的降噪效果。在非常潮湿的环境中连续测量时,应该采用专用的室外传声器或防雨罩。

第8章

温度测量技术

温度是科学研究、工业生产和军工行业中极为普遍又比较重要的参数。各个领域都有大量的温度测量问题。本章主要介绍常用温度测量方法及火炮在设计及使用过程中的温度测量技术。

8.1 温度测量基础

1. 温度的概念

从宏观角度看,温度是表示物体冷热程度的物理量,这是对温度的通俗解释。物体的冷热程度是由人们的感觉器官比较得出的,带有主观性,判断不准确,有时甚至会判错。

从微观角度看,温度描述了物体内部大量分子无规则热运动的激烈程度,分子热运动越激烈,物体的温度就越高。

用热力学第零定律来描述温度是最严格、最科学的。两个冷热程度不同的物体相互接触,必然发生热交换现象,热量将由热程度高的物体向热程度低的物体扩散,直至两个物体的冷热程度一致,即达到热平衡。也就是说,两个物体处于热平衡状态时,必有一个共同的物理性质,必存在一个数值相等且反映这个物理性质的状态函数,这个状态函数就是物体的温度。这就是热力学第零定律对温度的描述。

2. 温标

温标是温度的数值表示,是衡量物体温度的标准尺度,它规定了温度的零点、分度方法和温度的基本单位,测温设备的刻度均由温标确定。国际上常用的温标有摄氏温标、华氏温标、理想气体温标、热力学温标和国际实用温标等。

1) 摄氏温标(℃)

摄氏温标是在标准大气压下以纯水冰点温度为0℃,沸点温度为100℃,以玻璃水银温度计为内插仪器,即以水银为测温介质,其体积随温度升高而膨胀为测温属性。规定温度与水银柱高成正比,将 0℃ 与 100℃ 之间的水银柱高等分为 100 个格,每格为 1℃。

2) 华氏温标(℉)

华氏温标是在标准大气压下以纯水冰点温度为 32℉,沸点温度为 212℉。华氏温标也是以玻璃水银温度计为内插仪器,将两个固定点间划分为 180 等份,每一等份为 1℉。

摄氏温度和华氏温度的换算关系为

$$t_F = 1.8t_C + 32 \tag{8-1}$$

式中:t_F 为华氏温度值;t_C 为摄氏温度值。

3) 理想气体温标

一种理论上的温标,以理想气体为测温介质,体积不变,压强随温度变化;或者压强不变,体积随温度变化为测温属性。选水的三相点为固定点,并规定其温度为 273.16K。根据不变体积和不变压力可以建立两个气体温标,即等体气体温标和等压气体温标。

等体气体温标的分度公式为

$$T(p) = 273.16p/p_{tr} \tag{8-2}$$

式中:p_{tr} 为等体温度计测温泡中气体在水的三相点温度时的压强(p_{tr} = 611Pa);p 为与 $T(p)$ 对应的压强。

等压气体温标的分度公式为

$$T(V) = 273.16V/V_{tr} \tag{8-3}$$

式中:V_{tr} 为等压温度计测温泡中气体在水的三相点温度时的体积;V 为与 $T(V)$ 对应的体积。

等体气体温标和等压气体温标都属于经验温标,选用不同气体制作的气体温度计测量同一点温度时所得结果有差异。但随着测温泡中气体压强的降低,所得结果的差异逐渐减小,当测温泡中的压强趋于零时,无论选用什么气体,无论是等体温度计还是等压温度计,其测得结果的差异趋于零。因此,压强趋于零时的气体温标便是理想气体温标,它不再依赖具体气体的性质。如果有一种气体在一定压警范围内具有在压强为零时的性质,该气体可称为理想气体。虽然,理想气体是不存在的,然而氢、氦、氮这些实际气体在压力不大的情况下,其性质很接近理想气体。因此,利用这些气体制作气体温度计,便可实现理想气体温标的复制。理想气体温标不能适用于气体液化点以下和高温情况。

4) 热力学温标

热力学温标是在热力学第二定律的基础上定义的一种温标,热力学温标定义的是物体温度与物体自身热量之间的关系。因此,与实现测温物体的物理性质无关,是一种理想的温标。由热力学的理论可以证明,热力学温标在一定范围内与理想气体温标是完全一致的。因而,可借理想气体温度计来实现热力学温标。因此,国际上采用了一种与热力学温标非常接近的温标——国际实用温标。

5) 国际实用温标

国际实用温标是国际间的协议性温标,是世界上温度数值的统一标准。它规定热力学温度 T 是基本的物理量,单位是开尔文(K),定义 1K 等于纯水的三相点温度的 $1/273.16℃$。热力学温度 T 也可以用摄氏温度 t 表示,即 $t=T-273.15K$。国际实用温标建立于 1927 年,曾先后经过了多次修改,目前通用的国际实用温标是 1990 年第 18 届国际计量大会及第 77 届国际计量委员会决议修改的,开尔文温度用符号 T_{90} 表示,国际摄氏温度用 t_{90} 表示。两者之间的关系为 $t_{90}=T_{90}-273.15K$。

为了提高温标基准的精度,1968 年以前规定采用 13 种纯物质的相平衡点作为温标的固定点,并根据相平衡点给出这些固定点的温度值。

利用这些固定点将温度分成不同的范围,在不同的范围内分别选定标准仪器。1990 年,将 13 个固定点增加到 17 个。这部分内容可参考其他有关文献。

3. 温度测量原理及常用测温设备

温度本身是一个抽象的物理量,对温度的测量与其他量相比有很大区别。它不能与标准量直接进行比较,而必须通过测量某些物体随温度变化的性质来间接获取温度。有些物体的膨胀系数与温度有确定的对应关系,利用这种性质可以制成膨胀式测温仪器,如气体温度计、水银温度计、酒精温度计、双金属温度计等;有些物体的电学属性与温度有确定的对应关系,利用这种性质可以制成热电式测温仪器,如电阻式温度计、热电偶温度计、磁温度计等;利用热能的辐射特性可制成热辐射测温设备。

测量温度的设备(温度计)种类较多,通常可将其分成两大类,即接触式温度计和非接触式温度计。接触式温度计是基于热平衡原理,需要使测温元件与被测介质保持热接触,使两者进行充分的热交换而达到同一个温度,根据测温元件的温度来确定被测介质的温度。气体温度计、水银温度计、酒精温度计、双金属温度计、电阻式温度计、热电偶温度计和磁温度计等都属于接触式温度计。接触式温度计结构简单、工作可靠、测量精度高,但由于测温元件需要与被测介质接触后进行充分的热交换才能达到热平衡。因此,存在:测温时产生的时间滞后较大、破坏被测物的温度场、测量高温受到一定限制等缺陷。

非接触式温度计的测量元件无须与被测介质直接接触,热量是通过被测介质的热辐射传到测温元件上,以达到测温的目的。非接触式温度计主要有辐射高温计、光学高温计和比色高温计等。非接触式温度计由于测温元件不与被测介质接触,所以测温范围很广,其温度上限原则上不受限制,测温速度也较快,且可对运动物体进行测量。但它受到物体的发射率、被测对象到温度计之间的距离、烟尘、水汽和空气质量的影响较大,使得温度测量精度低。表 8-1 中列出了常用温度计的类别、测温范围、特点。

表 8-1 常用温度计的类别、测温范围及特点

测温形式	温度计种类	测温范围/℃	温度计特点
接触式温度计	液体膨胀式温度计（玻璃温度计）	-100~300	精度高,使用方便,价廉;不能离开被测体测温;火炮温度测量不适用
	固体膨胀式温度计（双金属温度计）	-200~700	机械强度大,能记录、报警和自控;不能离开被测体测温;主要用于温度越限报警
	压力式温度计（液体式、气体式）	0~500	用于测量易爆、有振动场合的温度;能记录、报警和自控;传送距离可达10m左右
	电阻式温度计（金属电阻温度计、半导体电阻温度计）	-200~500	测温精度高,能远距离多点测量和记录,能报警和自控;结构复杂;用于液体、气体、蒸汽的中低温测量,如驻退机
	热电偶温度计	-270~2800	测温精度高,能远距离多点测量和记录,能报警和自控;可用于身管内外壁、炮口及反后坐装置的液体温度测量
非接触式温度计	辐射式温度计（辐射高温计、比色高温计及光学高温计）	100~3500	结构复杂,可测高温,不破坏被测温度场,能远距离测量、报警和自控;环境对测量结果影响大;可用于膛内火药燃气温度、炮口火焰温度的测量机、复进机液体温度测量

在表 8-1 所列的温度计中,膨胀式温度计和压力式温度计结构和工作原理简单,需要的热交换时间长,多用于就地指示,不适合火炮温度的测量要求;辐射式温度计的测温精度较差,但由于它可以测量高温(如火药燃气温度),可部分用于火炮温度的测量;而热电式温度计具有精度高、信号便于远距离传输等优点,因此热电偶温度计和电阻式温度计广泛应用在火炮温度测量中,如驻退机、复进机液体温度和身管内外壁温度测量等。

8.2 热电偶测温技术

热电偶是一种热电式的温度传感器,它能将温度的变化转换成电势信号,

配以测量毫伏信号的仪表或变换器，便可实现温度的测量。

8.2.1 热电偶测温原理

从电子学理论知，在一切金属材料中，都有自由电子存在，不同金属材料的自由电子密度不同，相同材料当温度不同时其自由电子密度也不同。热电偶是基于材料的上述性质制成的。当两种不同的导体 A 和 B 两端相连组成闭合回路时，就构成了热电偶，如图 8-1(a) 所示。如果热电偶的两端温度不同，回路内就会产生热电势，这个热电势由两种导体的接触电势和温差电势组成，其大小可由图 8-1 所示的电路测出。

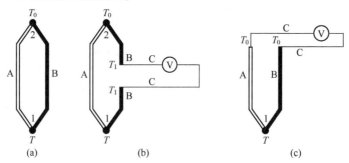

图 8-1 两种导体构成的热电偶
(a) 基本型；(b) 导体中部接入仪表型；(c) 接点接入仪表型。

1. 接触电势

当两种不同材料的导体接触时，自由电子便从密度大的导体向密度小的导体扩散。自由电子密度大的导体因失去电子带正电，而自由电子密度小的导体因获得电子带负电。因此，在接触处便形成了电位差，该电位差称为接触电势。这个电势将阻碍电子进一步扩散，当电子的扩散能力与电势的阻力达到平衡时，接触处的电子扩散达到动平衡。

设导体 A、B 的自由电子密度分别为 n_A 和 n_B，并且 $n_A > n_B$，两导体两端接触处的温度分别为 T 和 T_0，如图 8-2 所示。

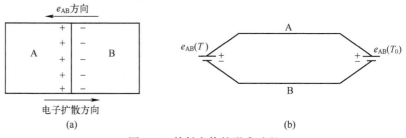

图 8-2 接触电势的形成过程

根据电子理论,两端接触电势分别为

$$e_{AB}(T) = \frac{kT}{e}\ln\frac{n_A}{n_B} \tag{8-4}$$

$$e_{AB}(T_0) = \frac{kT_0}{e}\ln\frac{n_A}{n_B} \tag{8-5}$$

式中:k 为玻耳兹曼常数;e 为电子电量。

热电偶回路的总接触电势为

$$e_{AB}(T) - e_{AB}(T_0) = \frac{kT}{e}\ln\frac{n_A}{n_B} - \frac{kT_0}{e}\ln\frac{n_A}{n_B} = \frac{k}{e}(T-T_0)\ln\frac{n_A}{n_B} \tag{8-6}$$

由式(8-6)可知,热电偶接触电势与导体的性质有关,如果两个导体的性质相同($n_A = n_B$),则接触电势等于零。当两个导体的性质不同时,热电偶回路中的总接触电势与两接点的温度有关,如果两接点的温度相等($T = T_0$),则热电偶回路中的总接触电势等于零。

2. 温差电势

一根同性质的导体,当两端温度不同时,高温端的自由电子能量比低温端的大,因而高温端的自由电子就会向低温端移动,使得高温端失去电子带正电,而低温端获得电子带负电。于是在导体两端便形成了电位差,该电位差称为温差电势。这个电势将阻碍电子进一步移动,当电子的移动能力与电势的阻力达到平衡时,导体两端的电子移动达到了动平衡。

在图8-3中,设导体A、B两端接触处的温度分别为 T 和 T_0。在 $T > T_0$ 时,单一导体各自的温差电势分别为

$$e_A(T, T_0) = \sigma_A(T - T_0) \tag{8-7}$$

$$e_B(T, T_0) = \sigma_B(T - T_0) \tag{8-8}$$

式中:σ_A,σ_B 为汤姆逊系数,表示温差为1℃时所产生的电势,与材料性质有关。

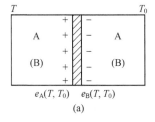
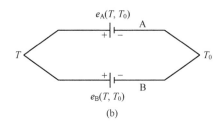

图8-3 温差电势的形成过程

热电偶回路的总温差电势为

$$e_A(T, T_0) - e_B(T, T_0) = (\sigma_A - \sigma_B)(T - T_0) \tag{8-9}$$

式(8-9)表明,热电偶回路中的温差电势与导体的性质和两接点的温度有

关,如果两个导体的性质相同或者两接点的温度相等,则热电偶回路中的总接触电势等于零。

3. 热电偶回路中的总电势

在图 8-4 中,热电偶回路中的总热电势用 $E_{AB}(T-T_0)$ 表示。图 8-4 中的 $e_{AB}(T_0)$ 和 $e_{AB}(T)$ 分别表示接点温度为 T_0 和 T 时的接触电势。$e_A(T,T_0)$ 和 $e_B(T,T_0)$ 分别表示导体 A 和导体 B 在两端温度为 T_0 和 T 时的温差电势。图 8-4 中的电势方向是 $n_A>n_B$、$T>T_0$ 时的实际描述,则热电偶回路中的总热电势为

$$E_{AB}(T,T_0) = e_{AB}(T) - e_{AB}(T_0) - e_A(T,T_0) + e_B(T,T_0)$$

$$= \frac{k}{e}(T-T_0)\ln\frac{n_A}{n_B} - (\sigma_A - \sigma_B)(T-T_0) \tag{8-10}$$

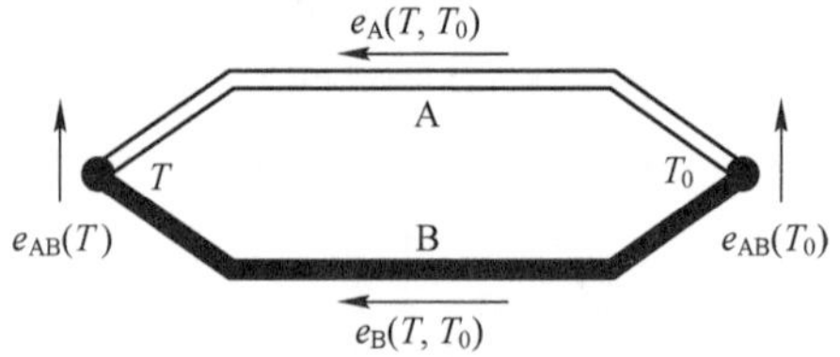

图 8-4 热电偶中的总热电势

根据上述分析可得出如下结论:由导体 A、B 组成的热电偶回路中的总热电势由接触电势和温差电势两部分组成。当两导体材料相同时,不论两接点的温差有多大,回路中的总热电势始终为零;如果两导体材料不同,若两接点的温差为零,则回路中的总热电势同样为零。因此,热电偶必须采用两种不同性质的导体材料,热电偶的两接点必须具有不同的温度,回路中才有热电势产生。

当热电偶的两种不同性质的导体材料确定后,热电偶回路中的热电势大小只与两接点的温度差有关。若使热电偶低温端的温度保持不变,则热电偶回路中的热电势大小只与工作端的温度有关。因此,通过测量热电偶的热电势,即可求得被测温度的大小。

8.2.2 热电偶的种类和基本特性

根据热电效应,只要是两种不同性质的任何导体都可配制成热电偶,但在实际情况下,考虑到热电偶的灵敏度、线性度、可靠性及稳定性等指标,并不是所有材料都能成为具有实际应用价值的热电偶材料。因此,作为制作热电偶的导体材料应满足以下要求。

(1) 在同样的温差下,产生的热电势应大,且热电势与温度之间应呈线性关系。

(2) 在测温范围内,物理、化学性能应稳定,即在长期工作条件下,热电性质不随时间变化,抗氧化、耐腐蚀性好。

(3) 电导率高、电阻温度系数和比热容小。

(4) 工艺性好,易于复制。

(5) 材料来源丰富,价格低廉。

根据热电偶材料的不同,热电偶可分为难熔金属热电偶、贵金属热电偶、廉价金属热电偶和非金属热电偶;根据测温范围不同,热电偶可分为高温热电偶、中温热电偶和低温热电偶;根据结构用途不同,热电偶可分为普通热电偶、铠装热电偶和薄膜热电偶;根据是否有统一的分度表,可分为标准化热电偶和非标准化热电偶。目前,我国常用的标准化热电偶有以下几种:

(1) 铂铑 30-铂铑 6 热电偶以铂铑 30 丝(铂 70%、铑 30%)为正极,铂铑 6(铂 94%、铑 6%)为负极,分度号为 B,属于贵金属热电偶。在 1600℃ 以下可以长时间使用,短时间可以测量 1800℃ 的高温。该热电偶的性能稳定,测温精度高,但它产生的热电势小。B 型热电偶由于在常温时的热电势极小,因此冷端在 40℃ 以下时,对热电势不需要冷端补偿。

(2) 铂铑 10-铂热电偶用 $\phi 0.5mm$ 的纯铂丝和相同直径的铂铑丝(铂 90%、铑 10%)制成,分度号为 S,属于贵金属热电偶。热电偶中铂铑丝为正极,纯铂丝为负极。在 1300℃ 以下可以长时间使用,短时间可以测量 1600℃ 的高温。铂铑 10-铂热电偶的特点是物理、化学稳定性好,测量精度高,但它的灵敏度较低,价格昂贵。

(3) 铂铑 8-铂热电偶分度号为 R,该热电偶与 S 型(铂铑 10-铂热电偶)特点相同,由于正极铂铑合金中增加了铑的含量,它的性能更加稳定,热电势也较大。

(4) 镍铬-镍硅(镍铬-镍铝)热电偶分度号为 K,热电极的直径一般为 $\phi 1.2 \sim \phi 2.5mm$。镍铬为正极,镍硅为负极。K 型热电偶的化学稳定性较高,可在氧化性或中性介质中长时间测量 900℃ 以下的温度,短期测量可达 1300℃。K 型热电偶的线性度好,并具有复制性好、灵敏度高、价格便宜等优点,是火炮温度测量的常用热电偶。

(5) 镍铬-康铜热电偶分度号为 E,属于廉价金属热电偶。该热电偶在常用的热电偶中灵敏度最高。适合 -250~+870℃ 范围内的氧化或惰性氛围内使用。目前,该热电偶已取代我国的镍铬-考铜热电偶。

(6) 铜-康铜热电偶分度号为 T,因容易获取高纯度的铜,属于廉价金属热电偶。该热电偶的灵敏度高,线性度好,在廉价金属热电偶中,-200~350℃ 范围内,它的测量精度最高。当被测温度大于 300℃ 时易被氧化,在低于 -200℃ 时线性度差,灵敏度急剧下降。

(7) 铁-康铜热电偶分度号为 J,属于廉价金属热电偶。可长期工作在 750℃以下的氧化性和还原性环境中。对于铁热电极,高温易氧化,低温易变脆,性能低于 T 型热电偶。

除了上述介绍的 7 种常用的标准化热电偶外,近年来钨铼系列热电偶发展很快,如钨-钨铼 26、钨铼 3-钨铼 25、钨铼 5-钨铼 20、钨铼 5-钨铼 26 等热电偶应运而生。钨铼系列热电偶属于高温热电偶,长期使用的温度可达 2800℃。该系列热电偶还没有形成标准化。

8.2.3 热电偶基本结构

根据结构不同,热电偶可分为普通热电偶、铠装热电偶和薄膜热电偶 3 种。

1. 普通热电偶

普通热电偶结构如图 8-5 所示,热电偶的两根热电极焊接在一起作为工作端,另一端固定在接线盒内的接线柱上。保护套管的材料应根据被测介质的性质和温度范围确定。普通热电偶主要用于气体和液体的温度测量,且温度场的变化应缓慢。

2. 铠装热电偶

铠装热电偶是由热电极、绝缘材料及套管 3 者组合成一体的套管热电偶。铠装热电偶是拉制成型的,套管外径可以制作得很细,最细可至 0.25mm。热电极周围由氧化镁或氧化铝粉末填充。铠装热电偶工作端的结构如图 8-6 所示,可分为碰底型、不碰底型、露头型和帽型 4 种结构。碰底型比不碰底型的动态响应快,露头型的最快。

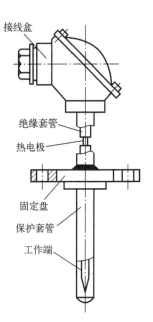

图 8-5 普通热电偶结构

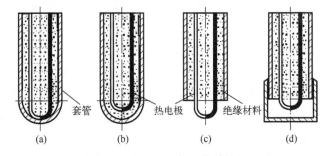

图 8-6 铠装热电偶工作端结构
(a) 碰底型;(b) 不碰底型;(c) 露头型;(c) 帽型。

铠装热电偶具有以下特点。

(1) 动态响应快,如露头型的时间常数可达 0.01s。

(2) 测量端热容小。

(3) 挠性好,套管材料经退火后有良好的柔性,如不锈钢套管经退火后,弯曲半径仅为套管直径的 2 倍。

(4) 强度高,耐压、耐振动和冲击,可在多种工作条件下使用。

(5) 可制成不同的长度和形状,长度最长可达 100m,并可制成单芯、双芯和四芯等。

3. 薄膜热电偶

薄膜热电偶是由两种金属薄膜利用真空蒸镀、化学涂层和电泳等方法连接在一起的热电偶,主要有片状热电偶、针状热电偶和热电极材料直接蒸镀在被测体表面的热电偶。

1) 片状热电偶

片状热电偶外形如图 8-7 所示,它是采用蒸镀法将两种热电偶材料蒸镀到绝缘基底上,上面再蒸镀一层二氧化硅保护层。目前,我国使用的铁-镍薄膜热电偶的规格为 60mm×6mm×0.2mm,金属薄膜厚度在 3~6μm 之间,测温范围为 0~300℃。

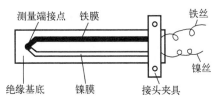

图 8-7 片状薄膜热电偶结构

2) 针状热电偶

针状热电偶是选取一种材料并将热电极做成针状,另一种热电极材料用蒸镀方式覆盖在针状热电极表面,两热电极之间用涂层绝缘,仅以针尖镀层构成测量端。

3) 热电极材料直接蒸镀在被测体表面的热电偶

这种热电偶的镀层极薄,不影响被测表面的温度分布,响应速度很快,可达微秒级,是一种较理想的表面热电偶。

普通热电偶和薄膜热电偶广泛应用在火炮温度测量工作中。

8.2.4 热电偶的冷端温度补偿

用热电偶测温时,热电偶输出的是热电势的大小,根据热电势的值查对应的热电偶分度表即可获得所测温度的高低。热电偶的分度表是以冷端温度等于 0℃ 为条件编制的。在测温过程中,冷端温度必须保持在 0℃;否则将引入测量误差。为了保证测量精度,常采用以下措施。

1. 冷端恒温

测温时,将热电偶的冷端置于温度为 0℃ 的恒温冰点槽中,如图 8-8 所示。这是一个充满蒸馏水和碎冰块的恒温容器。为使两电极绝缘,将两个电极分别置于两个试管中,在试管内注满了变压器油,以改善传热性能。

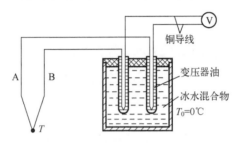

图 8-8 恒温冰点槽示意图

冷端恒温法是一种精度很高的参比端温度处理方法,但此种方法应用非常麻烦,因此仅限于实验室使用。

2. 冷端温度校正

在实际测温过程中,热电偶的冷端温度保持在 0℃ 是非常困难的,但可以保持在某一恒定的温度下,此时测量结果将存在系统误差,可采用冷端温度校正的方法进行修正。

如被测温度为 T,热电偶冷端温度为 T_n($T_n>0$),热电偶输出的热电势为 $E(T、T_n)$,根据中间温度定律,相对于热电偶冷端的热电势 $E(T、T_0)$ 可由下式计算,即

$$E(T,T_0) = E(T,T_n) + E(T_n,T_0) \qquad (8-11)$$

例 用镍铬-康铜热电偶测量火炮身管外表温度,已知冷端温度为 15℃,热电偶输出的热电势为 12.220mV,求火炮身管外表温度。

解:由式(8-11)得

$$E(T,0) = E(T,15) + E(15,0)$$

已知 $E(T,15) = 12.220$mV,查 E 型热电偶分度表得 $E(15,0) = 0.890$mV,则 $E(T,0) = 12.220$mV $+0.890$mV $= 13.110$mV。

查 E 型热电偶分度表得热端温度 $T = 196℃$。

3. 利用电桥补偿

热电偶测温时,热电偶的冷端不仅保持在 0℃ 有困难,就是将冷端温度固定

在某一值也需要增加复杂的保温设备,给测温带来较大的不便。如果不采取保温措施而将测温过程中开始时刻的环境温度作为热电偶冷端温度,由于在一个测温周期内环境温度是不断变化的,这个变化的温度必将引起热电偶冷端温度的变化,从而引入测温误差。电桥补偿法是利用不平衡电桥产生的电势来补偿热电偶因冷端温度变化而引起的热电势变化量的方法。

冷端温度补偿电桥的电路如图8-9所示。桥臂电阻 R_1、R_1、R_2、R_3、R_s、R_{Cu} 与热电偶冷端处于同一温度。其中 R_1、R_2、R_3 和限流电阻 R_s 均用锰铜丝绕制而成,电阻值几乎不随温度变化。R_{Cu} 为铜导线绕制的补偿电位器,在滑动触点位置固定的情况下,电阻值随温度的升高而增大。E 为(直流4V)电桥电源。桥臂的3个电阻 R_1、R_2、R_3 的阻值均为 1Ω。

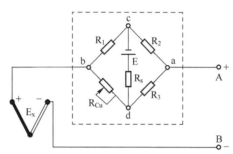

图8-9 冷端温度补偿电桥

在测温的开始时刻,测量环境温度 T_n,并同时调整电位器电阻,当 $R_{Cu}=1\Omega$ 时电桥平衡,此时电桥输出 $U_{ab}=0$。测温过程中,当环境温度(热电偶的冷端温度)升高时,R_{Cu} 随着增大,U_{ab} 也随着增大,而热电偶的热电势 E_x 却随着减小。如果 U_{ab} 的增加量等于 E_x 的减少量,则测温电路总的输出量 $E_{ab}=E_x+U_{ab}$ 的大小就不随热电偶冷端温度的变化而变化,从而达到补偿目的。

利用电桥补偿后得到的热电势是相对于冷端温度而言的,因此,还必须对获取的热电势采用冷端温度校正方法进行修正。

4. 利用导线补偿

用热电偶测温时,为了使热电偶的冷端温度固定或在一个小范围内波动,一般将热电偶冷端连同测量仪表远离工作端。对于用贵金属制作的热电偶,如果将工作端和冷端做得很长,势必造成很大的浪费。因此,一般采用一种价格低廉、在一定温度范围内(0~150℃)、热电特性与热电偶相匹配的补偿导线将热电偶冷端延伸出来。廉价金属制成的热电偶,可用自身材料延伸。

利用导线补偿的理论基础是连接导体定律和中间温度定律。

使用温度补偿导线时应注意:不同型号的补偿导线只能与相应型号的热电偶相配;连接补偿导线时,极性不得接反;否则会引入较大误差。

8.2.5 热电偶的测温电路

热电偶把被测温度信号变换成热电势信号后,需通过各种仪表来测量热电势的大小以显示温度。常用测量热电势的仪表有动圈式仪表、直流电位差计和数字电压表等。

1. 动圈式仪表

动圈式仪表配热电偶的测量线路如图 8-10 所示,由 3 部分组成,即温度补偿电桥、外线调整电阻 R_0 及动圈仪表。

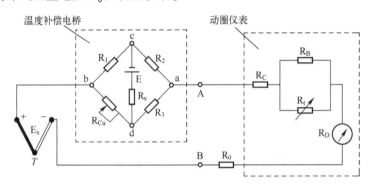

图 8-10 动圈式仪表配热电偶的测量电路

动圈式仪表实际上是一个电流测量电路,表头 R_D 显示的是温度值。

为保证流过动圈的电流与热电势有严格的对应关系,回路的总电阻值应为定值。然而由于动圈本身是由铜导线绕制而成的,因环境温度变化引起动圈内阻的变化将引起回路电流的变化,所以需要对动圈电阻进行温度补偿。图 8-10 中 R_t 是具有负温度系数的热敏电阻。当环境温度升高时,动圈的内阻增大,而热敏电阻的阻值减小,达到补偿目的。为防止补偿过度,与热敏电阻并联设置一个锰铜丝绕制的电阻 R_B,并联后的特性接近线性变化。此外,测量电路中还串接一个阻值较大的电阻 R_C,可减小由于动圈内阻随温度变化而引起的相对误差。一种动圈式仪表只能和某一种型号的热电偶相配套,并要求外电路的总阻值(热电偶电阻、温度补偿电桥的等效电阻、外线调整电阻之和)为 15Ω;否则将引入较大误差。

2. 直流电位差计

用动圈式仪表测量热电偶的热电势,实际上测量的是回路电流(流过热电偶的电流),由于热电偶具有一定的内阻,只要有电流流过,就有内部电压降产生,使得热电偶的端电压(热电势)发生变化而引入测量误差。用直流电位差计来测量热电势时,输入信号回路没有电流流过。因此,它可以精确反映热电势的大小。

直流电位差计电路如图 8-11 所示,图中 E_N 为标准电池,是一种电势非常稳定的化学电池;R_N 为标准电阻;G 为精度较高的检流计;E 为辅助电池;R 和 R_x 为电位器。

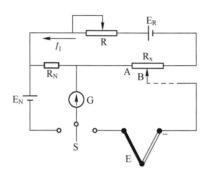

图 8-11 直流电位差计电路

3. 数字电压表

数字电压表是一种通用的电压测量仪表,它具有测量精度高、量程宽、使用方便等特点。有些先进的数字电压表还可以与计算机、打印机、信号分析仪器等设备进行配接,大大提高了设备的实用性。数字电压表的种类较多,但就其测量原理来讲,与其他的电压放大器大同小异,这里由于篇幅所限,不再详述。

8.2.6 热电偶测温误差分析

使用热电偶进行测温,结果中不可避免地存在测量误差。引起测量误差的原因是多方面的,下面介绍几种主要的误差来源及处理方法。

1. 传热误差

热电偶测温时,无论被测介质温度高于或者低于环境温度,都会通过热电偶进行热交换。当环境温度低于被测介质温度时,沿热电极有热量散失。环境温度高于被测介质温度时,沿热电极有热量吸入。使得热电偶工作端与被测介质的接触点处温度发生变化,引入测量误差。消除传热误差的有效方法是热电偶工作端与被测介质表面接触后沿等温线再敷设一段长度。

2. 老化误差

热电偶经过一段时间使用后,热电特性将发生变化,出现这种现象称为老化。发生老化的主要原因是热电偶材料长期在高温作用下变质,减小或消除该误差的方法是定期对热电偶进行检验。

3. 分度误差

由于热电极材料不符合要求或材料均匀性差等原因,热电偶的热电性质与统一的分度表之间产生分度误差。规程规定,这个误差不得超过±0.75%,所以热电偶在出厂前都应进行校验。

4. 补偿导线误差

在选用补偿导线时,尽管选取的补偿导线的热电性能可与热电偶相匹配,但两种不同的材料的热电性能肯定有差异,这个差异将引入测量误差。

5. 参比端温度误差

对于应用补偿电桥法补偿的自由端温度,只能在个别设计温度下才能完全补偿,其他各点将存在误差。

6. 动态响应误差

在温度测量过程中,接触式温度计是基于热平衡原理进行工作的,测温元件需要与被测介质接触并进行充分的热交换使之达到热平衡。测温元件与被测介质的热平衡需要一定的时间,即当被测介质的温度是一个变化量时,热电偶工作端的温度与介质温度之间存在时间滞后问题。经分析,热电偶是一种一阶线性测量器件,它的工作状态可用微分方程表示,即

$$\tau \frac{dT}{dt} + T = T_i \tag{8-12}$$

式中:T 为热电偶所指示的温度函数;T_i 为被测介质温度变化规律;τ 为热电偶的时间常数。

从式(8-12)中可以看出,时间常数 τ 越大,热电偶的动态响应误差 $T_i - T$ 就越大。时间常数不仅取决于热电偶材料的热导率、热节点的表面积、容积、比热容,还取决于被测介质的热容和热导率等,即

$$\tau = \frac{C\rho V}{\alpha A_0} \tag{8-13}$$

式中:C 为热电偶接点比热容;ρ 为热电偶接点密度;V 为热电偶接点容积;α 为传热系数;A_0 为热电偶接点与被测介质接触的表面积。

每种热电偶的时间常数可以通过试验方法测定。减小时间常数的措施:一是减小热电偶接触点的体积,接点体积减小,热容也随之减小,而且传热系数随接点尺寸减小而增大;二是增大热电偶接点与被测介质接触的表面积,对于相同体积的热电偶接点,若将球形压成扁平状,体积不变而表面积增大了,这样就可以减小时间常数。

8.3 热电阻测温技术

前面讨论了热电偶测温技术,尽管热电偶可以测量-270~2800℃范围内的温度,但当温度低于500℃时,热电偶的灵敏度较低,测量结果的相对误差显得

特别突出。通常在测量低于500℃的温度时,采用另一种测温方法,即利用电阻温度计测温。

电阻温度计是利用导体或半导体电阻值随温度而变化的性质设计而成。在工业生产、国防建设中广泛应用电阻温度计测量-250~500℃之间的温度。

电阻温度计具有以下特点:测量精度高、灵敏度高,在500℃以下,输出信号比热电偶大得多;输出的电信号易于实现远距离传输、控制和多点自动测量;与热电偶相比,不存在冷端温度补偿问题。

电阻温度计的感温元件是热电阻,制作热电阻的材料应具有:电阻温度系数大;电阻率大;在整个测量范围内,应具有稳定的物理、化学性能;电阻与温度之间呈近似线性关系,且这种线性关系有良好的重复性;易于加工,价格便宜。

电阻温度计按材料的导电性能可分为金属丝电阻温度计和半导体电阻温度计两种。

8.3.1 金属丝电阻温度计

绝大多数金属导体的电阻随温度的升高而升高,金属丝电阻温度计就是利用这一性质进行工作的。在一定温度范围内,金属丝电阻与温度的关系为

$$R_t = R_0 + \Delta R_t \tag{8-14}$$

式中:R_t为温度为t时的电阻值;R_0为温度为0℃时的电阻值;ΔR_t为温度由0℃变化到t时的电阻值改变量。

常用的标准化金属丝电阻温度计有铂电阻温度计、铜电阻温度计两种。

1. 铂电阻温度计

铂电阻温度计由于测量精度高、化学稳定性好、容易提纯、便于加工等优点,是电阻温度计中最常用的测温设备。1968年国际实用温标(IPTS—68)中规定:在-259.35~630.74℃温度范围内,用铂电阻温度计作为基准仪器,并规定铂的纯度为$(R_{100}/R_0)>1.3925$(R_{100}表示100℃时铂电阻的阻值,R_0表示0℃时铂电阻的阻值)。对于工程中应用的铂电阻的纯度为$(R_{100}/R_0)>1.391$。

目前我国工业、国防上应用的铂电阻温度计的分度号为B_{A1}和B_{A2}。热电阻的初值R_0的大小应适中,从减小引出线和连接导线电阻变化的影响和提高热电阻灵敏度两方面考虑,希望R_0越大越好;从减小热电阻体积、减小热惯性、提高温度响应能力和减小热电阻本身发热造成测温误差方面考虑,希望尺寸越小越好。常用铂电阻温度计B_{A1}和B_{A2}的R_0分别为46Ω和100Ω。

2. 铜电阻温度计

铜电阻温度计的电阻值与温度之间几乎是线性变化的,电阻温度系数也比较大,而且材料容易提纯,价格比较便宜。在-50~150℃温度范围内,大都使用

铜电阻温度计测温。铜电阻温度计的分度号为 Cu50 和 Cu100。

铜电阻温度计的缺点：一是电阻率较小，要制作一定阻值的铜电阻，其铜丝的直径要取得很细，长度做得很长，从而使得体积增大，机械强度降低；二是易氧化，故只能使用在无侵蚀的介质中。

利用电阻温度计进行温度测量时，温度的变化通过电阻温度计转变成了电阻的变化。要测量电阻的变化，一般是将电阻温度计的输出电阻作为电桥的一个桥臂，通过电桥电路将电阻的变化转换为电压的变化。

8.3.2 半导体电阻温度计

半导体电阻温度计是采用金属（镍、锰、铜、钛、铁、镁）氧化物的粉末按一定比例混合并在 1000~1300℃ 的高温下烧结而成的半导体材料制成的。利用半导体热敏电阻作为感温元件的半导体电阻温度计，近年来应用日趋广泛。半导体电阻温度计的主要优点是：电阻温度系数大，绝对值比金属电阻温度计大 4~9 倍，而且有正或负的温度系数；电阻率大，可以做成体积很小而电阻很大的电阻温度计；热容小，可用来测量点的温度。缺点是：性能不稳定，测温精度差；同一型号的热敏电阻的电阻温度特性分散；电阻值的变化与温度的变化非线性严重，使用不方便。因此，半导体温度计的应用受到一定限制。在火炮温度测量过程中基本不采用半导体电阻温度计。

8.4 热辐射测温技术

当物体受热后，将有一部分热能转变为辐射能，辐射能以电磁波的形式向四周辐射，物体的温度越高，向四周辐射的能量就越多。辐射能包括的波长极广，从 γ 射线到电磁波，研究的对象主要是物体能吸收又能把它转换成热能的那些射线。其中，最显著的是可见光和红外线光，即波长从 0.4~40μm 的射线，对应于这部分波长的能量称为辐射能。

受热物体的热辐射能大小随温度变化时，处于一定位置的热辐射能接收器接收到的能量也在发生变化，且与受热物体的温度呈一定的关系，通过测量热辐射能接收器接收到的信号即可确定受热物体的温度。辐射式温度计就是利用这种原理制成的。

辐射式测温的优点是：由于是非接触式测温，它不会破坏被测介质的温度场；由于非接触，测温元件不必与被测介质达到相同的温度，因此有很高的测温上限；由于测温元件不必与被测介质达到热平衡，因而温度计的热滞后现象不明显，响应快；辐射式温度计的输出信号大，灵敏度高。它的主要缺点是：结构复杂,测量精度不如接触式温度计高。

辐射式温度计有全辐射高温计、光学高温计、光电高温计、比色高温计和红外辐射测温仪等,本节仅介绍火炮温度测量中用到的全辐射高温计、比色高温计和红外辐射测温仪。

8.4.1 全辐射高温计

1. 辐射测温的物理基础

物体对热能的吸收、反射和穿透的能力取决于物体本身的性质。如用 Q 表示落在某物体的总热能,而 Q_A、Q_B、Q_C 表示被物体吸收、被物体反射和被物体穿透的能量,则物体的吸收率 $A=Q_A/Q$、反射率 $B=Q_B/Q$、穿透率 $C=Q_C/Q$。当 $A=1$ 时,表示物体上的热辐射能全部被吸收,这种物体称为绝对黑体。当 $B=1$ 时,表示物体上的热辐射能全部被反射,这种物体称为绝对白体。当 $C=1$ 时,表示物体上的热辐射能全部被穿透,这种物体称为绝对透明体。实际上,绝对黑体、绝对白体和绝对透明体是不存在的,一般物体的 A、B 和 C 均小于1。所以工程上遇到的物体都有吸收、反射和穿透,若某种物体的吸收率在给定温度下对所有波长都不变,则称为灰体。

物体在单位时间内每单位面积所辐射出的辐射能量称为辐射能力,用 E 表示,即

$$E = Q/F \tag{8-15}$$

这个辐射能量包含着波长 λ 从 $0\sim\infty$ 的一切波长的总辐射能量。

单位时间内每单位面积上辐射出某一波长的辐射能量称为单色辐射能力,用 E_λ 表示,即

$$E_\lambda = dE/d\lambda \tag{8-16}$$

普朗克定律指出了绝对黑体的单色辐射能力 $E_{0\lambda}$ 随波长 λ 和热力学温度 T 变化而变化的规律,其关系式为

$$E_{0\lambda} = c_1 \lambda^{-5} (e^{\frac{c_2}{\lambda T}} - 1)^{-1} \tag{8-17}$$

式中:c_1 为第一辐射常量,$c_1 = 3.7418\times10^{-16}\text{W}\cdot\text{m}^2$;$c_2$ 为第二辐射常量,$c_2 = 1.4388\times10^{-2}\text{m}\cdot\text{K}$。

普朗克定律只给出绝对黑体单色辐射能力随温度的变化规律,若要得到波长 λ 从 $0\sim\infty$ 之间全部辐射能力的总和 E_0,把 $E_{0\lambda}$ 对 λ 从 $0\sim\infty$ 进行积分,即

$$E_0 = \int_0^\infty E_{0\lambda} d\lambda = \int_0^\infty c_1 \lambda^{-5} (e^{\frac{c_2}{\lambda T}} - 1)^{-1} d\lambda = \sigma T^4 \tag{8-18}$$

式中:σ 为斯忒藩-玻耳兹曼常量,$\sigma = -5.67\times10^{-8}\text{W}/(\text{m}^2\cdot\text{K}^4)$。

式(8-18)表明,绝对黑体的全辐射能力和绝对温度的四次方成正比,该式称

为斯忒藩-玻耳兹曼定律,也称全辐射定律,它是全辐射高温计测温的理论基础。

由式(8-18)可知,当知道绝对黑体的全辐射能力后,就可知道绝对温度。全辐射高温计是以黑体的辐射能力与温度的关系进行刻度的。而在实际中,被测物体是以灰体性质存在的。灰体的全辐射能力与温度的关系为

$$E_{0h} = \varepsilon_T \sigma T^4 \tag{8-19}$$

式中:ε_T为灰体物体的全辐射黑度。

由上分析可知,利用以黑体的辐射能力与温度的关系进行刻度的全辐射高温计测量灰体物体的温度时,得到的测量结果将低于物体的真实温度,这个温度称为辐射温度。辐射温度定义为:当灰体物体在温度为T时所辐射的总能量E_{0h}与黑体在温度T_p时所辐射的总能量E_0相等时,此黑体的温度T_p称为物体的辐射温度。由此可得

$$\varepsilon_T \sigma T^4 = \sigma T_p^4 \tag{8-20}$$

则

$$T = T_p \sqrt[4]{\left(\frac{1}{\varepsilon_T}\right)}$$

由式(8-20)知,用全辐射高温计测量灰体物体的温度时,其温度计读数是被测物体的辐射温度,然后根据已知物体的全辐射黑度,即可换算出被测物体的真实温度。

2. 全辐射高温计结构与工作原理

全辐射高温计主要由辐射感温器、辅助装置和显示仪表3部分组成。辐射感温器的作用是将被测物体的辐射能转变为热电势。图8-12所示为常用的WFT-202型全辐射高温计的辐射感温器结构。被测物体发射的热辐射能量,经过对物透镜将辐射热能聚焦在热电堆(由一组微细的镍铬-康铜热电偶串联而成)上转换成热电势输出,其值与被测物体的表面温度成比例,通过电位差计或数字电压表进行记录。

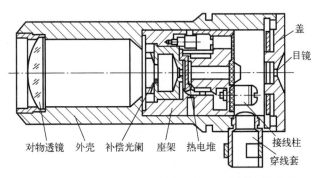

图8-12 WFT-202型全辐射高温计的辐射感温器结构

8.4.2 比色高温计

由维恩位移定律可知,当温度升高时,绝对黑体的单色辐射强度也随之增强,增强的程度随波长不同而异,单色辐射强度的峰值向波长减小的方向移动。同时辐射能量的光谱分布也按相同规律发生变化,因而对于相同温度下的不同波长 λ_1 和 λ_2 所对应的亮度及亮度比值也会发生变化,根据亮度比值就可确定绝对黑体的温度。

绝对黑体在温度为 T_s 时,波长 λ_1 和 λ_2 所对应的亮度可表示为

$$L_{0\lambda_1} = cc_1 \lambda_1^{-5} e^{-\frac{c_2}{\lambda_1 T_s}} \tag{8-21}$$

$$L_{0\lambda_2} = cc_2 \lambda_2^{-5} e^{-\frac{c_2}{\lambda_1 T_s}} \tag{8-22}$$

以上两式相除取对数,得

$$T_s = \frac{c_2 \left(\frac{1}{\lambda_1} - \frac{1}{\lambda_2} \right)}{\ln \frac{L_{0\lambda_1}}{L_{0\lambda_2}} - 5 \ln \frac{\lambda_2}{\lambda_1}} \tag{8-23}$$

由式(8-23)可知,在预先规定的 λ_1 和 λ_2 波长情况下,只要知道该波长的亮度比,就可求得绝对黑体的温度。

用这种方法测量灰体温度时,所得温度称为比色温度或颜色温度。

比色温度定义:当温度为 T 的灰体在两个波长下的亮度比值与温度为 T 的绝对黑体的上述两波长下的亮度比值相等时,T 称为这个灰体的比色温度。

根据上述定义,应用维恩公式,由黑体和灰体的单色亮度可得

$$\frac{1}{T} - \frac{1}{T_s} = \frac{\ln \frac{\varepsilon_{\lambda_1}}{\varepsilon_{\lambda_2}}}{c_2 \left(\frac{1}{\lambda_1} - \frac{1}{\lambda_2} \right)} \tag{8-24}$$

式中:T 为被测物体的真实温度;T_s 为被测物体的比色温度;ε_{λ_1},ε_{λ_2} 为被测物体在波长 λ_1 和 λ_2 时的单色辐射黑度系数。

由式(8-24)知,当已知被测物体的单色辐射黑度系数 ε_{λ_1} 和 ε_{λ_2} 后就可由实测的被测物体的比色温度而换算出真实温度。在设计比色高温计时,选择合适的滤光片,使 λ_1 和 λ_2 刚好有 $\varepsilon_{\lambda_1} = \varepsilon_{\lambda_2}$,则 $T = T_s$。实际上,由于比色高温计所选波长 λ_1 和 λ_2 非常接近,单色辐射黑度系数 ε_{λ_1} 和 ε_{λ_2} 也非常接近。因此,比色高温计在不安装任何滤光片时,物体的比色温度与真实温度相差的也很小。

图 8-13 所示为 WDS-2 型光电比色高温计的工作原理图。它由变送器和电子电位差计两部分组成。被测对象的辐射能经物镜 1 聚焦后,经平行平面玻

璃 2 成像于光阑 3,再经光导棒 4 混合均匀后投影在分光镜 5 上。分光镜使辐射能分成波长为 λ_1 和 λ_2 两部分,它使波长为 λ_2 的长波(波长约为 1μm 的红外光)穿过,经红外滤光片 8 将少量短波部分滤掉,然后由红外接收元件的硅光电池 9 接收,转换成电信号后输入给经改装的电子电位差计。同时,分光镜使波长为 λ_1 的短波(波长约为 0.8μm 的可见光)部分反射,并经可见光滤光片 6 将其少量的长波部分滤掉,由可见光接收元件的硅光电池 7 接收并转换成电信号,同样也输入给经改装的电子电位差计。

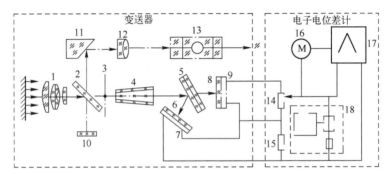

图 8-13 WDS-2 型光电比色高温计示意图
1—物镜;2—平行平面玻璃;3—光阑;4—光导棒;5—分光镜;6—可见光滤光片;
7,9—硅光电池;8—红外滤光片;10—瞄准反射镜;11—圆柱反射镜;12—目镜;13—多夫棱镜;
14—控制电位器;15—负载电阻;16—可逆电动机;17—放大器;18—回零器。

在光阑前的平行平面玻璃 2 将部分光线反射至瞄准反射镜 10 上,再经圆柱反射镜 11、目镜 12、多夫棱镜 13,从观察系统便能清晰地看到被瞄准的被测对象。

当两个硅光电池 7 和 9 的输出信号电压不相等时,测量电桥失去平衡,不平衡信号经电子电位差计的放大器 17 放大后,驱动可逆电动机 16 带动指针向一定方向移动,直至电桥平衡为止。此时指针在刻度标尺上所指示的位置,即为两硅光电池输出电压的比值,也就是被测对象的比色温度。

WDS-2 型光电比色高温计有 800~1600℃ 和 1200~2000℃ 两个测量范围,其精度为测量上限的 1%。比色高温计比其他辐射式高温计的测温准确度要高,这是因为:一是中间介质(如水蒸气、一氧化碳、二氧化碳和灰尘等)的吸收对单色辐射强度比值的影响较小;二是比色温度接近真实温度,如对被测物体无法得知全辐射黑度或单色辐射黑度系数时,用比色温度来代替真实温度比其他方法更准确;三是对物体的黑度系数很难准确测得,但对物体在两个波长下的单色辐射黑度系数的比值却可以测得相当准确,因此,用式(8-20)来修正比色温度也是相当准确的。

8.4.3 红外辐射测温仪

根据普朗克定律绘制的物体辐射能力与波长和温度的关系曲线如图 8-14 所示。

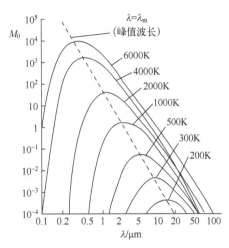

图 8-14 绝对黑体辐射能力、波长和温度的关系

由图 8-14 可见,在 2000K 以下的温度,曲线的峰值所对应的波长已不是可见光(可见光的波长为 400~760nm)而移到红外光区。对这种不可见的红外光需要用红外敏感元件(红外辐射测温仪)来检测。红外辐射测温仪主要由光学系统、红外探测器及测量电路等部分组成。

1. 光学系统

红外辐射测温仪光学系统的功能是把被测体辐射的红外线聚焦到红外探测器上。光学系统有反射式和透射式两种。反射式多采用表面镀有金、铝、镍或铬等对红外线辐射反射率很高的材料制成的凹面镜,它对红外线的吸收少,有利于提高设备的灵敏度,但结构复杂。透射式光学系统的透镜需采用能透过所需波段红外线的材料制作,测 700℃ 以上高温时,主要探测 0.76~3μm 的近红外区,可用一般光学玻璃或石英制作透镜;测 100~700℃ 范围的中温区时,主要探测 3~5μm 的中红外区,多用氟化镁、氧化镁等热压光学材料制作透镜;测 100℃ 以下低温时,主要探测 5~14μm 的中、远红外区,多采用锗、硅、热压硫化锌等材料制作透镜。

2. 红外探测器

红外辐射测温仪的红外探测器的功能是接收被测物体的红外辐射能,并把它们转换为电信号输出。红外探测器按其工作原理分为光电红外探测器和热敏红外探测器两类。

1) 光电红外探测器

光电红外探测器是利用某些物质中的电子因吸收红外辐射而改变运动状态的原理工作的,它又分为光电导型和光生伏特型两种。

光电导型探测器的敏感元件是光敏电阻,当红外辐射照射在光敏电阻上时,光敏电阻的电导率增加,随着接收辐射功率的不同,电导率也不同。各种半导体材料制作的光敏电阻只能对某一波段的辐射能有响应。

目前常用的光敏电阻有硫化铅(室温下它所探测的波段为 $0.4 \sim 3.2 \mu m$)、硒化铅(室温下它所探测的波段自可见光到 $4.5 \mu m$),还有砷化铟、锑化铟等,探测波长都不超过 $7 \mu m$,且都需在低温下工作。

光生伏特型探测器的敏感元件是光电池,当它被红外线照射后就有电压输出,输出电压大小与所接收的辐射功率有关。常用光电池主要有锗光电池、硅光电池和碲锡铅三元合金光电池等。不同的光电池探测的波段不同,锗光电池的探测波长为 $0.4 \sim 2.5 \mu m$,硅光电池的探测波长为 $0.4 \sim 1.1 \mu m$,碲锡铅三元合金光电池在低温下的探测波长可达 $11 \mu m$。

2) 热敏红外探测器

热敏红外探测器是利用红外辐射的热效应原理,即物体受红外辐射能的作用而温度升高,再用热敏感元件探测温度的变化。常用的热敏感元件主要有热敏电阻和热电偶。

8.5 火炮温度测量技术

火炮是一种高温、高速、高压并伴随有强烈振动的特种热机,温度是描述火炮工作状态的一个重要参数,不论是分析火炮射击时的热功转换过程,还是研究高温、高压火药燃气作用下的材料强度和零件寿命,都要求实际测量火药燃气和零部件的温度。射击时,火药燃烧产生的气体温度可达 $2000 \sim 3000 ℃$,弹子飞离炮口瞬间,火药燃气温度仍可达 $2000 ℃$ 左右,且作用时间只有几毫秒。在火药燃气的作用下,身管内壁的温度可急剧地加热至 $1000 ℃$ 左右,如果自动武器进行连发射击,整根身管温度可达几百摄氏度,炮口处的表面温度最高可达 $450 ℃$。

鉴于这样一种工作情况,在火炮研制和使用过程中,温度的测量就有其重要意义。

火炮射击时,火药燃气生成的热能有 $10\% \sim 20\%$ 被身管吸收,使身管的温度升高。身管温度升高后,将对身管带来不利影响:金属表面变软,加速了身管内腔的磨损和火药燃气的冲刷作用,在相同的条件下,高温磨损比常温磨损快 $2 \sim 3$ 倍;由于身管温度的升高,内膛尺寸将发生变化,使得射击精度变低,当炮口温度达到 $300 ℃$ 时,射击精度可下降 1/4~1/3。通过温度测量,可掌握温度对身管的影响程度。

火炮射击时,反后坐装置要消耗后坐能量,其中一部分变成热能,使反后坐装置的液体温度升高,液体特性发生变化,进而影响反后坐装置的工作。如果液体温度超过 100℃,就会损坏反后坐装置的紧塞器具。反后坐装置的液体温度升高与武器的射速有关,通过对反后坐装置液体温度的测量,可确定武器的最高射速,防止反后坐装置某些零部件的损坏。

炮膛内壁温度的测量和火药燃气温度的测量对内弹道学理论也有着重要意义。通过对部分损失的热能进行精确测量,将使内弹道方程中的能量方程更符合实际情况,这将有助于内弹道的研究和计算。

火炮射击过程中需要测量的温度有以下几种。

8.5.1 身管内壁温度测量

身管内壁温度测量有以下特点。

(1) 温度范围宽。射击前近似环境温度,射击过程中最高可达 1000℃。

(2) 高温、高压的工作环境。测量时传感器不仅要感受高温,而且还要承受 300~700MPa 的高压。

(3) 瞬态的升温过程。由于射击过程中,火药在膛内的燃烧时间只有几毫秒,故炮膛内壁的升温是一个瞬变过程。

(4) 火药燃气在高温、高压下具有较强的腐蚀性,且火药燃气的流动具有一定的冲刷作用。

根据前面介绍的几种测温方法进行比较,从各个方面综合考虑,热电偶是最理想的测量身管内壁温度的传感器。热电偶能够承受膛内的高压;通过选取热电偶的材料和采取一定的措施后,热电偶的抗腐蚀性能好;测温范围宽,如铂铑 30-铂铑 6 热电偶可在 1600℃ 以下长时间使用,铂铑-铂热电偶可在 1300℃ 以下长时间使用,镍铬-镍硅热电偶可在 900℃ 以下长时间工作,短期测量可达 1300℃;适当选择热电偶的结构和制造工艺,可以得到较高的响应能力。

在众多的热电偶中,由于镍铬-镍硅属于廉价热电偶,具有复制性好、灵敏度高、线性度好等优点,考虑到炮膛内壁温度不会长时间超过 900℃ 这一特点。因此,这种热电偶广泛应用在炮膛内壁温度的测量中。

利用热电偶测量身管内壁温度有两种形式。

1. 直接测量法

该种方法是在火炮身管上的需测温部位开一个通孔,并将一定形状的热电偶测温传感器旋紧于孔内,并使热电偶的工作端面与炮膛内壁齐平,如图 8-15 所示。对于测压枪、炮,可将热电偶测温传感器安装在测压孔内。

热电偶测温传感器的结构如图 8-16 所示,主要由本体、热电极、绝缘物、接头及第三导体等组成。热电偶采用薄膜式结构;热电极一般采用直径为 0.3mm 的镍铬-镍硅丝;接头是针对测压枪、炮的测压孔设计的一种结构,如果安装热电偶测温传感器的孔不是测压孔,可根据具体形状的孔设计接头,原则是在传感器安装到位后,传感器的工作面应与身管内壁齐平,且应能承受火药燃气的压力;第三导体(传感器的工作面)是一个厚度为 $2\sim3\mu m$ 的镀膜,采用真空蒸镀方法制成,镀膜材料与身管内壁的镀层材料(铬)相同,镀层将两个热电极连通,根据中间导体定律,当镀膜与两个热电极接点的温度相同时,不会影响测量结果;绝缘物用来固定热电极,采用氧化铜和正磷酸为基础的高温黏结剂在高温下固结。

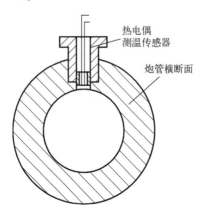

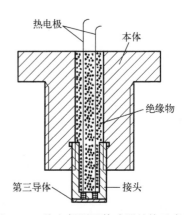

图 8-15　热电偶传感器安装示意图　　图 8-16　热电偶测温传感器结构示意图

该测温方法由于热电偶测温传感器与身管内壁处于相同的状态,因此测量精度高。但传感器的安装比较麻烦,如果传感器的工作面凸出身管内壁,射击时就会损坏传感器,甚至造成炸膛的严重事故。如果传感器的工作面凹进身管内壁,热电偶测温传感器的工作面与身管内壁所处的状态就会存在差异,给测量结果带来误差。

2. 管壁内埋设热电偶法

此种方法是在火炮身管需测温部位的某一深度上埋设热电偶,即在身管上钻一个一定深度和大小的圆孔,而后将普通结构的镍铬-镍硅热电偶工作端用电弧焊法或接触焊法将其焊在孔底,从而测得管壁内不同深度上的温度变化,然后再利用外推法计算身管内壁的温度。这种方法因热电偶不直接接触火药燃气,腐蚀轻微。由于管壁的导热过程,对热电偶的时间响应要求较低。但是,由于热电偶的埋设点距身管内壁的距离不易精确测量,计算中容易引入较大误差。该方法在测量精度要求不高时是一种常用的方法。

8.5.2 身管外壁温度测量

火炮射击时身管外表面温度最高不超过600℃,由于身管的热容大,温度的变化比较缓慢,所以测量条件并不苛刻。前面介绍的热电偶测温技术、热电阻测温技术和热辐射测温技术都可对身管外表面温度进行测量。但是,根据几种测温方法的特点分析,从测量精度、传感器安装的方便性、传感器的复杂程度以及传感器的成本等方面考虑,用热电偶进行测温是比较理想的方法。测量时只需用焊接或压紧的方法把热电偶的工作端贴合在身管外表面的待测点上,就可由测量系统的指示读出待测温度的数值。

利用热电偶测温,必须满足热电偶的工作端温度与被测点温度达到热平衡,才能获得高精度的测量结果。当把热电偶的工作端贴合到身管外表面的被测点后,由于热电偶丝的导热作用,热电偶的工作端就会不断地从接触点吸收热量,并通过热电偶丝将热量散失掉,从而使待测点的温度场发生畸变,引入测量误差。为减小由于热电偶丝的导热作用引入的测量误差:一方面可以选取较细的热电偶丝;另一方面可采用图8-17所示的等温引出法,即将热电极沿身管外表面的等温区域敷设一段距离(约50倍热电极直径),然后再离开待测物表面。在等温敷设段内热电极与身管表面用绝缘层隔开。

图8-17 等温引出示意图

身管外表面温度测量用的热电极材料为镍铬-康铜丝,镍铬-康铜丝属于廉价金属,可长期工作在800℃以下。

8.5.3 膛内火药燃气温度测量

火炮是以火药燃气压力为能源的特种机械,它具有高压(200~700MPa)、高温(2000~3000℃)、作用时间短(10^{-4}~10^{-1}s)等特点。

在进行膛内火药燃气温度测量时,选用的温度传感器及相应的测量电路应能适应这些特点的需要。

在前面介绍的几种测温方法中,热电偶不适合膛内火药燃气温度的测量:一是标准热电偶的测温最高上限是1800℃,不能承受3000℃的高温,虽然钨铼系列热电偶的测温最高上限温度可达2800℃,但由于该热电偶没有标准化,使用时既无制式热电偶可选,又无分度表可查,无法应用到实际测温工作中;二是热电偶的热惯性大、响应时间长,不能真实反映火药燃气的温度。

电阻温度计测温的范围是-250~500℃,不能承受如此高的温度。因此,该方法也不适合膛内火药燃气温度的测量。

目前,主要采用比色高温计测量膛内火药燃气温度。由于身管对火药燃气热辐射能的屏蔽作用,利用比色高温计测温时,需在身管的测量部位开一个通孔,并装上石英晶体观察窗。石英晶体观察窗的作用有两个:一是密闭火药燃气;二是引出火药燃气的热辐射能。随着光纤技术的发展,用光纤技术将膛内火药燃气温度的光谱引出并传至比色高温计的技术在逐步得到广泛应用,光纤比色高温测试系统可以测量3500℃以下的高温,响应时间可到 μs 级或 ns 级。

对于炮口火药燃气温度的测量,可采用全辐射高温计、比色高温计及红外辐射测温仪等设备进行。

8.5.4 反后坐装置液体温度测量

反后坐装置(驻退机、复进机)在火炮射击过程中工作腔内的液体温度将不断升高,但不会超过110℃。由于液体和反后坐装置本体的热容大,因此温升比较缓慢。选用反后坐装置液体温度测量设备时,可不考虑设备的响应时间。根据前面的分析,尽管热电偶可以测量 $-270 \sim 2800$ ℃范围内的温度,但当温度低于500℃时,热电偶的灵敏度较低,测量精度差。如果用热电偶温度计测量反后坐装置工作腔内液体的温度,将得不到精度较高的测量结果。电阻温度计在测量500℃以下温度时,具有测量精度高、灵敏度高等优点。因此,利用电阻温度计测量反后坐装置工作腔内液体的温度可以满足要求。通常是将温度传感器安装在反后坐装置的驻液孔内,并使传感器的工作端浸没在驻退液体内。

第 9 章

虚拟仪器检测与诊断技术

9.1 虚拟仪器技术

传统的测试系统或仪器主要由 3 个功能块组成:信号的采集与控制、数据的分析与处理、结果的表达与输出。由于这些功能块基本上是以硬件或固化的软件形式存在,仪器只能由生产厂家来定义和制造。因此,传统仪器设计复杂,灵活性差,整个测试过程几乎仅限于简单地模仿人工测试的步骤,在一些较为复杂和测试参数较多的场合下,使用起来很不方便。随着社会信息化的高度发展,要求在有限的时间和空间内实现大量的信息交换,而传统的测试仪器由于在测试功能、系统扩展、价格、通用性方面都有不足之处,从而人们开始考虑利用计算机强大的数据处理功能和丰富的图形显示功能,实现传统电子测试仪器的部分或全部功能。1986 年,美国国家仪器(NI)公司首先提出虚拟仪器(virtual instruments)的概念,虚拟仪器的产生,是测试仪器的一次革命。

所谓虚拟仪器,就是在以通用计算机为核心的硬件平台上,由用户设计定义、具有虚拟面板、测试功能由测试软件实现的一种计算机仪器系统。使用者用鼠标点击虚拟面板,就可操作这台计算机系统硬件平台,就如同使用一台专用电测量仪器。虚拟仪器的出现,使测量仪器与个人计算机(PC)的界线模糊了。虚拟仪器通过软件将计算机硬件资源与仪器硬件有机地融合为一体,从而把计算机强大的计算处理能力和仪器硬件的测量、控制能力结合在一起,实现普通仪器的全部功能以及一些在普通仪器上无法实现的功能。由于没有专门的前面板、显示器和电源,其硬件通常在 PC 或 VXI/CPCI 主机中,大大缩小了仪器硬件的成本和体积,所有仪器面板和显示器都在监视器上模拟,并通过软件实现对数据的显示、存储以及分析处理,所以称为虚拟仪器。虚拟仪器不但功能多样、测量准确,而且界面友好、操作简易,与其他设备集成方便灵活。虚拟仪器技术的出现彻底打破了传统仪器由厂家定义、用户无法改变的模式,给用户一个充分发挥自己才能和想象力的空间。用户可以根据不同要求,设计自己的仪器系统,满足多样的应用需求。

虚拟仪器强调充分利用计算机内部的系统资源(微处理器、内存等)及其完善的数据分析和处理能力,实现测试仪器的全部测试功能,其在灵活性、性价比、用户化等方面,有着得天独厚的优势,是传统仪器无法媲美的。目前,我国高档台式仪器如数字示波器、频谱分析仪、逻辑分析仪等还主要依赖进口,这些仪器加工工艺复杂,对制造水平要求高,生产突破有困难,而采用虚拟仪器技术,可以通过只采购必要的通用仪器硬件来设计自己的高性能价格比的仪器系统。

在专用测量系统方面,虚拟仪器的发展空间更为广阔。无所不在的计算机应用为虚拟仪器的推广提供了良好的基础。虚拟仪器适合一切需要计算机辅助进行数据存储、数据处理、数据传输的计量场合,这些计量场合只要技术上可行,都可用虚拟仪器代替。在自动控制和工业控制领域,虚拟仪器同样应用广泛。绝大部分闭环控制系统要求精确的采样,及时的数据处理和快速的数据传输。虚拟仪器系统恰恰符合上述特点,十分适合测控一体化的设计。

虚拟仪器技术的最大特点是"软件就是仪器"的全新观念,它打破了传统测试仪器由厂家定义,用户无法改变的模式。虚拟仪器将传统仪器的三大功能(信号的采集与控制、数据的分析与处理、结果的表达与输出)全部放在计算机上来实现,即可在计算机内插入数据采集卡或外置数据采集盒,经数据采集卡上的 A/D 或 D/A 转换器,用软件对其采集进来的信号进行分析与处理,并在计算机屏幕上生成仪器面板,完成仪器的控制和显示,最终实现传统测试仪器的所有功能。

虚拟仪器通常由硬件设备与接口、设备驱动软件、测试功能软件和可视化虚拟仪器面板等组成。其中,硬件设备与接口可以是各种以 PC 总线为基础的内置数据采集卡(PC-DAQ)、通用接口总线(如 GPIB)接口卡、串行口、VXI 总线仪器、PXI 总线仪器等设备,或者是其他各种可程控的外置测试设备。设备驱动软件是直接控制各种硬件接口的 I/O 驱动程序。虚拟仪器通过底层设备驱动软件与真实的仪器模块系统进行通信,并以虚拟仪器面板的形式,在计算机屏幕上显示与真实仪器面板操作元素相对应的各种控件,在这些控件中集成了对应仪器的程控信息,所以用户用鼠标操作虚拟仪器的面板,就如同操作真实仪器一样真实与方便。

其硬件一般分为基础硬件平台和仪器硬件设备。基础硬件平台目前可以选择各种类型的计算机,而仪器硬件设备则主要包括各种计算机内置插卡和外置测试设备等。根据所用仪器硬件的不同,虚拟仪器可分为以计算机数据采集卡和信号调理为仪器硬件的 PC 总线式以及 GPIB(IEEE488)总线式、VXI 总线式、PXI 总线式、并行总线式、串行总线式、现场总线式等不同的硬件体系结构。目前,虚拟仪器的发展主流是 GPIB,PCI,VXI 和 PXI 4 种标准体系结构。

1. GPIB 总线式的虚拟仪器测试系统

GPIB 技术是 IEEE488 标准的虚拟仪器早期的发展阶段。它的出现使电子测量由独立的单台手工操作向大规模自动测试系统发展。典型的 GPIB 系统由一台 PC、一块 GPIB 接口卡和若干台 GPIB 形式的仪器通过 GPIB 电缆连接而成。在标准配置情况下,一块 GPIB 接口卡可带多达 14 台的仪器,电缆长度可达 20m。GPIB 技术可用计算机实现对仪器的操作和控制,替代传统的人工操作方式,可以很方便地把多台仪器组合起来,形成大的自动测试系统。GPIB 测试系统的结构和命令简单,主要市场在台式仪器市场。但是它与 PC 相连需要专用接口以及 GPIB 仪器,结构复杂,传递速率较低,逐渐被其他形式的仪器所代替。GPIB 测试系统适合精确度要求高,但不要求对计算机进行高速数据传输的应用,其成本也较高。

2. PCI 总线式的虚拟仪器测试系统

它借助于插入计算机内的数据采集卡与专用的软件,完成测试任务。充分地利用计算机的总线、系统内存、机箱、电源以及软件的便利,大大增加了测试系统的灵活性和扩展性,具有良好的开放式软、硬件平台。并且随着 A/D 转换技术、仪器放大技术、抗混叠滤波技术与信号调理技术的迅速发展,测试系统的采样速率最高已达到 1Gb/s,精度更高达 24 位,通道数高达 64 个,并能任意结合数字 I/O、模拟 I/O、计数器/定时器等通道。还可以在 PC 上挂接若干仪器厂家大量生产的测试功能模块,如示波器、数字万用表、串行数据分析仪、动态信号分析仪、任意波形发生器等,配合相应的软件,构成一台具有若干功能的 PC。但该方式易受 PC 机箱和总线限制,且存在电源功率不足、机箱内部的噪声电平较高、机箱内无屏蔽等缺点。由于插卡式仪器价格便宜,性价比高,灵活性好,PC 数量非常庞大,其在国内的用途还是相当广泛的。

3. VXI 总线式的虚拟仪器测试系统

VXI 总线是高速计算机总线 VME 在仪器领域的扩展,它具有稳定的电源,强有力的冷却能力和严格的RFI/EMI屏蔽。由于它的标准开放,且具有结构紧凑、数据吞吐能力强、定时和同步精确、模块可重复利用、众多仪器厂家支持的优点,尤其适用于组建大、中规模自动测试系统以及对速度、精度要求高的场合。然而,组建VXI总线要求有机箱、零槽管理器以及嵌入式控制器,造价比较高,硬件设计复杂,面市的品种也较少。

4. PXI总线式的虚拟仪器测试系统

总线技术的发展在某种程度上成为提高处理速度的一个瓶颈,PXI总线的成功推出使虚拟仪器取得了长足的进步,并成为目前虚拟仪器的主流总线,它的优势之一在于更快的传输速度,这不仅仅体现在内部的速率,同时也影响到了数据进行外部传输时的性能。典型的PXI总线式虚拟仪器测试系统的结构如图9-1所示,主要由传感器、信号调理、数据采集(DAQ)硬件、PC、软件等基本要素构成。PXI总线方式是在PCI总线内核技术上增加了成熟的技术规范和要求形成的。它增加了多板同步触发总线的参考时钟,适合精确定时的星形触发总线,以便于相邻模块的高速通信。PXI具有高度的可扩展性,它有8个以上的扩展槽,而台式PCI系统只有3~4个扩展槽,其不足是成本比较高,硬件设计复杂。

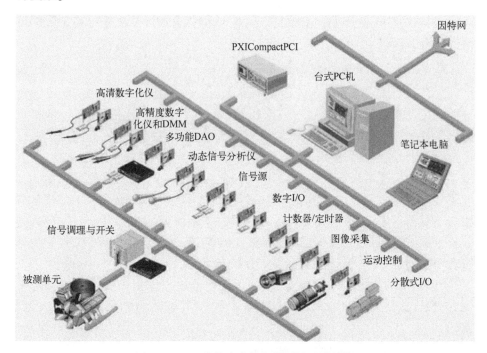

图9-1　PXI总线式虚拟仪器测试系统结构

由以上分析可知,GPIB 方式控制的虚拟仪器,主要针对单一的专用仪器,数据传输速度有限,通用性不强。基于 PXI 总线的虚拟仪器测试系统,由于电磁兼容性能及冷却性能的改善和它的模块式结构,它可用在一般要求的测试系统场合和系统总价格有所限制的测试系统中。而基于 VXI 总线的虚拟仪器,测试系统具有良好的性能,但由于价格昂贵,主要应用于尖端测试领域,特别适合高速大数据量测试系统、宽频带测试系统中。而由数据采集卡构成的 PCI 虚拟仪器通常适用于常规测试,其性能价格比较高,但数据处理速率有限。

针对装甲车辆武器系统技术状况综合检测,其测试属于较小规模的范畴之内,从性价比考虑,并不需要采用 VXI 总线式虚拟仪器测试系统。基于完成各指标分层、并行测试对测试通道数、数据处理速度和精度的需要,由于 PCI 总线式的虚拟仪器扩展槽相对比较紧张,采用 PXI 总线式虚拟仪器测试系统来满足综合检测的需要。传感器将采集到的信号输入信号调理装置,进行信号的放大、滤波、隔离等。经调理过的信号即可输给插入式数据采集卡进行数字化(ADC),最后由计算机对采集到的信号进行存储、分析处理和输出显示。

9.2 相关的信号采集、处理技术

上节简要地介绍了典型的 PXI 总线式虚拟仪器测试系统的结构组成和测试原理,事实上经过调理之后的传感器信号,在被数据采集卡采集以及传送给计算机进行分析处理的过程中,应用到了一系列信号采集、处理和分析技术。

9.2.1 多路模拟开关

检测系统需要进行多参量的测量,即采集来自多个传感器的输出信号,如果每一路信号都采用独立的输入回路来分别进行信号的调理、采样保持和 A/D 转换,则会造成采集系统庞大繁杂,同时由于模拟器件和组合元件的参数特性不一致,对系统的校准带来很大困难。因此,通常采用多路模拟开关来实现信号测量通道的切换,将多路输入信号分别输入公用的输入回路进行测量。

通常采用 CMOS 场效应模拟电子开关,其开关速度快,仅为数百纳秒,且没有机械式开关的抖动现象。简单的多路模拟开关的原理框图如图 9-2 所示,根据控制信号 A0、A1 及 A2 的状态,译码器在同一时刻只选中 S0~S7 中相应的一个开关闭合。它通常还具有一个使能控制端,当使能输入有效时,才允许选中的开关闭合,否则所有的开关处于断开状态,使能端的存在主要是便于通道扩展。通过 CMOS 场效应模拟电子开关控制不同的数据采集通道之间闭合状态的互相切换,就实现了将多路输入信号分别输入公用的输入回路进行测量。

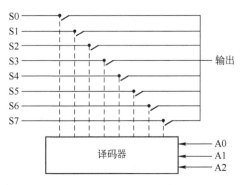

图 9-2　多路模拟开关原理框图

9.2.2　取样保持

在对传感器输出的模拟信号进行 A/D 转换时,从启动变换到变换结束,需要一定的时间,即 A/D 转换器的孔径时间,当输入信号频率较高时,由于孔径时间的存在,会造成较大的孔径误差。要防止这种误差的产生,必须在 A/D 转换开始时将信号电平保持不变,而在转换结束后又能跟踪输入信号的变化。能完成上述功能的器件称为取样保持器,取样保持对于保证 A/D 转换的精确度具有重要作用。取样保持电路的基本原理如图 9-3 所示,主要由保持电容 C,输入、输出缓冲放大器以及控制开关 S 组成。图 9-3 中两个放大器均接成跟随形式,取样期间,开关闭合,输入缓冲放大器的输出给电容 C 快速充电;保持期间,开关断开,由于输出缓冲放大器的输入阻抗极高,电容上存储的电荷将基本保持不变,保持充电时的最终值供 A/D 转换。

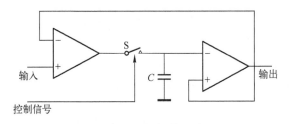

图 9-3　取样保持电路

9.2.3 模/数转换原理

信号采集是测试信号从模拟信号变成计算机能够接受和处理的数字信号的过程,信号采集卡中最关键的器件是其 A/D 转换芯片,A/D 转换芯片通常简写成 A/D 转换。A/D 转换的输入信号是在时间上和幅度上都是连续变化的模拟信号,输出信号是在时间上和幅度上都是离散的数字信号,从连续信号到离散信号的变换过程可以看成采样和量化的过程。

A/D 转换的采样过程可以用图 9-4 描述,采样是利用脉冲序列 $p(t)$,从连续时间信号 $x(t)$ 中抽取一系列离散值,使之成为采样信号的过程($n=0,1,2,\cdots$),Δt 为采样间隔,$f_s = 1/\Delta t$ 称为采样频率;量化又称幅值量化,是把采样信号 $x(n\Delta t)$ 经过截尾或舍入的方法变为只有有限个有效数字的过程。设信号可能出现的最大值为 A,将其等分为 D 个间隔,则每个间隔的长度为 $R=A/D$,R 称为量化增量或量化步长,由于在幅值上是连续的,所以采样得到的 $x(n\Delta t)$ 在采样周期内的幅值(采样值)可能是连续幅值上的任意一点。量化过程则是把这些采样值取整为量化步长的整数倍。在量化的过程中取整的结果将引入误差,称

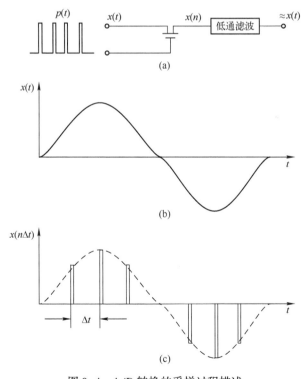

图 9-4 A/D 转换的采样过程描述
(a) 采样脉冲和采样开关;(b) 模拟信号;(c) 采样信号。

为量化误差,量化误差为一个误差单位,其值一般较小,不是主要误差。信号$x(t)$经过上述变换以后,即成为时间上离散、幅值上量化的数字信号。

9.2.4 频混现象与采样定理

由于模拟信号$x(t)$在时域中按时间间隔T_s离散化而导致频域中频谱按$1/T_s$周期化,如果时域采样间隔过大,必然造成频域周期化的间隔过小,在重复频谱的交界处就会出现局部相互重叠,使延拓出的频谱(高频部分)与原频谱的低频部分发生混叠,这就是频混现象。

频混所合成的总频谱$X_s(\omega)$失去了原来单个频谱$X(\omega)$的形状,虽然采用滤波可以去除周期延拓所带来的多余高频成分,但是频域中不能得到原频谱$X(\omega)$,时域中也无法恢复成原始信号$x(t)$,要使采样后的信号真实反映采样前的信号,不发生频混现象,采样频率必须大于2倍的信号分析频率,这就是采样定理,或奈奎斯特(Nyquist)定理。根据采样定理,在实际采样时应注意如下两点。

(1) 实际信号一般是非带限的且带有高频噪声的信号,因此通常要在采样之前,一般在A/D转换器前设置一抗频混低通滤波器对连续模拟信号进行滤波,将高于π/T_s的高频分量滤除掉,以保证被采样信号的主要分量所在频区中不发生频混。

(2) 采样频率应满足$f_s \geq 2f_m$(f_m为分析频率),工程中一般选择$f_s=(2.5\sim3)f_m$,甚至更高。此外,为了频域分析时计算FFT的方便,采样点数一般取为2的幂数,如512、1024、2048等。

9.2.5 测量过程中消除噪声的方法

测量过程中的噪声是影响精度的主要原因。常用的降噪的方法包括使用屏蔽和双绞信号线、平均、滤波和差分输入等。在这些方法中有一些是用来防止噪声干扰进入测量系统,另一些是从信号中消除噪声。从信号中消除噪声的主要技术方法如下。

(1) 平均。采样的信号经过平均后,信号的噪声大致可以降低为平均次数的平方根倍。平均是一种有效的降噪方法。另外,平均只对降低随机噪声有效,不能用于降低系统噪声(如电源开关引起的周期噪声)。不同类型的信号所用平均方法是不同的。对确定性信号,可采用时域平均技术。取多个等长度时域信号样本,采样后对应数据进行平均,可得到噪声较小的有效信号。时域平均的限制条件很严格,如对周期信号,时域平均必须满足两个条件之一:一是样本长度为信号周期的正整数倍;二是样本初始相位相同,否则,时域平均的结果可能为零。使用更普遍的平均技术是频域平均,即对某些频谱平均。由于傅里叶谱中包含幅值和相位两种特性,而相位在各次测量中具有随机性,故一般不对傅里叶谱进行平均,而是对进一步得到的功率谱进行平均,再进一步估算频响函数、相干函数或其他谱。

(2) 模拟滤波器。模拟滤波器是一种模拟电路,用于削弱特定频率范围的输入信号。模拟滤波器包括低通滤波器、高通滤波器、带通滤波器和带阻滤波器等,为了取得更好的效果,可以使用多级滤波器,但多级滤波器可能产生相移,影响其使用。

(3) 差分电压测量。大多数情况下,模拟输入的高输入端噪声与低输入端噪声是一样的,这种噪声称为共模噪声。测量两输入端之间的电压可以消除共模噪声。

9.2.6 信号的预处理

数据采集好后,需要进行检验和预处理,以便发现和处理数据中可能存在的各种问题。大型复杂结构的动态测试一般是多通道数据采集,这就大大增加了多通道动态数据采集的仪器复杂程度,并且复杂的硬件装置进一步加大了系统的测量噪声和测量误差。因此,信号预处理的方法显得十分重要,传统的信号预处理的方法有剔除采样过程中的奇异点、消除趋势项、零均值化处理等。

1. 剔除奇异点

在数据采集系统中,由于传输环节中信号的损失、模/数转换器的失效等,将产生不代表信号信息的点,这些点称为奇异点。奇异点一般用数学上的差分法检测并剔除。剔除奇异点可以提高信噪比,但同时使功率谱产生了偏离,造成虚假的频率成分。

2. 消除趋势项

趋势项是样本记录中周期大于记录长度的频率成分。数据中的趋势项可以使低频时的谱估计失去真实性,所以从原始数据中去掉趋势项是非常重要的工作。但是,在某些问题中,如果趋势项不是误差,而是原始数据中本来包含的成分,这样的趋势项就不能消除,因此消除趋势项要特别谨慎。消除趋势项最常用的方法是最小二乘法,它能使误差的平方和最小。

3. 零均值化处理

零均值化处理也叫中心化,即把被分析数据值转化为零均值的数据。设对连续样本记录采样后所得离散数据序列为 $\{u_n\}$ ($n=1,2,\cdots,N$),其均值为

$$\bar{u} = \frac{1}{N}\sum_{n=1}^{N} u_n$$

中心化就是定义一个新的时间历程 $x(t)=u_t-\bar{u}$，对其采样后得离散数据序列 $\{x_n\}=\{u_n-\bar{u}\}$，新的数据序列 $\{x_n\}$ 的均值为0，这样就可以简化以后分析中用到的公式和计算。

9.2.7　滤波器

滤波器的作用是对信号进行筛选，只让特定频段的信号通过。经典滤波器假定输入信号 $x(t)$ 中的有用成分和噪声各占不同的频带，通过滤波器后，可将噪声成分有效除去。但是，如果信号和噪声的频谱互相重叠，那么经典滤波器将无能为力。现代滤波器理论研究的主要内容是从含有噪声的数据记录中估计出信号的某些特征或信号本身。一旦信号被估计出，那么被估计出的信号与原信号相比会有高的信噪比。维纳滤波器是这一类滤波器的代表，此外还有卡尔曼滤波器、线性滤波器、自适应滤波器等。

根据不同的分类方法，滤波器可分为多种类型，若按滤波器电路中是否含有有源器件来划分，则有无源滤波器与有源滤波器两种；如按能通过的频率范围来分，有低通滤波器、高通滤波器、带通滤波器、带阻滤波器以及其他类型通带的滤波器；按处理信号的性质来分，有模拟滤波器和数字滤波器两大类。数字计算机的迅速发展，使数字滤波器也有了很大的发展和应用，但其基本出发点仍基于模拟滤波器。其中，数字滤波器又分为有限冲击响应滤波器（FIR DF）和无限冲击响应滤波器（IIR DF）两种类型；其他还有按阶次、按何种方法逼近理想滤波器等进行的分类方法，根据不同的场合有其特定含义。图9-5所示为常用的几种滤波器的理想幅频特性。

图9-5(a)所示为低通滤波器的幅频特性。它对信号中低于某一频率 f_0 的成分均能以常值增益通过，而高于 f_0 的频率成分都被衰减掉，所以称它为低通滤波器。f_0 称为此低通滤波器的上截止频率。

图9-5(b)所示为高通滤波器的幅频特性。信号中凡是高于 f_0 的频率成分均能以常值增益通过，而低于 f_0 的频率成分则被衰减掉。f_0 称为此高通滤波器的下截止频率。

图9-5(c)所示为带通滤波器的幅频特性。它是让高于频率 f_L 和低于频率 f_H 的频率成分以常值增益通过，f_L、f_H 分别为此带通滤波器的下、上截止频率，f_0 为带通滤波器的中心频率，定义为上下截止频率的几何平均值，即

$$f_0=\sqrt{f_L \cdot f_H}$$

图9-5(d)所示为带阻滤波器的幅频特性，它禁止上下截止频率 f_H 和 f_L 之间的频率成分通过。

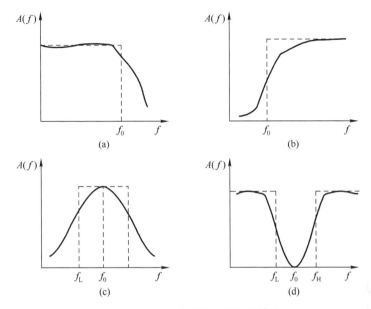

图 9-5 常用滤波器的理想幅频特性
(a) 低通滤波器的幅频特性;(b) 高通滤波器的幅频特性;
(c) 带通滤波器的幅频特性;(d) 带阻滤波器的幅频特性。

数字滤波器是具有一定传输特性和数字信号处理装置。它的输入/输出信号均为数字信号,本身是一个线性时不变系统。数字滤波器的基本工作原理是利用离散系统特性去改变输入数字信号的波形或频谱,使有用信号通过,抑制无用信号分量输出。如果在数字滤波器的前后加上 A/D 和 D/A 转换,它的作用就相当于模拟滤波器。

9.3 坦克火炮综合检测总体方案及测试平台设计

根据指标检测方式的不同,体系中指标可分为需要综合检测装置检查的指标和可由人工检查、专用工具检查等实现的指标两种。其中,三轴位置和镜炮同步精度,可以通过零位与镜炮同步检查仪来实现检测,内膛直径、身管弯曲度和内膛表面质量,可以通过火炮身管内膛检测装置(内膛测径仪、火炮窥膛镜等)来实现检测,且该类检测技术已相对完善,只需要把专用检测设备简便地融合到综合检测平台中去,作为独立的检测模块,便可以共享综合检测装置的板卡通道资源,实现对火炮技术状况各模块的并行检测。而开闩速度、抽筒速度、复进时间、复进速度及炮口松动量、瞄准机打滑力矩等指标,则是根据"体检式"

综合检测思想,被首次提取出来作为系统级指标参与综合检测,尚缺乏成熟的检测手段,所以必须开发一套硬件检测平台和软件检测程序用于其测试。

9.3.1 综合检测测试条件分析

综合检测指标体系中,大部分的指标都已拥有相对成熟的检测方法手段,只有少数提取出来的综合性指标缺乏检测手段,综合检测装置应当优先满足这些指标测试所需要的测试条件和手段,本书首先就从分析这些指标的测试条件需求入手,来进行综合检测装置的设计。

开闩速度、抽筒速度、复进时间、复进速度这几个指标的测试,由于都发生在火炮射击循环的后坐复进阶段,故可以考虑对它们进行并行测试。因为速度 v、时间 t 都是连续的、动态的变量,以往静态测试的方法已不再适用,不能指望通过对一个时间点的测试就能满足检测要求,它需要对指标参数进行连续的采样、记录。又因为这些指标是对火炮复进过程中各个参数的测量,而通常所说的后坐复进过程,实际意义上是指火炮在实弹射击循环中的后坐复进环节。为了确保测得数据的真实性,最佳的可能当然就是在火炮实弹射击现场对各指标进行测试。但是,在装备动用前对火炮技术状况进行"体检式"抽测、而并非实弹射击的情形下需要获得这些参数来把握技术状况时,可行的方法只能是尽可能逼真地模拟出实弹射击的环境,以对这些指标进行测试。

通过外力模拟火药气体作用力,推动火炮后坐部分实现人工后坐,尽管此种人工后坐较火药气体作用下的后坐要速度慢、时间长,但是只要使火炮后坐到正常的后坐距离上,包括后坐到位时的复进机、驻退机内的液、气介质分布、复进机气压等指标在内的火炮状态,应当可以认为是与正常后坐时的火炮状态保持基本一致的。而且由于各指标量都是复进阶段的指标,后坐到位的快慢并不妨碍其测试,在此正常后坐距离上,后坐速度已降为 0,复进机、驻退机内的液、气介质分布与正常情况相同的情况下,释放火炮后坐部分完成复进,就能正常地完成复进、开闩、抽筒、抛壳等动作,且开闩速度、抽筒速度、复进时间、复进速度等都与真实值保持基本一致。通过数据的采集、处理单元的设计就可以实现对各指标数据的采集和处理。

出于提高测试精度和可操作性的考虑,可以对以往的测试方法进行改革。以往对瞄准机的空回量和打滑力矩的检测,都是通过直接对高低机、方向机的手轮进行操作和测试,记录其空回位置和打滑受力来完成的,其使用简单的弹簧秤等工具和简单的目估、划线记录位置等方法,测试精度很低。现在考虑改测打滑时的手轮受力,为测打滑时的推火炮液压缸活塞受力,改测手轮的空回位置为测炮口的空回位置。改进后的方法都是通过液压缸活塞对火炮炮口加力,通过精度很高的力传感器测量受力,从而推动火炮打滑或受力达到特定值的测试条件来进行测试。这就需要在综合检测装置中设计能在水平面内和垂直面内推火炮炮口的液压缸、活塞及其控制装置,推动火炮打滑或到达特定的受力位置,并完成对打滑力矩和空回量的测试。

通过以上对各个指标测试所需要满足的测试条件的分析,可以发现,无论是对实弹射击后坐复进过程的再现模拟,还是瞄准机实现打滑或空回测试条件,都可以以借助外力的方式,推动火炮的炮口,沿轴向、水平向或垂直向等一定方向产生动作来实现,并且要求对受力或运动位移量进行控制,来满足测试条件。其都需要借助外力、都需要推动炮口动作、都需要对力或位移进行控制的特点,在设计中考虑将人工后坐阶段各指标以及瞄准机空回量、打滑力矩检测创造性地依托一套综合的检测装置加以并行检测。至于对身管各指标量的检测,可以作为综合检测中相对独立的一个模块,将其专用检测设备加载到综合检测装置中,与这些综合性指标进行并行检测。

9.3.2 综合检测装置总体方案

通过上节对尚未解决测试手段的综合性指标的测试条件需求分析,得出由于这些指标的测试在驱动条件、控制条件要求上的近似,可以统一归到一套综合的检测装置加以并行检测,设计中把它称为人工后坐及瞄准机功能检测装置。复进阶段指标量和瞄准机指标量检测,在各自初步地梳理测试思路后,归纳起来对测试条件有以下需要。

(1) 需要借助外力推动炮口产生动作满足测试条件;
(2) 需要对受力或运动位移进行控制,并以此为条件控制火炮动作。

可见人工后坐及瞄准机功能检测装置的设计:首先,必须具备动力源,该动力的功率需满足能够推动火炮完成后坐复进、打滑等动作;然后,必须具备动力的调节和控制装置,能够控制动力输出的通断和大小,并且能够同步控制轴向、水平向、垂直向3个或以上方位的动作;最后,必须有受力、位移等物理量的测试装置,并能完成数据的处理,以此为判断条件控制火炮的运动,也就是说系统需要具备数据采集、处理和控制单元。

考虑到能够对人工后坐复进阶段指标以及瞄准机空回量、打滑力矩同步、并行检测的需要,本节在该综合检测装置设计中,并列地采用人工后坐推动装置、高低向炮口推动装置、水平向炮口推动装置,还设计了原位调整等装置。

在动力输出方面,考虑到要为多个指标并行测试提供动作条件,需要往多个方位的动作机构输出功率,通过液压缸及油路输出液压功率,与通过安装电路和多个电机输出电功率相比,液压动力输出可以通过液压控制阀灵活地分为多路输出,并实现大小的控制,且当前液压油路的密封性已大为提高,能将液压方便地输出到任何位置。而输出电功率不仅布线及电磁环境复杂,存在安全隐患,而且不能灵活地实现同一电机功率的多路输出和分路控制。故系统采用液压站提供液压动力的方式。

因此,人工后坐及瞄准机功能检测装置的设计基本组成,通过梳理,需要包括:一套提供动力的液压站、控制阀及油路,位移、受力情况的数据采集单元、数据处理及控制单元,推动火炮在各方向动作的动作单元。最终确定采用图9-6所示的总体设计方案。

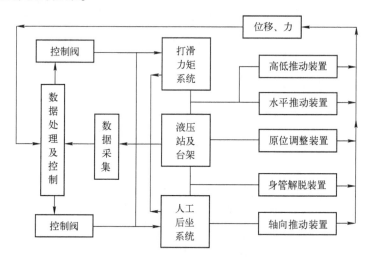

图9-6 综合检测装置总体方案设计

该装置主要由液压站及台架结构、数据采集、处理及控制单元、人工后坐推动装置及身管解脱装置、炮口松动量及打滑力矩推动装置、原位及火线高调整装置等组成。整个系统安装在车间的地基平台上。以液压系统和数据处理、行程控制单元为中心,主控平台控制液压缸活塞,按照测试的要求,对火炮身管的炮口部分施加轴向、水平向、高低向等方向一定大小的力,使火炮部分受激励产生动作。主控平台在对位移、力传感器采集的数据进程处理之后,根据程序设定的条件判断,控制所属液压缸动作的启动、停止、正向、反向、速度快慢,从而对火炮运动距离、受力进行实时控制,保证火炮按照要求运动到适当距离上或承受适当的力。然后,由主控平台调用相应的测试函数,完成对相关指标的检测。

其中,人工后坐推动装置,通过轴向的人工后坐液压缸的推力推动火炮身管后坐,并由数据采集、处理及控制单元控制其后坐各段的行程,从而使火炮身管后坐到一定距离上。身管解脱装置,是在对人工后坐到位的身管进行人工固定,使身管炮口帽上的炮耳卡入挂臂装置后,当需要复进时,启动解脱液压缸的作用,释放挂臂、解脱火炮身管使之实现复进。炮口松动量及打滑力矩推动装置,分高低向、水平向两套,分别在高低、水平向液压缸的推力下推动火炮身管动作,活塞杆头部安装有力传感器和位移传感器,用来测量推(拉)火炮时的推力和位移量大小。由于以上动作产生机构与动力机构一起,在数据采集、处理及控制单元的控制下,激励火炮产生各种指标测试所需要的动作条件,故称为火炮动作激励平台。

按照设计,在该装置上可以实现反后坐装置和炮闩部分在后坐复进阶段中的功能检查、反后坐装置内部磨损情况检查、炮闩机件间隙和磨损综合检查、炮塔座圈间隙和耳轴间隙综合检查、瞄准机间隙及工作安全检查等功能。

9.3.3 各指标检测方案设计

已经完成了人工后坐及瞄准机功能检测装置的总体方案的设计,通过火炮动作激励平台(具体的包括有:人工后坐推动装置、高低向炮口推动装置、水平向炮口推动装置等装置)的功能设计,使综合检测具备了激励火炮在轴向、水平向、高低向等各个方位动作的能力。在此功能设计的基础上,可以对综合检测各指标的检测方案进行设计,为火炮动作激励平台具体的结构设计打下基础。

1. 炮闩、反后坐装置功能检查

主要目的是检查火炮的后坐、复进、开闩、抽筒、闭锁等动作是否能够实现,有无卡滞、动作迟缓等情况。结合人工后坐的思想,初步设计的检查原理为:通过人工后坐液压缸活塞作用,推动火炮身管后坐到550mm。人工操作挂臂装置挂住炮口帽上的炮耳,从而将火炮固定在最大后坐位置。将人工后坐液压缸活塞反向收回600mm,以留出充足的火炮复进空间,然后操控解脱液压缸动作,以解脱挂臂、释放火炮,火炮复进并完成开闩、抽筒等动作。通过该项检查并辅以一些人工检查,可以检查炮闩(能否可靠闭锁、开闩、抽筒等)和反后坐装置的基本工作状况(能否平稳复进、复进能否到位、后坐复进阻力是否合适等)。

2. 抽筒速度、开闩速度

这两个指标参数能综合地反映出炮闩开闩机构、抽筒机构的工作状态和磨损情况。它们的测试也是在人工后坐的基础上实现的,因为发生在同一过程中,故可与后坐复进阶段其他指标并行检测,不须另外产生动作条件。对这两个指标的测试,重点在于完成对数据的采集、处理和计算。

抽筒动作的对象是药筒,其长度是一定的,只要记录其被从炮膛完全抽出的时间,就可计算平均抽筒速度。由于不确定抽筒动作发生时间,时间记录装置需要具备"抽筒开始,计时开始"和"抽筒结束,计时结束"的信号同步触发功能。此场合下可考虑使用的触发方式包括霍尔效应的电磁触发、电刷式的电触发、碰撞接触的受力触发和光电触发等方式,基于技术实现复杂度和不解体、非接触测试思想的考虑,本章决定使用采用光电触发方式的光电开关来测量抽筒时间。而开闩速度的测试对象是闩体,其检测是区别于抽筒速度的,需要对开闩过程中的速度变化情况进行反映,而不是只测其过程的平均速度。这就需要对位移和运动时间进行实时测试,基于提取信号的复杂度和非接触测试思想,在拉线位移传感器和激光位移传感器两者之间,设计中采用后者进行测试。

经过设计,确定抽筒速度测量的原理是:在炮闩半圆凹面右侧的炮尾切面上安装光电开关,对准炮尾底缘,调整光电开关的灵敏度,当药筒尚未抽出时,由于光电开关前面没有被物体遮挡,输出信号约为0V的低电平;当药筒刚被抽出炮尾底缘时,光电开关前面即开始被药筒遮挡,因而输出约5V的高电平,直到药筒被完全抽出炮闩,又恢复为输出信号约为0V的低电平。因此,光电开关输出5V高电平的阶段,正是药筒被抽出的过程。对光电开关输出的电平信号进行采样,并记录输出信号呈高电平的采样点数(acqnum)。根据起初已设定好的采样率rate,就可以计算出抽筒过程所用时间 $time = acqnum/rate$,已知药筒长度为l,即可算出平均的抽筒速度 $v = l/time$。

经过设计,确定开闩速度测量的原理是:在炮闩凹面右侧的炮尾切面上安装激光位移传感器,使发射激光能垂直照射炮闩半圆凹面上的一个标志点(图9-7)。

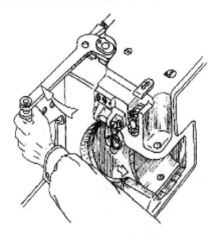

图9-7 开闩动作示意图

该凹面是粗糙的漫反射面。闩体保持静止时,由于炮闩凹面与传感器之间距离无变化,激光位移传感器输出一不变的电压信号。当火炮复进过程中炮闩开闩时,由于闩体运动,传感器输出的位移电平信号随之变化,电压与位移之间存在明确的比例关系。通过数据采集卡采集该位移的电平信号并交数据处理单元处理,计算出一段时间内的位移差值,除以时间,即为该段时间内平均的开闩速度。

在后坐复进过程中,光电开关传感器和激光位移传感器都是安装在炮尾端面上,与火炮后坐部分同步地后坐复进,在该方向上可以认为测试设备与火炮是相对静止的,因而不受火炮后坐复进运动的影响,两个传感器可以在后坐复进的同时,仍能完成对开闩、抽筒指标的测试,测得的开闩、抽筒速度也是实际的量值。

3. 复进机气压、液量检查

复进机气压、液量检查主要目的是检查复进机液量、气压是否充足。由于复进机液量的测试原理决定了需要完成两个位置的复进机气压测量。然而,以往的测试只能在后坐前的初始状态测得一次复进机气压值,现在结合人工后坐的过程。首先可在初始状态检查复进机气压值 pressure start,然后在身管后坐到 110mm 距离上时停下来可再次测得复进机的气压值 pressure end。按照 vol = 7.12-0.253×pressure end/(pressure end-pressure start) 的复进机液量公式就可以计算出复进机液量。最后,只须将检测到的气压、液量与事先存入数据库的检查标准进行比较,就可给出该指标的评估结果。

4. 复进速度测量

复进速度测量的是复进过程中单位时间内火炮运动的位移。测量火炮炮口运动的位移时,较开闩、抽筒等动作,由于运动距离长、空间大,测试不会对动作造成干涉,并考虑到测试成本和测试精度的问题,故采用拉线位移传感器最适合测试需要。

确定复进速度测试的原理是:在调整到位后的激励平台台架顶端,安装一拉线位移传感器,把传感器拉线接头固定到火炮炮口的挂栓上,通过采集传感器输出信号,进行原位调整使之在火炮静止时,输出一个稳定的初值并记录。在人工后坐的后坐、复进阶段,随着火炮炮口的运动,传感器拉线就会拉伸或回缩,在传感器固定位置与炮口之间的拉线被拉伸的长度,就等同于火炮炮口相对于起始位置所运动的位移。传感器输出与拉线的拉伸长度成正比的电压信号。通过数据采集卡采集该不断变化的电压信号,减去事先记录的初值,再经过比例换算,就是该时刻的位移。在复进阶段,计算在两个时刻上的位移差值,除以两个时刻之间所经历的时间,即为该段平均的复进速度,如果时间间隔取得足够短,即可认为是该时间的瞬时复进速度。

5. 打滑力矩的测试

打滑力矩的测试,是通过数据处理和控制单元,来控制高低向或水平向的液压缸推动火炮身管,将火炮向左(上)推动,力传感器测得的数值将随着液压缸活塞的推动由小逐渐变大,该推力的变化随位移的变化将是连续渐增的,没有断点。当该推力达到一定的值突然减小时,曲线上便出现了拐点,我们认为此时瞄准机开始打滑,在拐点时的推力,就是火炮瞄准机打滑时所承受的最大推力,然后,通过该力的测量乘以固定的力臂,就可以计算出瞄准机的打滑力矩。

6. 水平方向的炮口松动量测试

水平方向的炮口松动量测试,是通过水平向的液压缸推动火炮身管,将火炮向左推动,力传感器测得的数值将随着液压缸活塞的推动由小逐渐变大,当力传感器测得力大小达到 30kgf 时,启动炮口的 CCD 记录炮口相对于原位的偏移位置 S1;将液压缸活塞所施加的压力卸载,测得力为 0 时,记录炮口的偏移位置 S2,将火炮反向向右拉动,当力传感器测得力大小达到-30kgf 时,启动炮口的 CCD 记录炮口的偏移位置 S3;将液压缸压力卸载,力为 0 时记录炮口的偏移位置 S4。

高低水平方向的炮口松动量测试,是通过高低向液压缸推动火炮身管,将火炮向上推动,力传感器测得的数值将随着液压缸活塞的推动由小逐渐变大,当力传感器测得力大小减去火炮重力的分量后的净合力达到 30kgf 时,启动炮口的 CCD 记录炮口的偏移位置 S1;将液压缸压力卸载,净合力为 0 时,记录炮口的偏移位置 S2,将火炮反向向下拉动,当力传感器测得的力与重力分量的净合力大小达到-30kgf 时,启动炮口的 CCD 记录炮口的偏移位置 S3;将液压缸压力卸载,净合力为 0 时,记录炮口的偏移位置 S4。

在炮口前端正中张贴一边长为 2cm 的正方形纸块作为参照物。在对火炮进行炮口松动量测试时,上下、左右方向推动火炮,由于偏移角度不大,大致可以认为炮口的位置是分布在同一垂直面内的,也就是说,CCD 距离炮口的距离基本保持不变。调用 Angelo 公司开发的图像处理语言,通过一定灰度的阈值处理程序,将正方形白纸块周围的背景滤掉后,纸块中心的位置即可标识偏移炮口的位置。

根据图像处理原理,CCD 距离炮口的距离基本保持不变,所以在不同位置的图中,正方形 2cm 的边长在图像中所占像素也保持不变。正方形 2cm 的边长与图像中边长所占用像素所构成的比例,正好等于 $Sn(n=1,2,3,4)$ 位置上炮口偏移量与正方形白色纸块中心所在的位置像素坐标值所成比例。S1、S2 位置的炮口偏移量均值减去 S3、S4 位置的炮口偏移量均值,就是要求取的炮口松动量:炮口松动量(mm)/[(S1+S2-S3-S4)/2]=0.02×1000/width。

参照综合检测的总体方案和各指标的检测方案设计,在功能设计前提下,设计火炮动作激励平台的台架结构由上架、中架、下架组成。其功能定位主要是实现人工后坐推动及身管解脱装置、炮口松动量及打滑力矩推动装置、火线高调整装置各动作激励装置的安装和固定,实现液压站的控制部分、油路以及液压缸的安装固定,实现各类传感器及测试电缆的安装固定。经过各方案的不断修改和完善,最终确定的台架结构如图 9-8 所示。上架用于安装和固定调整

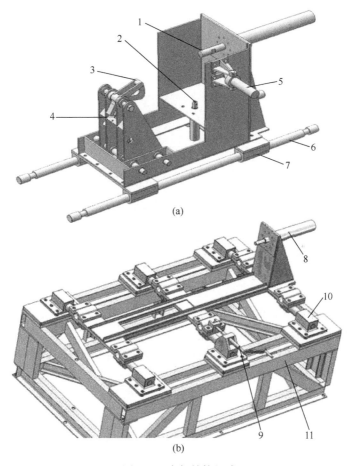

图 9-8 台架结构组成

1—人工后坐液压缸;2—高低向推火炮液压缸;3—身管挂臂、解脱装置;4—解脱液压缸;
5—水平向推火炮液压缸;6—台架下架的前后调整滑轨;7—台架上架;8—前后调整液压缸;
9—左右调整丝杠;10—台架中架的左右调整滑轨;11—台架下架。

液压缸、轴向推火炮液压缸、高低向推火炮液压缸、水平向推火炮液压缸及解脱液压缸,在上架的顶部还装有炮口位移传感器安装座。中架固定在下架上,通过调整液压缸和调整丝杠,可以推动上架沿着中架"三横两纵"的调整滑轨作左右、前后方向的位置调整,以使上架的测试装置对正火炮身管。下架主要起固定和支撑作用。

9.3.4　综合检测测试平台设计

通过综合检测装置中火炮动作激励平台的结构轮廓设计,已经能够产生进行火炮后坐复进、瞄准机打滑力矩和炮口松动量等指标测试时所需要的动作环境,具备了综合检测的初步条件。事实上,对于坦克火炮技术状况的综合检测而言,其数据采集、处理及控制单元是整个综合检测装置的核心部分,只有通过该单元的控制功能才能够控制动作激励平台按照各指标测试的需要产生动作环境,通过内部固化的程序进行测试条件的判断,启动作控制或数据的采集、处理、分析功能。这些功能主要通过综合检测装置中的测试平台部分的设计来实现。

设计过程中,对测试平台具体的功能定位如下。

(1) 实现对动作的控制:动作控制单元发送指令给单片机,给单片机相应的输出端口上电、输出高(低)电平,来控制与之对应的液压油路电磁阀的通(断)电,通过电磁阀的通(断)电决定是否把从液压泵站接出的某一油路的液压加(卸)载到对应的液压缸上,来驱动液压缸活塞运动或使之停止。

(2) 完成数据采集、处理:平台动作同时,数据采集单元的各种传感器对压力、位移等参数进行实时采集,交数据处理单元处理后可供程序判断,决定是否到达特定的受力或位移,从而给单片机下达新的动作指令,以此达成控制火炮按检测需要的条件精确地动作,为各指标的检测提供自动化测试手段。

以此功能定位出发,如图9-9所示的基于PXI的虚拟仪器通用结构,能够满足总体测试方案对控制和测试功能、测试通道数以及数据采集和处理速度、精度的要求,故本书考虑引入基于PXI总线的虚拟仪器,作为综合检测装置的数据采集、处理及控制单元。参照图9-9中的基于PXI的虚拟仪器通用结构,确定该单元的结构框架如下。

(1) 采用主机+采集板卡+适配器+传感器/测试节点+测试电缆/连接电缆的构架;

(2) 计算机(主机)采用PXI总线通信标准;

(3) 主机需配有A/D、I/O、图像采集等板卡插槽,可以加载多块数据、图像采集卡;

(4) PXI 主机通过标准化的针式联结器与适配器连接,适配器通过快速航空插座与传感器或测试节点连接;

(5) 采用 LabCVI 语言编写程序,完成系统上电自检、数据采集、数据处理功能,实现与单片机串口通信功能,以发送动作指令实现控制。

如图 9-9 所示,其设计遵循如下原理:测试过程中,电流、电压、图像等由传感器、测试节点测到的输入信号,通过适配器进行分类组合、信号规整与幅度变换后,经适当的采集板卡采集并经过 A/D 变换后,通过总线交 PXI 主机处理,主机内置程序对其完成计算处理和条件判断,以虚拟仪表的形式,将测试结果显示在软界面上与操作者进行交互,并根据测试条件的判断情况,通过串口通信给单片机发送指令,驱动硬件动作,完成动作控制或调用测试函数完成相应检测。

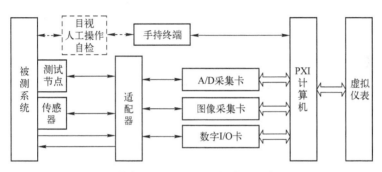

图 9-9 数据采集、处理及控制单元设计原理图

测试平台中包括的硬件设备为:

(1) PXI 机箱为 PXI 零槽控制器、仪器模块和接口模块提供工作环境。本章采用的 PXI-1042 型机箱为典型的 8 槽机箱,在安装零槽控制器之外,可根据测试需要安装 7 块不同类型的采集板卡,因而最多可以容纳 7 个采集模块同时采集。

(2) PXI 控制器主要有两种类型:嵌入式控制器和外置控制器。其中,嵌入式控制器提供了丰富的标准和扩展接口,如串口、并口、USB 端口、鼠标、键盘口、以太网接口及 GPIB 接口等。丰富的端口带来的最直接的好处,就是节省仪器扩展槽的使用,最大限度地在 PXI 机箱内插入更多的仪器模块。嵌入式控制器具有系统结构紧凑、易于维护等特点,所以测试系统选用的 NI 公司生产的 PXI-8186 零槽控制器就属于嵌入式控制器。

(3) PXI-8105 的处理器是 2.0GB 奔腾 4,内存是 256MB,硬盘为 20GB,通信接口有 RS-232/网口/GPIB/USB,操作系统可为 Windows XP/2000,采用嵌入式芯片组 Inte855GME 图形内存控制器中心(GMCH)和 6300ESB I/O 控

制中心（ICH）的 PXI-3800 产品，可满足高性能嵌入运算需求，支持 1.8GHz Pentium MCPU、热插拔 Compact Flash 卡、USB 2.0 端口和 Gigabit 以太网络等多项技术。

现在已经有多家公司为 PXI 和 Compact PCI 系统提供了适用于仪器、数据采集、运动控制、图像采集、工业通信等众多领域应用的各种模块。需要与其他类型总线连接的系统，还可以选用多种可用的接口模块，包括 PCMCIA、SCSI、Ethernet、RS-232、RS-485、CAN、UXI、VME 和 GPIB 等。

其中，基于 PC 的数据采集（data acquisition，DAQ）板卡产品得到了广泛应用，DAQ 板卡可分为内插式板卡和外挂式板卡两种。内插式板卡包括基于 ISA、PCI、PXI/Compact PCI、PCMCIA 等各种计算机内总线的板卡，其特点是采集速度快，但插拔不方便；外挂式板卡包括 USB、IEEE1394、RS-232/RS-485 和并口板卡，其特点是连接使用方便，但速度相对较慢。DAQ 硬件设备的基本功能包括模拟量输入（A/D）、模拟量输出（D/A）、数字 I/O（digital I/O）和定时（timer）/计数（counter）。

DAQ 数据采集卡的结构组成包括：通道前端的交直流耦合电路（AC/DC coupling）、信号调理电路（signal adjustment）、模数转换器（14bit ADC）、可编程控制电路（FPGA）、本地存储器（onboard SDRAM）和嵌入式微处理器（Power PC）。可编程控制电路控制多路模拟开关对多个通道信号的采集进行分时切换，被采集信号经调理后，送入 ADC 进行高速采样，采得的数据送入 FPGA 内部进行处理和传输，并由 FPGA 写入板上 SDRAM 存储器保存。Power PC 则通过 EBC 总线和 FPGA 对 SDRAM 进行读取。

所采用的采集板卡包括 cRTV-24 型图像采集板卡、PXI-2204、PXI-4472B 型数据采集卡等。测试中，传感器将压力、受力、位移信号转化为相应的电压信号，经适配器调理后便可以由数据采集卡采集。

PXI-4472B 型数据采集卡特别适用于小幅值信号的采集，其较高的分辨率保证了采集的小幅值信号具有很高的精度，它可以实现 8 个通道模拟输入信号的同步采集，采样频率最高可达到 102.4KS/s，精度为 24 位分辨率。

其具体的参数配置如下。

（1）模拟输入通道数：8；

（2）电压输入范围：-10~10V；

（3）输入信号带宽：45kHz；

（4）分辨率：24bit；

（5）采样频率：102.4kS/s；

（6）交流截断频率：0.5Hz。

cRTV-24 型图像采集卡是基于 PC 插槽的多通道图像采集卡,插槽采用 64bit,66MHz 的 PCI 总线标准。它允许对 4 个通道的数字图像进行同步采集,其输入通道数可由 4 个扩展为 8 个。

信号调理(signal conditioning)是通过控制信号来提高测量精度、实现隔离、进行滤波以及线性化的过程。通过信号调理,可以使数据采集系统的性能以及可靠性得到极大的改善,对于数据采集和控制系统是非常重要的。

为了测量来自于传感器的信号,必须把它转换成数据采集设备可以接收的数据。例如,大多数热电偶的输出电压是非常微弱的,同时也容易被噪声所污染,在对这些信号进行 A/D 变换读入计算机前就需要进行信号调理。为了和 A/D 采集板的电压输入匹配范围(-5~5V)相匹配,信号必须先通过运算放大器或电阻分压,放大至-5~5V 的范围内,然后再用 ISO124 芯片(高精度隔离电压跟随芯片)进行电气隔离。原理如图 9-10 所示,其中 U_{s1}、信号地、$-U_{s1}$ 和 U_{s2}、地、$-U_{s2}$ 是两路电源,必须做到隔离。

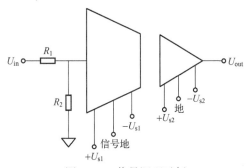

图 9-10 信号调理示例

信号调理的重要性在于:通过信号调理,能够使被采集信号得以在不同接口类型、输入(出)范围、精度值的传感器、数据采集卡和 PC 之间进行传递,从而,实现信号的采集。通常用到的信号调理类型包括隔离、放大、滤波、线性化、传感器激励、多路转换同步采样/保持等。

加入前端信号调理技术,能够做到以下几点。

(1) 即使在一个系统中也可以对大量的信号和传感器测量;
(2) 通过信号隔离增加对系统的保护;
(3) 扩展系统中通道的数量;
(4) 构建带有多种信号类型的多通道数据采集系统;
(5) 放大、滤波和同步采样改善测量系统的性能;
(6) 通过开关和数字 I/O 接口控制外部设备和传送信号。

使用的各型号传感器如下:

(1) 量程为 80~300mm、输出电压为 1~5V 的激光位移传感器;

(2) 量程为 0~1m、输出电压为 1~5V 的拉线位移传感器；

(3) 量程为 0~20MPa、输出电压为 0~5V 的压力传感器；

(4) 量程为 -100 到 100kgf、输出电压为 -5~5V 的力传感器；

(5) 有效感应距离为 2m、输出低电平为 0、高电平为 5V 的光电开关。

9.4 综合检测软件设计及测试应用

通过综合检测装置的总体方案和硬件设计，具备了对各指标进行并行测试的检测平台构架。要实现对人工后坐复进等动作的驱动和过程的控制，包括对数据的采集、处理、评估、保存等工作，还需要软件设计部分的参与。在前面节简要地介绍硬件设计原理的基础上，本节对软件设计的功能定位、总体方案及各检测模块流程、各软件功能组成模块的设计过程进行详细的介绍。

9.4.1 软件功能定位

系统软件设计在硬件设计的基础上，主要立足于实现以下 3 个方面的功能。

（1）完成综合检测的初始化，生成测试流程，实现测试函数的调用和不同测试项目之间的转换，达成各指标量的并行检测。

（2）生成测试函数，具备对受力、位移等的数据采集和数据处理功能；将处理后的数据交与 PXI 主机内置的程序判断，决定是否向单片机发送新的指令，驱动硬件执行动作；将处理后数据结果上传至数据库，完成对测试结果的存储和评估。

（3）通过程序设计，完成对 PXI 主机和单片机的串行通信的初始化定义，使两者能够执行指令交互功能，实现对硬件的控制，创造测试的动作条件。

其他的功能还包括数据的显示功能、用户与界面的交互功能等。

9.4.2 软件总流程图

鉴于对装甲装备整车的检测，通常将其外部主模块分为自检、获取车辆信息、任务分析、测试流程生成、测试、技术状况评定、结果上传以及退出系统等八大模块（图 9-11），其中测试模块又包括主控模块、通道配置模块、数据采集控制模块、数据处理模块、显示及报告生成模块等。在对坦克炮的技术状况进行综合检测时，可以采用类似的测试流程，但是两者还是有所区别的。由于检测对象坦克炮单一履行射击功能，只具备分系统级、部件级的检测功能，并不过多地涉及获取车辆信息、任务分析等工作，故可以直接从生成测试流程开始对装备技术状况的检测评估，所以确定其软件设计流程如图 9-12 所示。

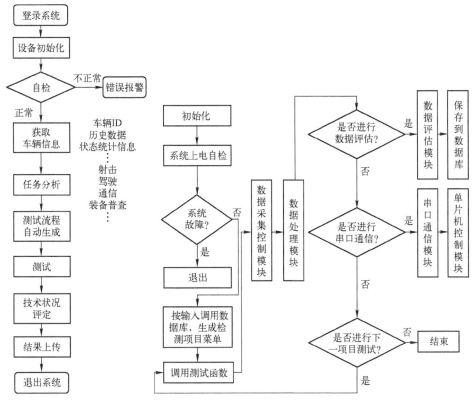

图 9-11 装甲装备整车检测流程   图 9-12 坦克炮综合检测流程

通过对综合检测装置的动作激励平台的设计,为综合指标的测试提供基本的硬件条件。也可认识到,综合检测与传统检查的不同之处在于:在一个检测项目中,不再是对单个指标的单独检测,综合检测装置基于并行测试和分层测试的理念,在一个测试模块检测过程中,要完成对所包含的数个子指标的并行测试或顺序测试。这就要求通过程序判断,来实现对整个测试过程的控制、不同指标之间的测试转换,以及完成对各自测试函数的调用。

9.4.3 软件开发环境

1. Microsoft SQL Server 2000

SQL Server 2000 是 Microsoft 公司推出的一种功能强大的关系型数据库管理系统,主要用于开发数据库管理程序。SQL Server 2000 具有可视化管理工具、可伸缩性、数据复制、对 ANSI-92 SQL 的支持、与 Internet/Intranet 互连的特点。它面向的对象是关系型数据库。

关系型数据库是指一些相关的表和其他数据库对象的集合。该型数据库所有的信息(数据)都被存放在二维表格中,一个关系型数据库包含多个表,每一个表又包括若干行和若干列,行被称为记录,列被称为字段,表被称为关系,这就是关系型数据库中"关系"的含义。在一个实际的关系型数据库中,表的表示为:表名(字段1,字段2,…字段n)。例如,学生(学号,姓名,年龄,性别,专业)。在同一个数据库中,表与表之间是相互关联的,表与表之间的关联性是通过主码和外码所体现的参照关系实现的。码是表中的某一列或组合列,主码是表中各行记录最主要的属性,每行记录依靠主码区别表中其他行。而一个表中的主码是另一个表的非主码列,称为另一个表的外码。但是,因为该列的主码即另列的外码的存在,两个表便关联起来,在两个表中架设了桥,在一个表中查找不到的数据,通过桥后可以在另一个表继续查找。

SQL Server 2000 具备的最重要的工具包括 SQL Server Enterprise Manager(企业管理器)和 SQL Query Analyzer(查询分析器)。企业管理器是主要的图形用户接口工具,本章中应用该工具完成综合检测装备对象基本信息数据库、表的创建和更新。查询分析器组件允许编程人员交互式地开发和测试 SQL 语句,用于对数据库的查询、修改、更新等操作。

结构化查询语言 SQL 是一种在关系型数据库中定义和操纵数据的标准语言,通常分为 4 类:查询语言(SELECT)、操纵语言(INSERT、UPDATE、DELETE)、定义语言(CREATE、ALTER、DROP)、控制语言(COMMIT、ROLLBACK)。本章中就是应用查询语言完成对数据库的查询,获得所需要的信息。查询语句的基本格式由 SELECT 子句、FROM 子句和 WHERE 子句组成,它的含义是,根据 WHERE 子句的筛选条件表达式,从 FROM 子句指定的表中找出满足条件的记录,再按 SELECT 子句中指定的字段次序,选出记录中的字段值构造一个显示结果表。

2. LabWindows/CVI

LabWindows/CVI 是一个完全的 ANSIC 开发环境,用于仪器控制、自动检测、数据处理的应用软件。它以 ANSIC 为核心,将功能强大、使用灵活的 C 语言平台与用于数据采集、分析和显示的测控专业工具有机结合起来,包含各种总线、数据采集和分析库,还提供了百余种仪器的驱动程序。它的交互式开发平台、交互式编程方法、丰富的功能面板和函数库大大增强了 C 语言功能,为建立自动化检测系统、数据采集与分析系统、过程控制系统提供了理想的软件开发环境。

LabWindows/CVI 为编程者提供简单实用的工具。可以根据功能的不同,采用 Indicator、Hot、Normal、Validate 等模式的控件来实现控件操作。可以采用灵活实用、界面友好的响应面板事件、控件事件、鼠标事件的用户交互方式。可以设置响应用户操作的回调函数。

LabWindows/CVI 编程的基本步骤如下。

(1)建立工程文件,根据任务所要实现的功能,确定程序基本框架,包括各类控制所需函数。

(2) 创建用户图形界面,根据方案添加控件,设置控件属性及确定控件的回调函数名。

(3) 编辑程序源代码。由计算机自动生成程序代码及回调函数的基本框架。然后,向源文件中添加程序代码,完成所要实现的功能。

(4) 调试程序和生成可执行文件。

本章利用 LabWindows/CVI 语言提供的 RS-232 串口通信库函数以及异步定时器、多线程编程技术,完成对 PXI 和单片机的串口通信程序编写,实现了对串口事件的响应和串口读写操作。利用 LabWindows/CVI 语言的 ODBC 数据源管理器和 SQL Toolkit 技术,来实现与已创建的关系型数据库的连接,对数据库进行访问、查询、检索、修改等操作。利用 LabWindows/CVI 语言提供的 DAQ 技术,实现数据采集程序的编程。

9.4.4 软件功能模块设计

检测模块划分及流程设计

对于系统的软件设计,除了需要明确总体设计流程之外,还应当明确具体检测项目的测试流程。坦克炮的综合检测,除了已具备成熟检测手段的身管检查和炮闩功能检查部分可以作为人工后坐及瞄准机功能检查的并行检测部分,不再赘述外。在人工后坐及瞄准机功能检测内部,又可以区分为三大检测模块,分别是人工后坐复进阶段检测模块、炮口松动量检测模块、打滑力矩检测模块。3 个模块之所以区分是因为它们在同一套检测装置中进行检测,但其检测内容互相之间是相对独立的,不能统一在一个操作过程中进行。但是,区分为 3 个模块后其检测的先后顺序可以任意的置换,这正是并行测试思想的体现。同时,单个模块内部已集成了尽可能多的测试子项目,它们都可以统一在一个动作过程中完成,经过这样的具体检测项目流程的设计,充分利用了动作条件,简化了测试工序,实现了并行测试目的。各检测模块的测试流程经过梳理如图 9-13、图 9-14、图 9-15 所示。

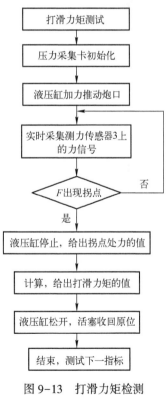

图 9-13 打滑力矩检测模块检测流程

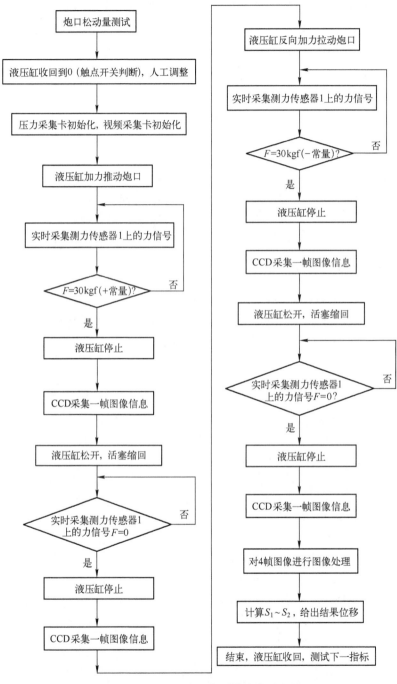

图 9-14 炮口松动量检测模块检测流程

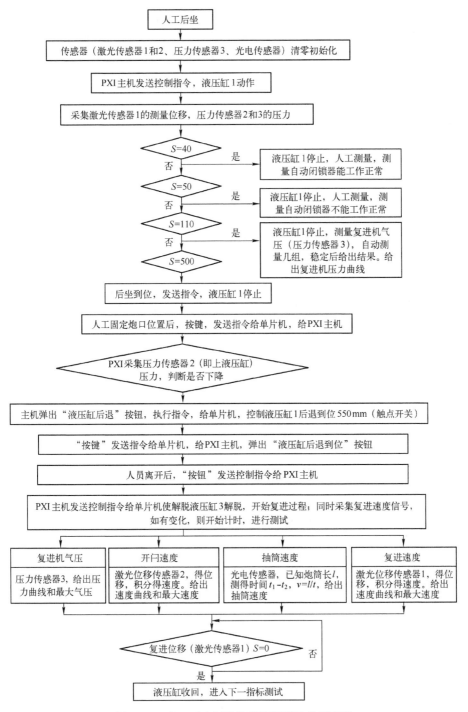

图 9-15 人工后坐复进阶段检测模块检测流程

可以看到,在炮口松动量检测模块,一次完整的检测过程,分别需要在4个位置上停下来,反复调用图像处理函数启动CCD记录炮口偏移量;而在人工后坐检测模块中,也先后要在40mm、50mm、110mm、500mm的后坐距离上停下来,分别调用测量自动闭锁器闭锁情况的函数、测量复进机气压液量的函数,驱动完成解脱子挂臂的动作。这些测试阶段的区分,都是根据压力、位移传感器到达不同节点的判断来完成的。在一个大的检测项目中,根据不同的测试阶段的划分,实现不同测试函数的调用,将各指标的并行检测变成可能。

9.4.5 综合检测测试应用及结果分析

经过硬/软件设计,综合检测装置的雏形已基本上体现出来,从原理上能够实现对火炮技术状况的检测。结合承担的"装甲装备检测线研究"项目,得以开发了坦克炮综合检测装置实体,并完成了对某型号坦克炮的综合检测。由于篇幅限制,简单地介绍综合检测中人工后坐部分检测功能的实现及其测试结果。其检测界面如图9-16所示。

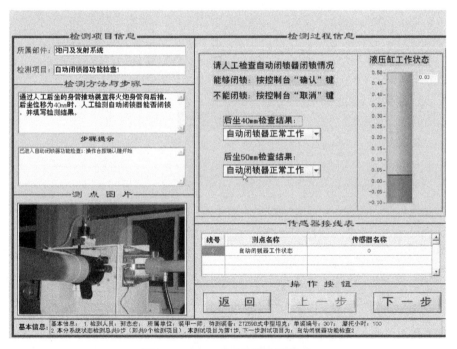

图9-16 人工后坐阶段检测界面

操作人员可以按照步骤提示框的显示,进行相应的控制操作和项目检查。液压缸工作状态图标显示的是:拉线位移传感器实时测得的液压缸活塞推火炮炮口运动的位移。检测方法与步骤等提示框内容也根据不同检测内容而实时更新。

当步骤提示框显示"已进入自动闭锁器正常工作项目",控制柜操作台按"确认"键开始检测,人工后坐开始。当推火炮液压缸推动火炮身管后坐40mm时,会提示"40mm到达,请操作台人工检测自动闭锁器能否闭锁,并选择测量结果!",操作人员人工检查自动闭锁器闭锁情况:能够闭锁,控制台按"确认"键;不能闭锁,控制台按"取消"键。系统进入下一项检测。按照这种界面对话框提示,依次往下操作,就实现了人机交互。可以依次实现后坐到40mm、50mm、110m、500mm时的测试和人工后坐各个阶段所需的动作控制。程序自动实现操作,调用测试函数或发出动作指令。测试主要依靠对测试函数的调用,动作控制主要依靠PXI与单片机的指令交互和对硬件的驱动来实现。

其中在炮口后坐到110mm时对复进机气压、液量的检测界面如图9-17所示。

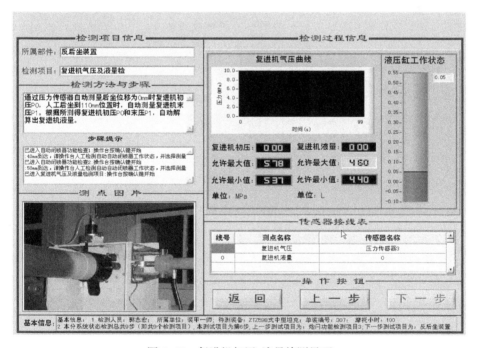

图9-17　复进机气压、液量检测界面

由此可见,检测界面在PXI主机完成测试信号的采集、处理、计算之后,能够实时地把测试结果显示出来。而且能够通过对数据库的操作,查询获得存入的各指标的评估标准,将其显示出来与实测值作比较,也能自动将实测值存写入数据库的相应表中,由程序在后台自动完成对指标的评估。显示出来的结果表明,该坦克炮在后坐110mm处测得的复进机气压为5.35MPa,由PXI主机结合初始状态气压计算得出的复进机液量为4.54L,与界面显示出来的各指标的允许上下限值比较,复进机气压略低,复进机液量在标准范围之内。

在完成对火炮炮口的挂臂并将推火炮液压缸的推杆收回原位之后,通过释放挂臂完成火炮的复进动作,利用PXI主机安装的数据采集卡和光电、激光位移、拉线位移等传感器实现了对火炮复进时间、复进速度、抽筒速度、开闩速度等指标的并行测试。其检测界面如图9-18所示。

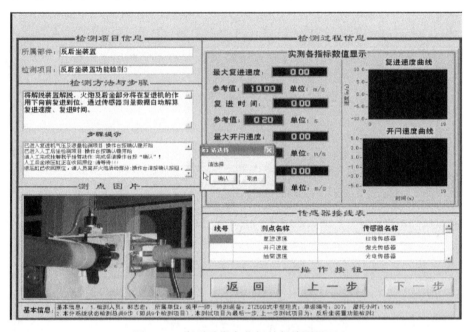

图9-18 复进阶段各指标并行检测界面

检测界面将检测结果以数据、曲线的形式显示。这些测试数据的获得表明,火炮技术状况综合检测装置顺利地实现了对某型坦克炮人工后坐复进阶段各指标并行的、综合的测试,基本达到了武器系统性能测试对测试精度、数据处理能力和动作控制能力的要求。同时解决了很多过程量指标长久以来没能得到解决的测试手段问题,能够满足技术状况综合检测对测试精度、时效性的要求,而且由于引入了虚拟仪器技术和综合检测理念。通过可以升级的PXI主机和可扩展的采集板卡通道,代替了以往需要很多传统仪器及"单机版"测试设备联合才能进行的测试方式,实现了由单个部件、分系统逐个测试向武器系统整体分层、并行检测的转变。

第 10 章

人工智能故障诊断专家系统

10.1 故障诊断技术研究概述

10.1.1 故障诊断专家系统

故障诊断是指当系统发生故障时,通过一定推理,确定并分离出发生故障的部位,判别出故障的种类,估计出故障的大小与时间,并进行故障的评价与决策。

故障诊断专家系统是人工智能应用研究最活跃和最广泛的领域之一。它是一种模拟人类专家解决领域问题的系统。专家系统内部含有大量的某个领域的专家水平的知识与经验,能够运用人类专家的知识和解决问题的方法进行推理和判断,模拟人类专家的决策过程,来解决该领域的复杂问题。专家系统是人工智能的重要领域,自 1960 年以来,经历了快 40 年的发展历史,取得了很大的成功,数以万计的专家系统相继出现,被广泛地应用于国民经济各个领域。专家系统的成功应用使社会看到了人工智能的研究价值。

专家系统是基于知识的系统,它利用人类专家提供的专门知识,模拟人类专家的思维过程来解决问题。一般来说,一个专家系统应具备如下 3 个特征。

(1) 启发性:不仅能使用逻辑知识,也能使用启发性知识,它运用规范的专门知识和直觉的评判知识进行判断、推理和联想,实现问题求解。

(2) 透明性:它使用户在对专家系统结构不了解的情况下,可以进行相互交往,并了解知识的内容和推理思路,系统还能回答用户的一些有关系统自身行为的问题。

(3) 灵活性:由于专家系统的知识与推理机构的分离,系统不断接纳新知识,调整有关控制信息和结构,确保推理机与知识库的协调,同时便于系统的修改和扩充。

专家系统的一般结构如图10-1所示。

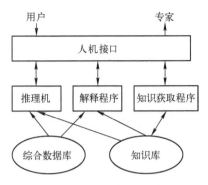

图 10-1 专家系统的一般结构

这种结构包括6个部分：知识库、推理机、综合数据库、人机接口、解释程序以及知识获取程序。其中知识库、推理机和综合数据库是目前大多数专家系统的主要内容，而知识获取程序、解释程序和专门的人机接口是所有专家系统都期望具有的3个模块，但它们并不是都得到了实现。

1. 故障诊断技术发展现状

故障诊断技术的发展是和人类对设备的维修方式紧紧相连的。在工业革命后的相当长的时间内，由于当时的生产规模，设备的技术水平和复杂程度都较低，设备的利用率和维修费用未引起人们的重视。20世纪以后，由于大生产的发展，尤其是流水线生产方式的出现，设备本身的技术水平和复杂程度都大大提高，设备故障对生产的影响显著增加，这样出现了定期维修，以便在事故发生之前加以处理。在20世纪60年代，美国军方意识到定期维修的一系列弊病，开始变定期维修为预知维修，即在设备的正常运行过程中就开始进行监测，以发现潜在的故障因素，及早采取措施，防止突发性故障的产生。军方的这种主动维修方式，很快被其他企业所效仿，故障诊断技术很快发展起来。

故障诊断技术发展至今已经经历了3个阶段：第一阶段由于机器设备比较简单，主要依靠专家或维修人员的感觉器官、个人经验及简单的仪表就能胜任故障的诊断与排除工作；传感器技术、动态测试技术及信号分析技术的发展使得诊断技术进入了第二阶段，并且在维修工程和可靠性工程中得到了广泛的应用；20世纪80年代以来，由于机器设备日趋复杂化、智能化及光机电一体化，传统的诊断技术已不能适应了，随着计算机技术、人工智能技术特别的专家系统的发展，诊断技术进入了它的第三阶段——智能化阶段。

今日，对复杂系统进行智能诊断已成为智能技术研究的前沿课题和热点。

在专家系统已有较深厚基础的国家,故障诊断专家系统已基本完成了研究和试验阶段,开始进入广泛应用阶段。

美国是最早开展故障诊断技术研究的国家。目前,美国已有多家公司从事电站故障诊断系统的工作,其中最知名的有西屋公司(WHEC)、Bently 公司和 IRD 公司。在欧洲也有不少公司从事故障诊断技术的研究、产品的开发及应用,如瑞士 ABB 公司目前正在大力发展振动观察系统(Vibro-View),并由诊断软件精确诊断机器故障。法国电气研究与发展部近年来发展了以监测与诊断为辅助站的 PSAD 系统,用于大型电站机组监测与诊断。英国在 20 世纪 60 年代末,由 Collacott 的机械状态监测中心首先开始诊断技术的研究,目前已有多家机构从事此项研究。

对于故障诊断专家系统的研究,英国的 Philip Burrell 和 Dave Inman 研制开发的 FAULST 3 是一个对供电网络进行故障诊断的专家系统。任务是在实际操作中针对一个拥有多种类型设备、大型高度联网的供电系统进行故障诊断。仁斯利尔理工学院(Rensselaer Polytechnic Institute)电子、计算机和系统工程系提出的诊断模型考虑不同的故障和传感器信息,该模型不仅能够进行多故障诊断,还能够自动产生启发式规则来丰富知识库。奥多米林大学(Old Dominion University)计算机工程系使用两个专家系统进行制造单元故障诊断和维护。这两个专家系统既互相独立,又互相关联。

我国故障诊断技术方面起步较晚,1979 年才初步接触设备诊断技术,但由于国家政府部门重视,发展较快,目前在理论研究方面,形成了具有我国特点的故障诊断理论,出版了一系列相关的论著,研制出了可与国际接轨的大型设备状态监测与故障诊断系统。与国外相比,我国在诊断技术方面尽管理论研究上已接近世界水平,但在应用技术方面差距较大。随着国民经济发展,我国正面临大型技术设备广泛应用的关键时期,因此为适应国民经济发展形势的要求,必须使诊断技术在研究上提升到一个新的水平。

目前,全国从事与电站设备故障诊断系统相关的单位就有数 10 家,其中有高校、研究所、设备制造厂等。尽管国内起步较晚,但已开发出 20 种以上适合电站汽轮机组的故障诊断系统和 10 余种可用来做现场简易故障诊断的便携式现场采集器。上海发电设备成套设计研究所、哈尔滨工业大学等单位都开发出了多种类型的故障诊断装置,山东电力科学研究院和清华大学等单位在 1997 年共同开发了类似于美国西屋公司的 AID 系统的大型汽轮发电机组远程在线振动监测分析与诊断网络系统,通过网络方式将多个电厂的振动数据传输到山东电力科学研究院远程诊断中心站,并通过中心站对振动数据进行远距离的监测分析与诊断。

在故障诊断的专家系统方面的研究，华中理工大学较早开始了故障诊断领域的研究，并取得了很大的成果，在故障诊断理论上，提出了一个基于知识的、诊断推理的概念体系。在实际应用方面，以郑州纺织机械厂的 FFS-1500-2 为研究对象，按照层次分类的方法，将系统按结构和功能划分为多个模块，建立各个模块的故障树故障模型。哈尔滨工业大学的柔性制造系统 FMS 实时故障诊断专家系统采用了故障树分析法进行故障模型的描述，该模型有利于故障的迅速定位，加快了故障的诊断速度。北京航空航天大学的工程系统工程系的通用故障诊断专家系统开发工具，是一个基于可靠性分析方法的非实时故障诊断专家系统，推理能力强和开放性好。北京航空航天大学 706 教研室的 FMS 在线故障诊断系统采用了结构树——故障图诊断模型，有"与""或"两种故障逻辑关系。在系统中还采用了置信度推理、优先级推理、多故障诊断和故障超前诊断等技术，并且系统提供了数据库建库工具及知识获取工作。

对于故障诊断的专家系统，从国内外应用情况看，基于知识的设备故障诊断一般有两种解决方案：基于模型的诊断和基于非模型的诊断。基于非模型的诊断推理，国内如华中理工大学等前 3 个系统采用了故障树的故障模型，使用了层次分类方法来组织知识库，并且应用了基于规则的知识表示和推理。这种方法的优点是建立方便，适用范围广；缺点是基于规则诊断的推理在规则库变大时，效率急剧降低，知识库的维护困难。但是，求解机械设备的诊断问题总是优先使用基于非模型的诊断推理策略，对于基于模型的诊断推理策略则一般只限于使用基于因果模型的诊断推理策略。国外的诊断系统多采用基于模型的在线故障诊断系统，为了满足在线诊断的实时性要求，采用的算法都力求简单实用，而且大都针对某一特定的、易于出现故障的部位。

在上述系统中，诊断对象的表达都没有采用面向对象的技术，这就使得在知识库中的诊断对象数目非常大的时候，知识库的维护变得非常困难。而且这些系统对于规则的表达采用的都是命题逻辑，这样表达知识虽然说比较简单，但是采用命题逻辑表达规则的系统不能进行演绎推理。

2. 专家系统存在的问题

专家系统的故障诊断方法是指，计算机在采集被诊断对象的信息后，综合运用各种规则（专家经验），进行一系列的推理，必要时还可以随时调用各种应用程序，运行过程中向用户索取必要的信息后，就可快速地找到最终故障或最有可能的故障，再由用户来证实。由于故障诊断专家系统是专家系统在故障领域的应用，故障诊断专家系统在建立时存在着一些专家系统自身难以克服的缺点，主要有以下几个方面。

(1) 在建立故障诊断专家系统时,性能首先取决于它所拥有的领域知识水平,一个专家系统拥有的知识越多,质量越高,则它解决问题的能力就越强。由于知识获取主要依靠手工方法,因而效率很低;而且有些知识蕴含在人们的行为感觉中,难以用规则来表示。所以这就容易造成诊断知识库的不完备,当遇到一个没有相关规则与之对应的新故障时,系统就变得束手无策。系统缺乏自学习和自适应能力,不能在诊断过程中从诊断的实例上获得新的知识。

(2) 在知识的推理上,传统的专家系统是用串行方式,其推理方法简单,控制策略不灵活,且推理速度慢、效率低。需要由知识工程师将领域专家知识进行加工处理使其规则化,这取决于专家合作程度、经验的适用性等,这往往是现有专家系统知识获取存在的"瓶颈"问题。而知识的获取恰恰是构造故障诊断专家系统的关键所在。

(3) 由于故障诊断专家系统是基于知识的系统,所以对知识库的维护非常关键。当知识库非常庞大时,很难避免产生搜索速度下降、规则相互抵触等知识组合爆炸问题。并且这种系统闭集,缺乏延展性,泛化能力差。系统不具备联想及自学习能力,对知识的更新、修改是非常麻烦的。

(4) 只有浅层的、表面的、经验性的知识,缺乏本质的、理性的知识。第一代专家系统强调如何利用专家的经验快速有效地解决问题,忽视了对知识的理解等深层的作用。因此,一旦出现启发规则未考虑的情况,故障诊断专家系统的性能将急剧下降,甚至无法给出结论。

(5) 现有故障诊断专家系统对所研究的对象有很强的依赖性。抽取专家知识所得到的外壳对解决其他问题有很大局限性,效果不好。

(6) 由于系统本身的缺陷,使用的实时性不理想。

10.1.2 人工神经网络与专家系统的结合

1. 人工神经网络

人工神经网络(artificial neural network,ANN)是人工智能领域中的一个重要分支,它由大量的、很简单的处理单元(或称神经元)广泛地互联成网络系统。它反映了人脑智能的许多基本特征,但并不是人脑神经元联系网的真实写照,而只是对其作某种简化、抽象和模拟。人工神经网络是由各种神经元按一定的拓扑结构相互连接而成的,它通过对连续的和间断的输入做出状态反馈而完成信息处理工作。

人工神经元是人工神经网络的基本单元,神经网络是由大量的处理单元(神经元)广泛互联而成的网络,它是人脑的某种抽象、简化和模拟。网络的信息处理由神经元之间的相互作用来实现;知识与信息的存储表现为网络元件间分布式的物理联系;网络的学习和识别取决于各网络层连接权值的动态演化过程。

人工神经元是对生物神经元的简化和模拟。为了模拟生物神经细胞,可以把一个神经细胞简化为一个神经元,人工神经元用一个多输入单输出的非线性节点表示,如图10-2所示。

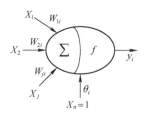

图 10-2 人工神经元

X_j—由细胞 j 传送到细胞 i 的输入量;W_{ji}—从细胞 j 到细胞 i 的连接权值;
θ_i—细胞 i 的阈值;f—传递函数;y_i—细胞 i 的输出量。

2. 人工神经网络与专家系统的区别与互补

从人工神经网络与专家系统的结构定义、工作原理来看,二者是完全不同的技术,有很大的区别。

(1) 人工神经网络对知识的表示是隐式的,它用网络的拓扑结构表示节点间的相互关系,节点间的互联强度表示项与项之间相互影响的强弱;专家系统是对知识进行形式化的符号描述,因而它的知识表示是显式的、描述性的。

(2) 人工神经网络获取知识的方法是直接从数值化的实例中学习或将传统人工智能技术已获得的知识特例转化为人工神经网络的分布式存储,学习是在系统内部并可以成为十分活跃的部分;专家系统获取知识的主要途径是机械式学习和讲授式学习,它的知识是在系统外学习得到的,然后以代码的形式输入知识库中。

(3) 人工神经网络试图要模仿人脑智力功能,它的实现是基于连续的数值计算;而专家系统是具有符号推理机制的计算机程序,使用离散逻辑为准的功能基础。

(4) 人工神经网络运用归纳的方法,在原始数据上通过学习算法建立内部知识库,但各单个神经元并不存储信息,网络的知识是编码在整个网络连接权值的模式中,知识表达不明确。人工神经网络一旦学习完成就能迅速地求解,具有良好的并行性,但是知识的积累是以网络的重新学习为代价,花费的时间较多;而专家系统使用演绎的方法,把从系统外得到并用代码输入系统的知识推广,知识表达很明确,是一种可以让专家系统识别的形式,因而容易证实,并且,专家系统中知识库与推理机是相互独立的,知识可以渐进积累,当某一事实改变时,修改也较容易。

专家系统的特色是符号推理,人工神经网络擅长数值计算。由此可见,传统专家系统与人工神经网络科学地加以结合,并加入深层次知识,取长补短,充分发挥各自的特长,将会提高智能系统的智力水平。因此,它们具有很大的互补性。

应用人工神经网络技术可以弥补并解决传统专家系统遇到的问题。

(1)对于专家系统的"脆弱性",即知识和经验不全面,遇到没解决过的问题就无能为力,可利用人工神经网络的自学习功能,不断丰富知识库内容,可解决知识更新的问题。

(2)对于专家系统知识获取困难这一"瓶颈"问题,利用人工神经网络的高效性和方便的自学习功能,只需用领域专家解决问题的实例来训练人工神经网络,使在同样的输入条件下,人工神经网络便能获得与专家给出的解答尽可能接近的输出。

(3)推理中的"匹配冲突""组合爆炸"及"无穷递归"使传统专家系统推理速度慢、效率低。这主要是由于专家系统采用串行方式、推理方法简单和控制策略不灵活;而人工神经网络的知识推理通过神经元之间的作用实现,总体上,人工神经网络的推理是并行的,速度快。

3. 基于人工神经网络的专家系统的研究现状

自 20 世纪 80 年代末期,国外就有不少学者进行基于人工神经网络的专家系统的研究和开发工作。Looney 应用人工神经网络实现了专家系统的高层决策功能;Yehetal 建立了一个用于调试有限元程序输入数据的人工神经网络专家系统;Baxt 开发了用于诊断冠状动脉闭锁症的人工神经网络专家系统;Yoon 开发了用于指导学生诊断丘状皮疹的人工神经网络专家系统(DESKNET)。

目前,国内学者对于人工神经网络与专家系统相结合的研究,在热烈地进行着,将人工神经网络与专家系统结合的技术也逐渐地应用在实际中。

10.2 基于人工智能的装甲车辆通用炮塔电控系统故障诊断

10.2.1 系统总体介绍

1. 系统设计方案

由于要解决的装甲车辆通用炮塔电控系统故障诊断。它的故障诊断和排除已经有了大量的专家积累下来的实践经验和诊断策略,但某些故障的外在表现往往与多种潜在故障有关,征兆与原因之间存在各种各样的重叠和交叉,再加上电控系统本身结构庞大复杂,往往给故障诊断带来不便。单纯采用基于知识的传统专家系统难以实现对整个复杂大系统进行实时的状态检测和故障诊断,此外传统专家系统还存在一些不易解决的困难,如知识获取的"瓶颈"问题、知识间上下敏感问题、不确定推理问题和自学习困难等,推理速度较慢。为了实现对整个系统的实时状态监测和故障诊断,必须在原有基础上增加新的技术手段。

基于遗传算法(GA)优化的模糊神经网络为现代复杂大系统的状态检测和故障诊断提供了全新的理论方法和技术实现手段。在智能故障诊断系统中,基于遗传算法优化的模糊神经网络(FNN)应用于诊断主要是通过与诊断专家系统结合来实现的。这主要是考虑到它们各自的优点。基于遗传算法优化的模糊神经网络具有以下几个优点:求解问题可用连接模型表示;网络的连接权值可通过训练活动;连接模型具有鲁棒性;网络具有很强的容错能力;连接模型适合硬件实现。而专家系统也存在许多诱人的特点:系统能在不确定、不完备的领域知识的条件下进行推理;系统可从外部世界获取知识,也可从内部推理过程中机械地学习知识;系统能对问题求解过程给出解释,使推理得出的结论令人信服。然而,它们也各自存在缺陷,如人工神经网络存在网络连接模型表达的复杂性(如神经元个数选取、模型的可分性等)、网络训练过程的稳定性、并行分布技术带来的识别结果难于理解和解释等,专家系统存在知识表示、知识获取、知识验证等问题。因此有必要构造把专家系统与基于遗传算法优化的模糊神经网络相结合的智能故障诊断系统,使之既能保持专家系统的原有特色,又兼有人工神经网络的特点。

人工神经网络专家系统是一类新的知识表达体系,与传统专家系统的高层逻辑模型不同,它是一种低层数值模型,信息处理是通过大量称为节点的简单处理元件之间的相互作用而进行的。它的分布式信息保持方式为专家系统的知识获取、表达以及推理提供了全新的方式。通过对经验样本的学习,将专家的经验知识以权值和阈值的形式存储在网络中,并利用网络的信息保持性来完成不精确诊断推理,较好地模拟了专家凭经验、直觉而不是复杂的计算的推理过程。

模糊技术与人工神经网络的有机结合,可以有效地发挥各自的优势并弥补其不足。模糊技术的特长在于逻辑推理能力,容易进行高阶的信息处理,将模糊技术引进人工神经网络,可以大大拓宽神经网络处理信息的范围与能力,使其不仅能处理精确性信息,也能处理模糊性信息与其他不精确信息。并且,采取人工神经网络技术进行模糊信息处理,可使得模糊规则的自动提取及模糊隶属函数的自动生成得到解决,使模糊系统成为一种自适应模糊系统。模糊 BP 神经网络是模糊神经网络常用的网络模型。

遗传算法用于学习模糊神经网络的权重,也就是用遗传算法来取代一些传统的学习算法,可以解决基于梯度的神经网络(BP)算法的收敛速度慢、易陷入局部极小值的缺陷。模糊神经网络与遗传算法的结合,既可以利用模糊神经网络的非线性映射和预测功能,又可以利用遗传算法的全局优化能力,使网络同时具备学习和进化的智能。Muhlenbein 分析了多层感知网络的局限性,并猜想下一代人工神经网络将是基于遗传算法优化的模糊神经网络。在通用炮塔电控系统故障中引入遗传算法优化 BP 模糊神经网络的诊断模型,成功地利用遗传算法寻找到了最优的 BP 神经网络权值与相应节点的阈值,改善了诊断模型网络的收敛性,提高了诊断的成功率。

人工神经网络是一种高度非线性的动力学系统,它用来模拟人的形象思维,特别适用于表达现实系统中难以处理的知识。基于遗传算法优化的模糊神经网络与传统专家系统的集成可以发挥它们各自优势,十分适合表达故障诊断及处理系统的知识。基于遗传算法优化的模糊神经网络与专家系统的结合有两种方法。

(1) 使用基于遗传算法优化的模糊神经网络来构造专家系统,即把传统专家系统的基于符号的推理变成基于数值运算的推理,以提高专家系统的执行效率,并解决专家系统的自学习问题;

(2) 将基于遗传算法优化的模糊神经网络理解成一类知识源的表达与处理模式,这类模式与其他知识表达方式(如规则、框架等)一起来表达领域专家的知识,并面向不同的推理机制。

结合工程实际,提出了用于通用炮塔电控系统故障诊断的智能诊断系统,采用第一种基于遗传算法优化的模糊神经网络与专家系统结合的方式,同时采用不同的知识表达与处理模式,可以满足一般情况下实时诊断、排除通用炮塔电控系统故障的要求,具有重要的工程使用价值,利于专家经验知识的保存和延续,同时也可以利用基于遗传算法优化的模糊神经网络对于知识的自动获取特点,自适应环境的变化,克服传统专家系统中存在的"知识窄台阶"问题,可以工作于所学习过的知识以外的范围,有效应对系统运行中可能出现的新故障。

2. 专家系统总体结构

专家系统是人工智能应用研究最活跃和最广泛的领域之一。它是一种模拟人类专家解决领域问题的计算机程序系统。专家系统内部含有大量的某个领域的专家水平的知识与经验,能够运用人类专家的知识和解决问题的方法进行推理和判断,模拟人类专家的决策过程,来解决该领域的复杂问题。专家系统是人工智能的重要领域,自 1960 年以来,经历了快 40 年的发展历史,取得了很大的成功,数以万计的专家系统相继出现,被广泛地应用于国民经济各个领域。

专家系统的能力来源于它所拥有的知识,尤其是领域专家的经验知识在问题求解过程中的作用,因此也称为基于知识的系统(knowledge based system)。故障诊断是专家系统最成功的一个应用领域,早期的专家系统很多都是关于医疗诊断方面的,如著名的医疗诊断专家系统 MYCIN 就是一个典型代表。1981 年,J. Bennett 等开发了第一个电子设备故障诊断专家系统 DART。随后故障诊断专家系统的理论研究和应用进入了一个快速发展阶段,出现了许多设备故障诊断专家系统。例如航天飞机主发动机故障诊断专家系统、汽轮发电机组故障诊断专家系统 DIVA 等。

一般专家系统主要由人机接口、知识库、综合数据库、推理机、解释程序和知识获取程序组成。其中知识库和推理机是专家系统的核心。

3. 遗传算法

遗传算法是模仿自然界生物进化机制发展起来的随机全局搜索和优化方法,它借鉴了达尔文的进化论(生物界自然选择)及孟德尔的遗传学说(自然遗传机制),其基本思想是模拟自然界进化的"优胜劣汰,适者生存"的自然法则,探索参数空间的最佳搜寻方法,获得最佳的优化结果,其本质是一种高效、并行、全局搜索的方法,它能在搜索过程中自动获取和积累有关搜索空间的知识,并自适应地控制搜索过程以求得最优方案。

遗传算法的形式化描述如下:

$$GA = (P(0), N, l, s, g, p, f, t)$$

式中:$P(0) = (a_1(0), a_2(0), \cdots, a_N(0)) \in I_N$,表示初始种群;$I = \Sigma^l = \{0,1\}^l$,表示长度为 l 的二进制串全体,Σ 为字母表 N 表示种群中含有个体的个数;l 表示二进制串的长度;s 表示选择策略;g 表示遗传算子,通常包括复制算子 O_r、交叉算子 $O_c: I \times I \to I \times I$ 和变异算子 $O_m: I \to I$;p 表示遗传算子的操作概率,包括复制概率 p_r、交叉概率 p_c 和变异概率 p_m;f 表示适应度函数;t 表示终止准则。

应该注意的是,目前的遗传算法已不再局限于二进制编码。针对不同的问题,许多研究者设计了不同的编码方法(如实数编码)以及相应的遗传操作和选择策略。

遗传算法的基本流程如图 10-3 所示。首先,对可行域中的点进行编码。然后,在可行域中随机挑选一组编码(染色体、个体)作为进化起点的第一代群体,并计算每个编码的个体适应度值,而适应度体现了目标函数的寻优信息。

接下来与自然界一样,从群体中随机挑选若干个体作为繁殖过程前的样本集合,选择机制应保证适应度较高的个体能保留较多的样本,而适应度较低的个体则保留较少的样本或被淘汰。在繁殖过程中,利用交叉和变异两种算子,以一定的交叉概率和变异概率对挑选后的样本进行交换,从而给出新个体。最后,通过新老个体替换产生下一代群体。算法不断重复进行上述评价、选择、繁殖和替换过程,直到结束条件得到满足为止。通常,进化过程最后一代群体中适应度最高的个体就是利用遗传算法求解最优化问题的最终结果。

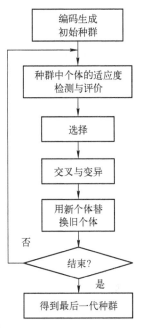

图 10-3　遗传算法的基本流程

10.2.2　诊断专家系统的建立

1. 知识的获取与表示

知识是人类在实践中积累的认识和经验的总和。知识的完整和丰富程度决定着一个专家系统的水平。诊断知识越丰富,能诊断出的故障也就越丰富。

设计的诊断系统的知识可分为描述性知识、经验性知识和控制性知识 3 种类型。描述性知识用来描述事实和诊断信息,这些知识以事实形式存在,在程序运行中它们存放在事实库中。经验性知识用于表示诊断用信息的特性以及它们相互之间的关系,本系统规则库中的规则便是这类经验性知识。控制性知识则表示控制和运用上述两种知识的策略,如事实与规则的匹配原则、诊断的搜索策略等。

由于目前的专家系统大多属于第一代专家系统,这些专家系统具有较高性能,也有一定的解释能力和知识获取能力,但仅仅是触及问题的表面。它在知识获取和处理方面依然存在许多明显的局限性,包括:知识获取的瓶颈问题;实时性差;自适应能力差;学习能力差。

为了打破第一代专家系统在知识获取和处理方面的局限,不少学者已经提出了许多相应的办法,并且在某些领域的专家系统中也取得明显的成效。这些解决方法主要有自动知识获取、机器自学习以及基于人工神经网络的知识获取。基于大脑神经系统结构和功能模拟基础上的人工神经网络,可以通过对故障实例的不断学习而提高人工神经网络中所存储知识的数量和质量,可以提取类似实例之间的相似性和不同类别实例之间的差异,并体现在神经元之间的连接权值的调整过程中。因此本章在人工获取知识的基础上,采用神经网络法实现对知识的获取。

对于故障知识的人工获取大致有以下几种途径。

(1) 通过对已有的各种武器系统的大量故障案例进行整理和分析,提取相应的知识。

(2) 对搜集到的各种故障的记录信号进行分析,总结出一定的知识。

(3) 运用模糊数学、信号处理等多学科的理论和方法,对常见故障进行机理分析,找出故障发生的原因、机制以及故障发生时与各种征兆之间的复杂关系。

(4) 通过与部队具有丰富实践经验的专家和工程技术人员进行交流和讨论,获取专家的经验知识。

基于人工神经网络的自动知识获取法实现对知识获取的步骤如下。

(1) 建立 BP 神经网络模型。本章采用的是反向传播模型,分 3 层:输入层、隐含层和输出层,隐含层的激活函数采用 sigmoid 函数,输出层的激活函数采用 purelin 函数。根据训练样本确定各层的节点数,置所有可调参数(权值和阈值)为均匀分布的较小数值。

(2) 对每个输入样本作如下计算:

① 计算各层输出 $y^l = f(vt^l) = f(w^l y^{l-1})$;

② 计算输出层误差 $E \leftarrow E + 1/(2\|d-o\|^2)$,其中 d 为期望输出, o 为实际输出;

③ 计算局部梯度 $\delta_j = \frac{1}{2}[(d_k - o_k)f'(v_k)]$; $\delta_j = f'(V_K)\sum_K \delta_K w_k$;

④ 修正输出层权值 $w_K \leftarrow w_K + \alpha \Delta w_K$;

修正隐含层权值 $w_j \leftarrow w_j + \alpha \Delta w_j$;

具体是按下式修正的:

$$w_{jk}^l(n+1) = w_{wi}^l(n) + \alpha(n)[(1-\eta)\delta_j^l(n) + \eta\delta_j^l(n-1)]$$

$$\alpha(n) = \begin{cases} 2\alpha(n-1) & E(n) < E(n-1) \\ \alpha(n-1) & E(n-1) < E(n) < 1.04E(N-1) \\ 0.5\alpha(n-1) & E(n) > 1.04E(n-1) \end{cases}$$

(3) 令 $n = n+1$,输入新的样本(或新一周期样本),直至 E_{AV} 达到预定要求,训练时各周期中样本的输入顺序要重新随机排序。

以某电控故障诊断为例,选择大量的训练样本对构建的人工神经网络进行训练,求出网络各权值,作为人工神经网络专家系统知识库的内容。部分训练样本如表 10-1 所列。

表 10-1　人工神经网络学习样本(部分)

样本序号	输入样本						输出样本				
	x_1	x_2	x_3	x_4	x_5	x_6	y_1	y_2	y_3	y_4	y_5
1	0.92	0.80	0.01	0.07	0.91	0.05	0.89	0.79	0.01	0.15	0.19
2	0.87	0.90	0.95	0.04	0.02	0.08	0.82	0.88	0.90	0.26	0.28
3	0.60	0.52	0.43	0.70	0.20	0.70	0.54	0.49	0.39	0.65	0.55
4	0.21	0.01	0.17	0.89	0.11	0.90	0.19	0.09	0.20	0.85	0.75
5	0.11	0.48	0.88	0.70	0.95	0.01	0.10	0.10	0.40	0.80	0.62
6	0.78	0.68	0.84	0.69	0.12	0.01	0.70	0.63	0.78	0.65	0.75
7	0.78	0.64	0.45	0.21	0.06	0.08	0.68	0.60	0.40	0.28	0.50
8	0.70	0.72	0.68	0.58	0.42	0.07	0.61	0.63	0.60	0.52	0.66
9	0.23	0.70	0.76	0.45	0.85	0.02	0.30	0.65	0.69	0.42	0.55
10	0.01	0.48	0.88	0.01	0.95	0.01	0.40	0.10	0.80	0.62	0.60
11	0.50	0.36	0.62	0.45	0.62	0.18	0.42	0.35	0.54	0.41	0.30
12	0.39	0.85	0.40	0.22	0.09	0.60	0.40	0.80	0.36	0.28	0.20
13	0.01	0.02	0.17	0.89	0.11	0.90	0.19	0.09	0.20	0.85	0.40
14	0.88	0.92	0.01	0.88	0.01	0.01	0.82	0.89	0.14	0.82	0.76
15	0.92	0.86	0.90	0.05	0.09	0.91	0.88	0.82	0.84	0.21	0.24
16	0.90	0.88	0.05	0.04	0.04	0.92	0.88	0.85	0.01	0.16	0.20

输入节点 x 分别对应一种异常征兆,输出节点 y 分别对应一种可能故障原因。其中,x_1 为火炮不射击,x_2 为火炮射击发数少于设定发数,x_3 为越障时火炮功能不正常,x_4 为电传方向系统驱动火炮回转时,忽快忽慢,x_5 为炮塔低速转动不平稳,x_6 为电传系统最大调炮信号时,炮塔转动速度低;y_1 表示综合控制箱内继电器 K1 故障,y_2 表示操纵台内电阻 R5 故障,y_3 表示转接板内二极管 J6 故障,y_4 表示高低执行电机/测速机组内电容 C3 故障,y_5 表示方向执行电机/测速机组内电容 C11 故障。各权值与阈值数据如表 10-2 所列。

2. 推理机制的设计

专家系统一般具有一个存放知识的知识库,一个用于推理的推理机和一个存放初始已知事实和中间事实的综合数据库。推理机是专家系统的思维机构,它根据当前的已知事实,运用知识库中的知识,按照一定的推理方法和一定的控制策略进行推理,以求得问题的解或证明某个假设成立。因此,推理机和知识库构成了专家系统的核心部分,在推理机的作用下,用户能够向领域专家那样解决疑难问题。

表 10-2 权值和阈值数据

神 经 元	权 值						阈值
第一隐含层	-1.10	0.26	0.87	-2.11	-0.94	-0.28	-1.20
第二隐含层	3.49	3.59	-0.17	0.94	0.86	1.12	-0.67
第三隐含层	2.00	-3.37	0.21	-0.07	-0.35	-0.20	-2.44
第四隐含层	-0.05	-0.24	-0.69	-1.13	0.12	1.53	0.61
第五隐含层	0.19	-0.14	-0.51	-0.13	-0.53	0.07	-0.63
第六隐含层	-1.96	0.36	-0.38	-0.17	-0.06	0.37	-1.28
第一输出层	-0.84	6.62	-3.54	3.34	1.69	-10.99	-0.93
第二输出层	-0.13	9.05	-8.41	1.45	1.76	-7.59	-1.13
第三输出层	8.76	-4.02	-0.57	-6.58	-5.66	1.73	-7.12
第四输出层	-3.36	0.73	-0.45	-5.32	2.15	4.10	-0.59
第五输出层	-3.05	4.27	1.17	2.97	-13.15	-0.74	0.39

推理机的性能与结构一般与知识的表示方法以及组织形式有关,而与知识的内容无关,这样有利于保证知识库和推理机的相互分离。当知识库中的知识有变化时,不会影响推理机。所以,推理机的设计和知识库的设计是分别进行的,在设计时要根据知识表示方法和组织形式选择合适的推理方法;同时还要考虑推理的方便性,有利于在提高推理效率的前提下设计恰当的知识表示方法和组织形式。

推理过程是一个问题求解的过程,因此问题求解的质量和效率主要取决于推理方法和推理控制策略。控制策略又包括推理方向、搜索策略和冲突消解策略等方面的内容。

1) 推理方法

推理方法按知识的确定性可分为确定性推理和不确定性推理;按推理方式可分为演绎推理、归纳推理和模型推理;按知识的层次可分为领域级推理和非领域级推理。

2) 推理方向

推理方向用于确定推理的驱动方式,有正向推理、反向推理、正反向混合推理和双向推理 4 种方式。

(1) 正向推理。正向推理是以已知事实作为出发点的一种推理,又称数据驱动、前件推理等。正向推理的基本思想是:从用户提供的已知事实出发,从知识库中找出可匹配的规则,按照某种冲突消解策略从中选择一条规则进行推理,并将推出的新事实加入到数据库中作为下一步推理的已知事实,在此之后再在知识库中选择可匹配的规则,如此重复这一过程,直到求出结果或知识库中没有可用的知识为止。正向推理的推理示意图如图10-4所示。

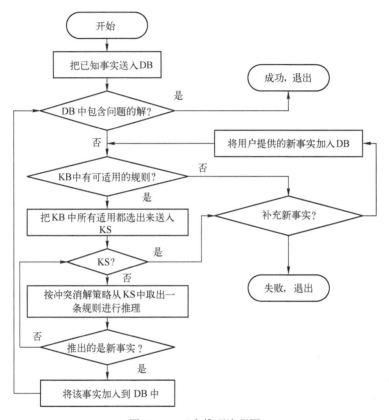

图 10-4　正向推理流程图

其推理过程可以按照如下算法描述。

① 将用户提供的初始已知事实送入数据库 DB。

② 检查数据库 DB 是否已经包含了问题的求解,若有,则求解结束,并成功退出,若无,则进行下一步。

③ 根据数据库中的已知事实,扫描知识库 KB,检查 KB 中是否有可适用(即可与 DB 中已知事实匹配)的知识,若有,则转④,若无,则转⑥。

④ 把 KB 中所有的适用知识都选出来,构成可适用的知识集 KS。

⑤ 若 KS 不空,则按某种冲突消解策略从中选出一条知识进行推理,并将推出的新事实加入到 DB,然后转②;若 KS 空,则转⑥。

⑥ 询问用户是否可以进一步补充新的事实,若可补充,则将补充的新事实加入到 DB 中,然后转③;否则表示求不出解,失败退出。

正向推理的主要优点是比较直观,允许用户主动提供有用的事实信息,适用于设计、规划、预测、监控等;缺点是知识激活和执行的目的性不强,有可能系统为达到某个目标执行了若干次无用动作,从而降低推理效率。

(2) 反向推理。反向推理又称为后向推理(backward chaining)或目标驱动控制,其基本思想是:先选择一个目标作为假设,然后在知识库中寻找支持该假设的证据或事实。若找到所需要的证据或事实,则证明原假设是成立的,推理成功;若找不到所需要的证据或事实,则说明假设不成立,推理不成功,需重新作新的假设。

(3) 正方向混合推理。正反向混合推理(forward and backward chaining)是为了综合利用正向推理和反向推理各自的优点,克服各自的缺点而提出的。根据已知的原始数据向前推理,得到可能成立的结论,作为假设目标,进行反向推理,寻找支持这些假设的事实或证据,这是先进行正向推理后进行反向推理。另外还有,先假设一个目标进行反向推理,然后利用在反向推理中取得的数据进行正向推理,最后推出更多的结论。

(4) 双向推理。双向推理指正向推理与反向推理同时进行,且在推理过程的某一步上相遇的推理方法。其基本思想:其一,根据已知事实进行正向推理,但不推断出最终目标;其二,从假设目标出发进行反向推理,但不推出原始事实,而使它们在某一步骤相遇即正向推理所推出的中间结论正好是反向推理所要的证据,至此推理结束。反向推理所作假设就是推理的最后结论。

3. 搜索策略

搜索是人工智能的一个基本问题。它直接影响推理机运行效率,因而在研究推理机时不能忽视搜索策略。搜索问题实际上就是研究状态以及状态的转移。表示问题的方法常用状态和算符来表示。

状态是描述问题求解过程中不同时间的求解状态;而算符是对状态的动作。由问题的全部状态和一切可能用到的算符所构成的集合就是问题的状态空间。状态空间的图形则称为状态空间图,其中,节点指状态,有向弧指算符。状态空间图的形式像树形。搜索问题中有一个开始状态和若干个目标状态,搜索就是一条从开始状态到某一个目标状态的路径。

状态空间的搜索策略有两大类:启发性搜索和盲目性搜索。

启发性搜索用问题自身的某些特征信息,指导搜索向最有希望的方向前进。由于其针对性强,因而一般只需要搜索问题的部分状态空间,故效率较高。但假如它不能缩小状态空间,也将变成盲目性搜索。

盲目性搜索主要有深度优先搜索和宽度优先搜索等。

1) 深度优先搜索

深度优先搜索(depth-first search)就是从初始节点开始搜索,在其子节点中选择一个节点进行考察,若不是目标节点,则在该子节点的下一级子节点中再选择一个节点进行考察,如此循环,直至到达目标节点。当在某个子节点时,该子节点既不是目标节点又不能够继续向下搜索,此时,才选择同一层的相邻节点如此循环类推,直至最终目标节点,如图10-5所示。

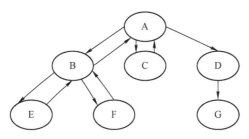

图 10-5　深度优先搜索图

深度优先搜索适用于搜索图是树状或格子的一类问题,能很快深入到深层搜索空间。但对其他搜索图,有可能出现无限循环,从而搜索不到需要的解,而搜索路径也不可能是最短的路径。

2) 宽度优先搜索

宽度优先搜索也称广度优先搜索,与深度优先搜索相反,按照深度越小优先级越高的原则在树中搜索,即按照先生成的节点先扩展的策略对本层的节点没有全部考察结束之前,不会对下一层的节点考察,如图10-6所示。

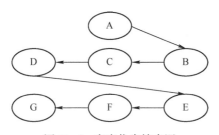

图 10-6　宽度优先搜索图

宽度优先搜索的盲目性较大,且随着搜索深度的增加,耗费时间较多,但它总能求得最短路径的解。

在某电气故障诊断系统中,其推理机主要分为两大部分:一部分由人工神经网络进行数字运算来完成推理;另一部分由基于框架与规则的专家系统来完成推理,其推理过程是搜索、匹配的过程,是基于逻辑的演绎的方法。

4. 冲突消解策略

在推理过程中,系统根据当前已知的事实,搜索知识库中的规则进行匹配时,可能出现以下 3 种情况。

(1) 只有一条规则匹配成功,这是最理想的情况,其余的事实只需要验证这条规则的条件是否成立,若成立,则激活该条规则。

(2) 没有一条规则匹配成功,可能是在求解问题过程中选择的路径不对,或者可能是知识库中的规则不全面等,此时可根据当时的实际情况做相应处理。

(3) 有多条规则匹配成功,出现冲突现象,此时需要一种原则,对这些规则排序,以便从中选取一条规则用于当前的推理,这一解决冲突的问题求解过程称为冲突消解过程,所用的原则称为冲突消解策略。

目前,已有多种消解冲突的策略,其基本做法都是对知识进行排序。

(1) 分块组织。知识库的组织按问题求解状态进行分组,使用时,从对应的知识框架中去选择可用规则。

(2) 知识库组织次序排序。以规则在知识库组织中的顺序决定优先权。

(3) 专一性排序。根据规则条件的强弱程度,弱化规则比强化规则更具有优先权。

(4) 就近排序。通过动态修改知识的优先级的算法,使最近使用的规则最具优先权。

(5) 匹配度排序。匹配度又称为相似度,它在不确定的推理中使用,指的是对匹配度进行排序。

(6) 数据冗余限制。当某一知识操作时有余事实时,则降低其优先权。

5. 解释机制的设计

1) 面向专家系统的解释机制设计

在基于规则的专家系统中建立解释机制是比较简单的,只需要将相关的规则找出并将其转换为自然语言的形式,然后摆放在用户面前,就能让用户对推理过程和诊断结果心服口服。

一般来说,专家系统主要使用下面几种解释方法。

(1) 预置文本与路径跟踪法。

预置文本法是最简单的解释方法,具体的方法是将每一个问题求解方式的解释框架采用自然语言或其他易于被用户理解的形式事先组织好,插入程序段或相应的数据库中,在执行目标的过程中,同时生成解释信息,其中的模糊量或语言变量通常都要转换为合适的修饰词。一旦用户询问,只需把相应的解释信息填入解释框架,并组织成合适的文本方式提交给用户即可。

这种解释方法简单直观,知识工程师在编制相应解释的预置文本时,可以针对不同用户的要求随意编制不同的解释文本,其缺点在于对每一个问题都要考虑其解释内容,大大增加了系统开发时的工作量。大型专家系统不可能采用这种方法,只能用于小型专用系统。

克服预置文本法缺陷的一条自然途径就是对程序的执行过程进行跟踪,在问题求解的同时,将问题求解所使用的知识自动记录下来,当用户提出相应问题时,解释机制向用户显示问题的求解过程,这就是路径跟踪法。

(2) 策略解释法。在专家系统的许多实际应用中,用户往往不满足于系统简单地告诉他们是怎样一步步得到问题的结论,而要求系统给出求解问题所采用的其他方法和手段。策略解释法就是依照这种要求来设计的。

策略解释法向用户解释的是与问题求解策略有关的规则和方法,从策略的抽象表示及其使用过程中产生关于问题求解的解释。

(3) 自动程序员方法。前面的问题只回答了"为什么"这一询问也即仅仅解释了系统的行为,而没有论证其行为的合理性。为了解决这一问题,Swartout 提出了自动程序员方法。

自动程序员方法的基本思想是:在设计一个专家咨询程序的过程中,对领域模型和领域原理进行描述的同时,将自动程序员嵌入其中,通过自动程序员将描述性知识转换为一个可执行的程序,附带产生有关程序行为的合理性说明,从而向用户提供一个非常有力的解释机制。

在通用炮塔电控系统智能故障诊断系统中,面向专家系统的解释机制采用的方案是预置文本与路径跟踪法,为了达到跟踪的目的,在规则中加入了规则编号,其解释内容包括对诊断结果的解释和对推理过程的解释两种。

为了实现对诊断结果的解释,智能故障诊断系统做了三步工作。

(1) 对每一条规则预置各自的解释文本。

(2) 对诊断过程进行跟踪,产生表 L,L 中包括了所有匹配成功的规则编号。

(3) 对表 L 进行解释,调出每条匹配成功的规则对应的解释文本。

对推理过程的解释,主要是跟踪系统目前正在企图匹配的规则,由这条规则产生解释语句,显示所有的解释语句。

2) 面向人工神经网络的解释机制设计

在基于遗传算法优化模糊神经网络的智能故障诊断系统部分中,由于遗传算法优化模糊神经网络的知识库中存放的是一些用数字形式隐式表示的连接权值,而不是直接的规则,因而,它的解释机制的建立不可能像传统故障诊断专家系统那样简单。

遗传算法优化模糊神经网络故障诊断系统对它的推理过程和诊断结果的解释总体来说都是利用网络中的各项数据（包括征兆输入数据、故障输出数据和隐含神经元输出数据）及输入神经元、输出神经元的物理含义并结合知识库中的连接权值来形成规则，其过程相当于遗传算法优化模糊神经网络训练的一个逆过程，在训练过程中是将输入信号和教师信号（它们的组合实质上就是规则）作为样本经过训练形成各项权值。

下面，根据本系统所构造的基于遗传算法优化模糊神经网络的情况和应用的正向推理机制来说明如何对推理过程和诊断结构建立解释机制。

在正向推理中，人工神经网络必须知道全部的输入值（否则就应采用反向推理或正反向混合推理），因而用户在使用时必须一次性地输入全部征兆数据，而不会提出什么疑问。可见，在正向推理中只需讨论如何对诊断结果作出解释，其过程就是如何利用已经知道的输入输出数据形成规则。确保生成正确的规则，然后从中找出合适的规则作为解释，只有这样才能保证解释的准确性。然而，如果真的采用这样的方法也就陷入了传统专家系统的圈套之中，而不能突破知识窄台阶的局限性，因此，实际的解释机制生成方法如下。

(1) 将输出结果为 1 的输出层神经元找出，对其中的某一个 u_i 进行如下五步操作。

(2) 考察与该输出神经元具有正的带权输入值的隐含层神经元，即这些神经元满足

$$P = w_{ij} a_j > 0$$

式中：a_j 为隐含层神经元 j 的输出。将这些神经元按连接权绝对值大小进行降序排列成表 L。考察与该输出层神经元具有负的带权输入值的隐含层神经元，计算这些隐含层神经元的权值绝对和 c_0：

$$c_0 = \sum_j |w_{ij}|$$

式中：j 满足 $P = w_{ij} a_j < 0$，同时令 $c = 0$。

(3) 从表 L 中取出排在最前面的隐含层神经元 j，并将这个神经元从表 L 中删除，将其放在表 L3 中，计算 $c = c + w_{ij}$，判断 $c > c_0 + \theta_i$，其中 θ_i 为输出层神经元 i 的阈值，如成立则清除表 L 中的所有元素转(4)，否则返回(3)再执行。

(4) 形成规则 1。规则 1 的表示形式：

IF 表达式 1 AND 表达式 2 AND⋯AND 表达式 n THEN 结论

规则中的表达式 n 的具体表述形式为某隐含神经元的输出为 1，结论的具体形式是诊断对象具有故障原因 i。

(5) 对于每一个从表 L3 中提取的隐含层神经元仿照(3)进行操作形成规则：

IF 表达式 1 AND 表达式 2 AND…AND 表达式 n THEN 结论

规则中表达式 n 的具体形式是某个神经元输入值为 1 也即具有某种征兆，规则中结论的具体形式是某个隐含层神经元的输出为 1。

（6）将（4）和（5）两步产生的规则作为解释语句呈现在用户面前，其中（5）产生的规则放在前面。

10.2.3 遗传算法优化模糊神经网络的设计

遗传算法可以应用于确定人工神经网络连接权值的学习过程。因为网络学习过程可以看作一个极小化的优化过程，目标函数为人工神经网络的能量函数 E，优化变量为权值和阈值 W。BP 算法可以使权值、阈值收敛到某个值，但并不能保证为误差平面的全局极小值，这是因为采用梯度下降法可能会产生一个局部最小值。利用遗传算法全局搜索能力可以很好地解决这个问题。这里称模糊神经网络与遗传算法的结合为 GA-FNN。

1. 遗传算法优化模糊神经网络方法

从以上对模糊算法和遗传算法的理论学习可知，虽然模糊算法具有简单和可塑的优点，但采用模糊神经网络诊断的结果却并不理想，归其原因是模糊算法是基于梯度的方法，常受局部极小点的困扰，陷入局部极小点。而遗传算法的最大优点是只使用评价函数（适应度函数），而不采用梯度和其他辅助信息，即使对多态的和非连续的函数，它也能获得全局最优解。由于遗传算法具有不受函数可微与连续的制约，并且具有能达到全局最优的特点，因此，完全由遗传算法寻找最优的人工神经网络网络权值与相应节点的阈值，原理上是可行的。

采用的遗传算法优化模糊神经网络的方法有两种。一种方法是 GA 法对模糊神经网络的权值和阈值进行初始优化（GA-FNN 法），即从遗传算法的整个搜索空间，采用模糊化的方式，从随机解中遗传出在最优解一定范围内的优化解，以此形成模糊神经网络的初始权值和阈值，再由模糊神经网络按负梯度方向进行搜索，以达到目标值。这种方法的优点是：既可保证收敛于全局最小点，又可保证收敛速度。另一种方法是遗传算法对模糊神经网络运行过程中的权值和阈值进行优化，即随机初始化模糊神经网络的权值和阈值，在每次调整权值和阈值时采用遗传算法进行训练寻找最优解。两种方法都是建立在遗传算法对模糊神经网络权值和阈值优化的基础上，一个是在源头进行优化，另一个是在运行过程中进行优化，以下为两种优化模型的实现过程。

1）GA-FNN 法

整个过程的流程如图 10-7 所示。

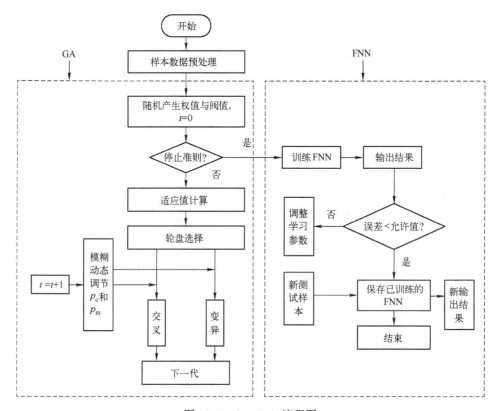

图 10-7 GA-FNN 流程图

参数的选取为

种群规模:100;

遗传算法的最大迭代次数:300;

进化误差平方和:0.5;

FNN 算法的 errgoal=0.002,1r=0.02,epochs = 3000。

遗传算法学习模糊神经网络的步骤如下:三层模糊神经网络:$I(i)$ 为输入层中第 i 个节点的输出;$H(i)$ 为隐含层中第 i 个节点的输出;$O(k)$ 为输出层中第 k 个节点的输出;$W1(i,j)$ 为输入层中第 i 个节点与隐含层第 j 个节点的连接权值;$B1(j)$ 为隐含层第 j 个节点的阈值;$W2(j,i)$ 为隐含层中第 j 个节点与输出层第 i 个节点的连接权值,$B2(k)$ 为输出层第 k 个节点的阈值。

(1) 初始化种群 P、交叉规模以及对任一 $W1(i,j)$、$B1(j)$ 和 $W2(j,i)$、$B2(k)$ 初始化;在编码中,采用实数进行编码,初始种群规模为 100。

(2) 计算每一个个体评价函数,并将其排序;可按下式概率值选择网络个体。

$$p_i = f_i \bigg/ \sum_{j=1}^{N} f_j$$

式中：f_j 为个体 1 的适配值，可用误差平方和 E 来衡量，即

$$f_j = \frac{1}{E(i)}$$

$$E(i) = \sum_p \sum_k (V_k - T_k)^2$$

式中：$i=1,\cdots,N$ 为染色体数；$k=1,\cdots,4$ 为输出层节点数；$p=1,\cdots,5$ 为学习样本数；T_k 为教师信号。

(3) 模糊动态调节 p_c，以概率 p_c 对个体 G_i 和 G_{i+1}，交叉操作产生新个体 G'_i 和 G'_{i+1}，没有进行交叉操作的个体进行直接复制。

(4) 模糊动态调节 p_m，利用概率 p_m 突变产生 G_j 的新个体 G'_j。

(5) 将新个体插入到种群 P 中，并计算新个体的评价函数。

(6) 计算模糊神经的误差平方和，若达到预定值 ε_{GA}，则转(7)，否则转(3)。

(7) 以遗传算法的优化初值作为初始权值，用 BP 算法训练网络，直到指定精度 ε_{BP}（$\varepsilon_{BP}<\varepsilon_{GA}$）。

2) 遗传算法直接训练模糊神经网络的权值和阈值

初始参数的设置与 GA-FNN 法相同，遗传算法学习模糊神经网络的步骤：

(1)~(5)与"GA-FNN 法"的前 5 步相同，这就是用遗传算法训练 FNN；(6)如果找到了满意的个体，则结束，否则转(3)。达到所要求的性能指标后，将最终群体中的最优个体解码即可得到优化后的网络连接权系数。

对该种方法的初步分析：相比 GA-FNN 法，其运行时间要长得多。这是因为收敛是依靠类似于穷举法的启发式搜索，再加之网络结构的复杂性，要运算的数据相当大。例如，上面的神经网络的权值与阈值的个数为 3×13+13+13×7+7 = 150 个，100 个种群就是 150×100 = 15000 个，对这些数进行编码、解码、交叉、变异等遗传操作，这样进行一代遗传操作相比模糊神经算法的正、反向的一步操作，要处理的数据就相当大，因而不可避免会出现搜索时间长的问题。

2. 遗传算法优化模糊神经网络数学模型

基本的遗传算法可以表示为

$$\text{SGA} = (C, E, P_0, M, \Phi, \Gamma, \Psi, T)$$

式中：C 为个体的编码方法；E 为个体适应度评价函数；P_0 为初始种群；M 为种群大小；Φ 为选择算子；Γ 为交叉算子；Ψ 为变异算子；T 为遗传算法终止条件。

3. 遗传算法优化模糊神经网络权值的步骤

遗传算法与模糊神经网络结合后的程序框图(见图10-7)。

1) GA-FNN 的染色体编码与解码

基本遗传算法使用固定长度的二进制符号串来表示群体中的个体,其等位基因由二值{0,1}所组成。初始群体中各个个体的基因可用均匀分布的随机数来生成。

设某一参数的取值范围为$\{U_1, U_2\}$,用长度为 k 的二进制编码符号来表示该参数,则它总共产生 2^k 种不同的编码,可使参数编码的对应关系为

$$\begin{cases} 000000\cdots0000 = 0 \rightarrow U_1 \\ 000000\cdots0001 = 1 \rightarrow U_1 + \delta \\ 000000\cdots0010 = 2 \rightarrow U_1 + 2\delta \\ \vdots \qquad\qquad \vdots \\ 111111\cdots1111 = 1 \rightarrow U_2 \end{cases}$$

其中,$\delta = \dfrac{U_2 - U_1}{2^k - 1}$。

以上为编码过程。下面介绍解码过程。

假设某一个体的编码为 $b_k b_{k-1} b_{k-2} \cdots b_2 b_1$,则对应的解码公式为

$$X = U_1 + \left(\sum_{i=1}^{k} b_i 2^{i-1}\right) \frac{U_2 - U_1}{2^k - 1}$$

例如,设有参数 $X \in [2, 4]$,用5位二进制编码对 X 进行编码,得 $2^5 = 32$ 个二进制串(染色体)。

00000,00001,00010,00011,00100,00101,00110,00111
01000,01001,01010,01011,01100,01101,01110,01111
10000,10001,10010,10011,10100,10101,10110,10111
11000,11001,11010,11011,11100,11101,11110,11111

对于任意一个二进制串,只要代入上述编码公式,就可得到对应的解码,如 $x_{22} = 10101$,它对应的十进制为 $\sum_{i=1}^{5} b_i 2^{i-1} = 1 + 0 \times 2 + 1 \times 2^2 + 0 \times 2^3 + 1 \times 2^4 = 21$,则对应参数 X 的值为 $2 + 21 \times \dfrac{4-2}{2^5 - 1} = 3.3548$。

对于人工神经网络,权值 W 的染色体由二进制基因构成,对于一个给定的人工神经网络结构,权值和阈值直接排列构成染色体。设人工神经网络为3层结构,输入层到隐含层和隐含层到输出层的权值和阈值分别可以表示为 $[W_1, W_2, \cdots, W_{n1}]$,$[\theta_1, \theta_2, \cdots, \theta_{n2}]^T$ 和 $[V_1, V_2, \cdots, V_{n2}]$,$[r_1, r_2, \cdots, r_{n3}]^T$。其中 W_i 为

n_2 维列向量,V_i 为 n_3 维列向量。种群中个体的染色体可以表示为 $[W_1,W_2,\cdots,W_{n1},V_1,V_2,\cdots,V_{n2},\theta_1,\theta_2,\cdots,\theta_{n2},r_1,r_2,\cdots,r_{n3}]$。

应用设菲尔德大学开发的遗传算法工具箱中的函数 Chrom=crtbp(NIND,PRECI)创建初始二进制种群,NIND 为个体数目,PRECI 为变量二进制位数。创建后,种群具有 NIND 行,PRECI 列。

2) GA-FNN 的个体适应度评估

使用遗传算法工具箱中的基于排序的适应度分配 ranking。

FitnV = ranking(ObjV,Fun)

ranking 按照个体的目标值 ObjV 由小到大的顺序对它们进行排序,并返回包含对应个体适应度值 FitnV 的列向量。

如果 Fun 是在[1,2]内的标量,则采用线性排序,这个标量指定选择的压差。

如果 Fun 具有两个参数的向量,则

Fun(1),对于线性排序,p 标量指定的选择压差 Fun(1)在[1,2]之间;对于非线性排序,Fun(1)在[1,length(ObjV)-2]之间,默认为 2。

Fun(2),指定排序方法。0 为线性排序,1 为非线性排序。

这个算法适用于线性和非线性排序,它首先对目标函数值进行降序排序。最小适应度个体被放置在排序的目标函数值列表的第一个位置,最适应个体放置在位置 NIND 上。每个个体的适应度值根据它在排序种群中的位置 Ps 计算出来。

对线性排序:

$$\text{FitnV}(Ps) = 2-p+2(p-1)\frac{Ps-1}{\text{NIND}-1}$$

对非线性排序:

$$\text{FitnV}(Ps) = \frac{\text{NIND} \times X^{Ps-1}}{\sum_{i=1}^{\text{NIND}} X(i)}$$

式中:X 是多项式方程的根。

$$(p-1) \times X^{\text{NIND}-1}+p \times X^{\text{NIND}-2}+\cdots+p \times X+p=0$$

对模糊神经网络权值优化时,个体的目标函数值 ObjV 由下式确定:

y = putrelin(iv * logsig(iw * p+iwb)+ivb)

iw、iwb 和 iv、ivb 分别为输入层到隐含层和隐含层到输出层之间的权值和阈值。

3) GA-FNN 的基本操作算子

(1) 选择算子,可选用 select,reins:

SelCh = select(SEL-F,Chrom,FitnV,GGAP)

利用函数 select 从种群 Chrom 中选择优良个体,并将选择的个体返回到新种群 SelCh 中,Chrom 和 SelCh 中的每一行对应一个个体。

FitnV 是一列向量,包含种群 Chrom 中个体的适应度值。它表明了每个个体被选择的预期概率。

GGAP 是可选参数,是代沟,指明了每个子种群被选择的个体数量与子种群的大小的关系。

[Chrom, ObjVCh] = reins (Chrom, SelCh, , SUBPOP, InsOpt, ObjVCh, ObjVSel)

reins 完成插入子代到当前种群,用子代代替父代并返回结果种群。子代包含在矩阵 SelCh 中,父代在矩阵 Chrom 中,Chrom 和 SelCh 中每一行对应一个个体。

SUBPOP 是可选参数,指明 Chrom 和 SelCh 中子种群的个数,默认为 1。

InsOpt(1)是标量,0 为均匀选择;1 为基于适应度的选择,子代代替最小适应度的个体,默认为 0。

InsOpt(2)是在[0,1]间的标量,表示每个子种群中重插入的子代个体在整个子种群中个体的概率,默认为 1。

ObjVCh 是可选的列向量,包含 Chrom 中个体的目标值。对基于适应度的重插入,它是必需的。

ObjVSel 是可选的列向量,包含 SelCh 中个体的目标值。如果子代的数量大于重插入种群中的子代数量,它是必需的。

(2) 交叉算子,可选用 recombin:

NewChrom = recombin(REC-F, Chrom, RecOpt)

该函数完成种群 Chrom 中个体的交叉重组,在新种群 NewChrom 中返回交叉后的个体。Chrom 和 NewChrom 中的每一行对应一个个体。

REC-F 是包含低级交叉函数名的字符串,如离散交叉 redis 或单点交叉 xovsp 等。

(3) 变异算子,可选用 mutate:

NewChrom = mutate(MUT-F, OldChrom, FieldDR, MutOpt)

mutate 执行种群 OldChrom 中个体的变异,并在新种群 NewChrom 中返回变异后的个体,OldChrom 和 NewChrom 中每一行对应一个个体。

对实值变量,FieldDR 是一大小为 2×NVAR 的矩阵,指定每个变量的边界;对离散值变量,FieldDR 是一大小为 1×NVAR 的矩阵,指定每个变量的基本字符。NVAR 指定每个个体的变量个数,默认为二进制表示。

MutOpt 是一任选参数项,包含变异概率,即个体变量的突变可能性。对于 mut,NewChrom=mut(OldChrom,Pm),取当前种群 OldChrom,每一行对应一个个体并用 Pm 变异每一个元素。默认值为 $Pm = \dfrac{0.7}{\text{LIND}}$,LIND 为染色体结构的长度,这个值的选择将使染色体中的每一个元素的变异概率近似等于 0.5。

10.2.4 通用炮塔故障诊断专家系统的实现

1. 通用炮塔故障的模糊化处理

这里所讨论的故障诊断具有普遍适用性,都是通过故障模式和对应的特征参数来进行诊断的。下面以某型通用炮塔电控系统为例进行分析。

x_1 为火炮不射击,x_2 为火炮射击发数少于设定发数,x_3 为越障时火炮功能不正常,x_4 为电传方向系统驱动火炮回转时,忽快忽慢,x_5 为炮塔低速转动不平稳,x_6 为电传系统最大调炮信号时,炮塔转动速度低;y_1 表示综合控制箱(某.01)内继电器 K1 故障,y_2 表示操纵台(某.03)内电阻 R5 故障,y_3 表示转接板(某.FJ2)内二极管 J6 故障,y_4 表示高低执行电机/测速机组内电容 C3 故障,y_5 表示方向执行电机/测速机组内电容 C11 故障。

接下来我们可以将特征参数按照值的大小分为若干等级描述,这里选取 7 级模糊算子:很不接近(HL)、不接近(L)、较不接近(LL)、正常(N)、较远(LH)、远(H)、很远(HH)。把隶属函数定义为模糊算子 $fx(x, \text{grade})$,其中 x 表示某种特征参数,grade 表示某种等级描述。7 级模糊算子均取为正态分布(高斯分布),$fx_i(x, \text{grade}_i) = e^{-k_i(x-a_i)^2}$,$k_i > 0$。

为了适用于 7 级模糊算子计算,通过试验数据得到故障特征参数的特征值,即正态隶属函数的中心值 α_i,特征值如表 10-3 所列。

表 10-3 电气系统故障特征参数的特征值 α_i

x_i	rank						
	HL	L	LL	N	LH	H	HH
x_1	-0.3	0	0.3	0.5	0.7	1.0	1.4
x_2	8	9	10	11	12	13	14
x_3	-0.7	-0.3	0.05	0.3	0.6	0.8	1.2
x_4	0.1	0.3	0.5	0.7	0.9	1.2	1.5
x_5	0.5	0.8	1.1	1.2	1.4	1.5	1.8
x_6	1.2	1.3	1.5	1.6	1.8	1.9	2.1

指数修正值,即 k_i 的确定。通常认为隶属度 $fx>0.5$ 即可信,所以确定指数 k_i 时,认为 $fx_i(x,\text{grade}_i)=0.5$,这里 $\sigma_i=\sqrt{1/(2k_i)}$,选取并计算指数修正值如表 10-4 所列。

表 10-4 各特征参数指数修正值

x_i	σ_i						
	σ_1	σ_2	σ_3	σ_4	σ_5	σ_6	σ_7
x_1	0.13	0.12	0.09	0.08	0.13	0.12	0.21
x_2	0.42	0.42	0.42	0.42	0.42	0.42	0.42
x_3	0.18	0.16	0.14	0.07	0.14	0.07	0.26
x_4	0.08	0.09	0.08	0.09	0.08	0.18	0.08
x_5	0.12	0.14	0.08	0.05	0.08	0.05	0.02
x_6	0.04	0.04	0.08	0.04	0.08	0.04	0.13

通过设置故障模式对通用炮塔电控系统进行实验,得到的特征参数如表 10-5 所列。

表 10-5 试验得来的各种故障模式下的特征参数值

x_i	y_i				
	y_1	y_2	y_3	y_4	y_5
x_1	0.51	0.70	0.22	0.03	4.01
x_2	13.11	14.71	10.45	10.32	4.28
x_3	0.34	0.58	0.23	0.33	0.61
x_4	0.92	0.95	0.86	0.94	0.92
x_5	1.34	1.40	1.29	1.56	1.43
x_6	1.85	1.43	1.71	1.44	1.01

确定了特征参数的特征值和指数修正值后,计算隶属函数,选取隶属度最大的模糊算子形成故障模式与模糊化后特征参数之间的关系,列于表 10-6。

表 10-6　故障模式与模糊化后特征参数之间的关系

x_i	y_i				
	y_1	y_2	y_3	y_4	y_5
x_1	N	LH	LL	L	HH
x_2	H	LH	LL	LL	HL
x_3	N	LH	N	N	LH
x_4	LH	LH	LH	LH	LH
x_5	LH	LH	LH	H	H
x_6	H	N	LH	LL	HL

2. 模糊神经网络对通用炮塔的故障诊断

把该通用炮塔电控系统故障模式与特征参数的关系表(表 10-6)用数值来表示。HL = -10，L = -5，LL = -1，N = 0，LH = 1，H = 5，HH = 10。转换后如表 10-7 所列。

表 10-7　故障模式与模糊化后特征参数之间的关系

x_i	y_i				
	y_1	y_2	y_3	y_4	y_5
x_1	0	1	-1	-5	10
x_2	5	1	-1	-1	-10
x_3	0	1	0	0	1
x_4	1	1	1	1	1
x_5	1	1	1	5	5
x_6	5	0	1	-1	-10

根据表 10-7，得到人工神经网络的训练样本，如表 10-8 所列。

表 10-8　BP 神经网络训练样本

输入样本						输出样本					故障类别
x_1	x_2	x_3	x_4	x_5	x_6						
0	5	0	1	1	5	1	0	0	0	0	y_1
1	1	1	1	1	0	0	1	0	0	0	y_2
-1	-1	0	1	1	1	0	0	1	0	0	y_3
-5	-1	0	1	5	-1	0	0	0	1	0	y_4
10	-10	1	1	5	-10	0	0	0	0	1	y_5

应用 MATLAB 提供人工神经网络工具箱函数。

人工神经网络结构采用 3 层,训练和学习函数采用带动量的梯度下降法,动量常数为 0.9,学习率和隐含层单元数目都是可选的。

一般来说,隐含层单元数目的增加会节约网络的训练时间,但会使网络结构变得复杂,但如果隐含层单元数目太多,网络的容错性会变差。不同学习率下,隐含层单元数为 18 时网络的性能函数输出曲线如图 10-8 所示。

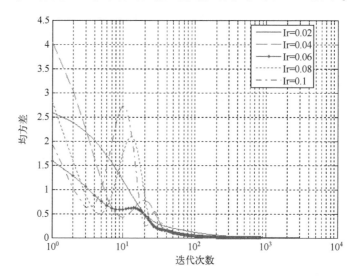

图 10-8 网络的性能函数曲线

从性能函数曲线可以看出,BP 神经网络的能量函数是有局部极值的,但只要训练时间足够长,网络最终都跨越了局部极值,达到了网络的输出误差要求。

3. 模糊神经网络与遗传算法相结合的故障诊断

某电气系统的故障特征参数模糊化处理后,可以作为人工神经网络的学习样本,经遗传算法优化的人工神经网络权值作为网络的初始权值,最后应用模糊算法进行故障模式的判别分类。

隐含层单元数目为 6 时,种群数量设置为 50,最大遗传代数为 100,代沟为 0.9,交叉概率为 0.7,变异概率为 0.6/1280,选择函数采用随机遍历抽样,每个染色体二进制编码长度为 10,目标函数为人工神经网络的能量函数 E 求最小,适应度函数采用 ranking,经过计算,解的变化及种群均值变化的曲线如图 10-9 所示。此时,目标函数最小值为 0.0778。

经过遗传算法优化后,网络的输入层和隐含层之间的权值和阈值 IWE,IWEB,隐含层和输出层之间的权值和阈值 IVL,IVLB 分别为

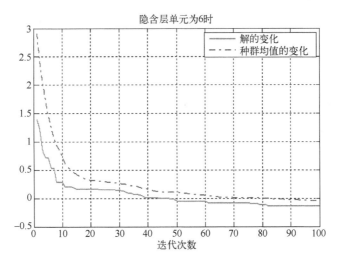

图 10-9 解的变化及种群均值变化

$$IWE = [\begin{matrix} -1.3640 & 0.5565 & -0.1393 & 0.7860 & 1.5156 & -1.2104;\\ -0.9834 & 0.7550 & 1.0428 & -1.6446 & -0.8653 & -1.7321;\\ -0.4529 & 1.5971 & -0.6560 & 1.6984 & -0.0071 & 1.8017;\\ 0.3060 & -0.6081 & -1.3040 & 1.8076 & -0.6800 & 0.2081;\\ -0.6090 & 2.0174 & 0.1028 & -0.2060 & -0.2084 & 1.5300;\\ -0.1913 & -0.8690 & -0.0905 & -0.0925 & -0.6385 & 0.3543 \end{matrix}]$$

$$IVL = [\begin{matrix} 1.4658 & 1.4745 & -0.3142 & -0.6063 & 1.2898 & 0.2472;\\ 0.3775 & 1.8998 & -0.6343 & -0.4242 & 0.9313 & 1.4630;\\ -0.2700 & 0.4860 & 0.5480 & 1.6463 & 0.1855 & 0.4705;\\ 1.4898 & 0.2670 & -1.6536 & -1.1320 & 1.6861 & 1.2908;\\ 0.9538 & 1.8998 & 0.8805 & -0.9985 & -0.2671 & -1.5805 \end{matrix}]$$

$$IWEB = [-1.3965 \quad -1.5480 \quad 1.4672 \quad 1.5654 \quad -0.3098 \quad 0.6895]'$$
$$IVLB = [-0.5903 \quad -0.4700 \quad -0.9986 \quad -0.2054 \quad 0.6286]'$$

把遗传算法优化后的网络权值作为模糊神经网络的初始权值,输入样本和输出样本同表 10-8。

当学习效率为 0.02 时,仿真后的结果为

$$y = \begin{matrix} 0.9912 & 0.0072 & 0.0013 & -0.0024 & 0.0044\\ 0.0124 & 0.9916 & -0.0087 & 0.0009 & 0.0050\\ 0.0085 & 0.0028 & 0.9804 & 0.0165 & -0.0052\\ 0.0067 & -0.0013 & -0.0145 & 1.0143 & -0.0035\\ 0.0094 & 0.0015 & -0.0195 & 0.0167 & 0.9941 \end{matrix}$$

误差跟踪曲线如图 10-10 所示,性能曲线如图 10-11 所示。

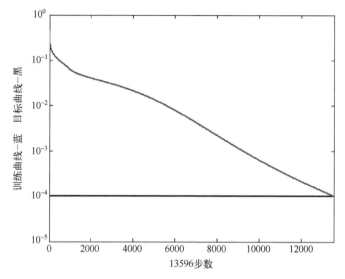

图 10-10　隐含层单元数目为 6 时遗传算法误差跟踪曲线

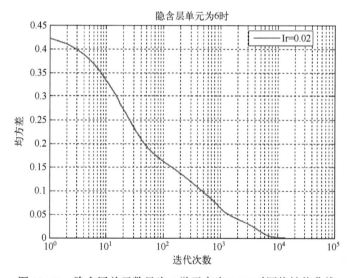

图 10-11　隐含层单元数目为 6 学习率为 0.02 时网络性能曲线

对照输出样本 t,网络仿真后的输出是有效的,达到了预先设定的误差。在实际的故障诊断中,往往会出现数据漂移,设输出样本 t 不变,网络的实际输入和模糊神经网络仿真后的输出结果见表 10-9。

表 10-9　模糊网络的实际输入/输出

实际输入						实际输出					故障类别
x_1	x_2	x_3	x_4	x_5	x_6						
0	5	0	1	1	5	1.0112	0.1779	0.2631	-0.1987	0.0929	y_1
1	1	1	5	1	0	0.0020	0.9859	-0.0019	-0.0107	0.0068	y_2
-1	-1	0	1	1	0	-0.0413	-0.3051	1.0009	-0.0639	0.1259	y_3
-5	-1	0	1	5	-1	-0.0006	0.0013	0.0006	0.9996	-0.0007	y_4
10	-10	1	1	5	-10	-0.0040	0.0022	0.0016	-0.0014	0.9962	y_5

此时,网络的均方差为 0.0106。可见,网络仍能比较准确地诊断出故障的原因,证明了网络模型具有较好的容错性和稳键性。

以上结果是以隐层单元数为 6、学习率为 0.02 为例时的网络权值优化过程和模糊神经网络的诊断过程,图 10-12 和图 10-13 分别为隐含层单元数为 9,

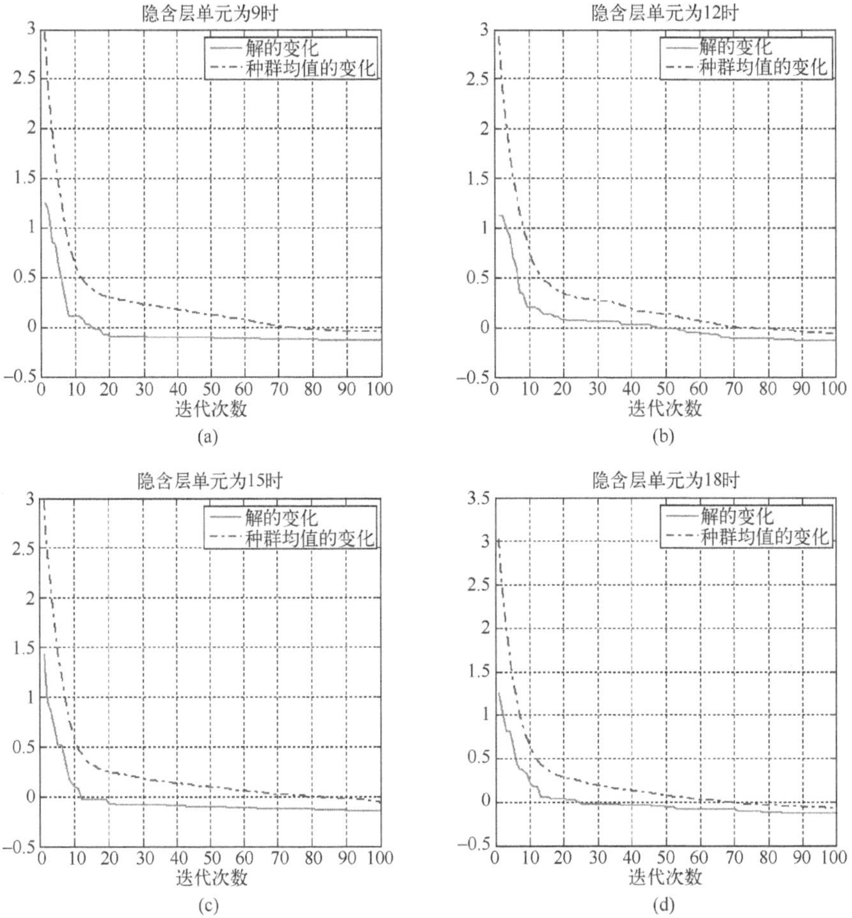

图 10-12　不同隐含层单元数时解的变化和种群均值的变化

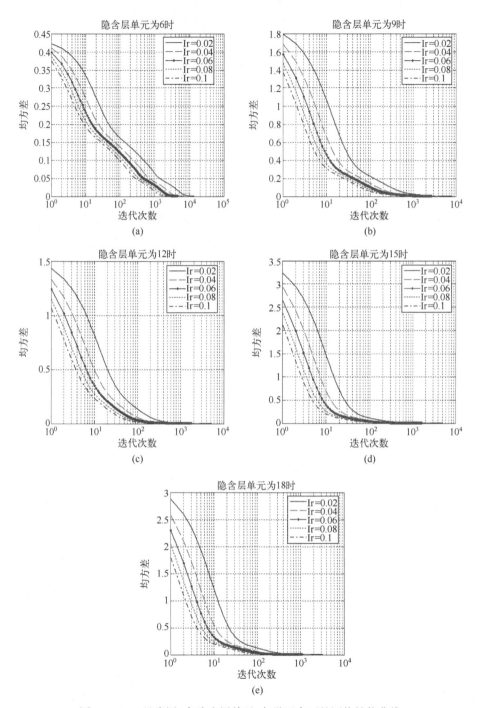

图 10-13 （见彩图）各隐含层单元、各学习率下的网络性能曲线

12,15 和 18 的遗传算法优化网络目标函数的曲线和不同学习率下的网络性能函数曲线。

由图 10-13 可知,随着学习率和隐含层单元数目在可行范围内的增加,网络的训练时间将不断缩短,但如果隐含层单元数目过多,或学习率过大都会造成网络的动荡,而且容错性会明显下降。如果不用遗传算法优化模糊神经网络权值,可以看到网络的性能函数是有局部极值的,经遗传算法优化过后的网络可以越过局部极值,直接进行全局最优寻解,而且一般减少了寻解的时间。

10.2.5 系统诊断平台软件设计

根据前面对人工神经网络和专家系统理论的论述,采用面向数据流的思想设计开发出某型通用炮塔电控系统故障诊断专家系统。该系统是基于 Windows XP 环境开发的开放式应用程序,其主要功能是对自动装弹机电控系统进行检测试验和诊断;该系统采用中文集操控指令方式,用户只需选取相应的检测诊断模式,系统便会自行给出诊断结论,并指引维修,直至排除故障。

1. 诊断系统分析

系统承担着某式通用炮塔电控系统各项性能测试任务,测试的目的是检验被测炮塔的性能指标是否达到设计要求,并根据诊断系统的设计目标,软件完成的主要任务为故障检测、故障诊断和系统保护,这也是软件系统所要实现的基本功能。此外,专家系统作为一个知识处理系统,还必须实现知识库管理维护、解释服务等功能。这需要在测试过程中根据各现场设备采集的实时数据予以分析证明。测试过程中,试验数据采集设备实时采集炮塔的各动态性能数据,系统将各项指标数据存储于综合数据库中,对于测试过程中出现的各种非正常情况及故障进行相应的智能化专家诊断,向工作人员报告诊断结果,辅助工作人员制定排故方案。系统保存每次测试的试验数据,用于离线性能分析、详细故障诊断、历史查询等工作。历史数据存储于动态数据库中。

某型通用炮塔电控系统的故障诊断系统在功能上既要对电控部分进行检测,又要综合控制装置与执行部件的特点诊断出故障原因。另外,诊断系统还要具备提供故障咨询和解决方案的功能。

(1) 系统自检:故障检测系统应具有自检功能,自检范围应覆盖全部测试通道。

(2) 检测功能:主要包括测试过程中数据的实时采集与处理、控制命令发送、性能曲线及节点数据的实时更新、实时数据的存储与查询。

① 测试过程中数据的实时采集与处理：根据设定的采集频率及脉宽不断地进行现场节点数据的采集并完成对其处理分析，计算相关量的结果。

② 控制命令发送：针对用户的操作，及时向控制机子系统发送各种控制命令及测试参数设置命令，对炮塔电控系统电流走向、电势高低进行跟踪调整控制。

③ 性能曲线及节点数据的实时更新：进行性能曲线的实时显示，同步更新各节点检测数据，以便于工作人员及时、直观地观察炮塔电控系统工作过程，为进一步控制提供依据。

④ 实时数据的存储与查询：将采集回的现场节点数据及计算量结果存储于综合数据库中，并可用于工作人员对历史数据、历史曲线的调用、查询及故障分析。

(3) 诊断功能：测试过程中根据专家系统和基于遗传算法优化后的模糊神经网络快速、准确地对炮塔电控系统作出故障诊断，确定故障部件及原因，并予以报警，针对诊断结果指导工作人员进行故障分析及故障处理。

(4) 自我学习功能：系统经过多次检测试验，故障数据库能够得到更新；故障诊断系统中的人工神经网络权值和阈值经过训练能够更为准确地检测出故障。

(5) 方案咨询功能：通过输入部分故障现象，诊断系统可以显示出可能故障原因和解决方案提示。

2. 系统软件总体结构

软件由人机接口模块、故障诊断模块（知识库管理模块、故障诊断推理模块、解释模块）、基于遗传算法优化的模糊神经网络模块、采集模块（实时数据采集与管理模块、数据分析与存储模块、数据库模块）等组成，此外，还有很多小的模块囊括在这四大模块内，如采集卡的驱动函数模块、信号调理通道模块、时钟模块、数据处理过程中调用的各种函数和应用程序模块、数据库的调用、查询等模块、专家系统知识库中各种规则、函数及策略模块等。

3. 诊断系统软件的设计目标

主要设计目标有以下几个方面。

(1) 故障检测。能够根据传递来的特征信号数据对系统进行故障检测、分析，在故障发生时，能够及时地检测出故障。

(2) 故障诊断。根据检测到的信息和其他补充测试的辅助信息寻找出故障源；能够由所获取的专家知识对武器系统发生的故障作出诊断，在专家不在场的情况下完成一般性故障的诊断。

(3) 决策处理。当系统出现故障时，根据故障征兆自发给出维修建议。以上是项目要求规定的内容，也是装甲车辆武器系统故障检测专家系统设计的主要依据。当然,从系统完善的角度考虑,除了完成这些功能外,系统还应能完成其他一些辅助功能。结合前面几章研究的内容,专家系统将运用面向对象的程序方法设计来实现,主要应该完成对武器系统的功能状态预检,即故障检测、故障诊断、领域专家经验知识的获取、存储和利用以及实现解释任务。

4. 软件的开发、调试以及界面介绍

(1) 操作系统。Microsoft 公司的 Windows XP 以其友好的图形界面以及良好的可扩展性、可靠性、可用性、安全性和可操作性赢得了众多用户的青睐。为了应用和开发的方便,以及对系统运行可靠性及安全性的考虑,本系统的运行和开发环境也采用 Windows XP 作为操作系统平台。

(2) 数据库系统微软公司的 SQL Server2000 关系型数据库以其卓越的可视化编辑方式,灵活、系统的数据库管理方式深受欢迎。可以利用它来完成对系统知识库的管理和维护。因此,在这里采用 SQL Server 2000 作为实现系统知识库的工具。

(3) 开发工具。Microsoft 公司的 Visual 系列开发工具为基于 Windows 应用程序开发提供了一套可视化的编程环境,极大地方便了应用程序的开发;Visual Basic 6.0 是其中一种优秀的面向对象的编程工具,同时它包括了 ADO 控件,可以方便地通过 ODBC 实现对数据库的访问;Visual C++ 6.0 功能强大,注重编程技术细节的应用和代码的优化,主要用于动态连接库 DLL 的编写。选用这两种语言作为程序开发工具。

其主要的接口函数如下。

Checkt_self( )函数,自检程序入口,主要是检测平台硬件部分是否正常。

Data1_open( )函数,打开系统数据库,用来将已注册的武器型号显示给用户以供选取。

Data_open( )函数,综合数据库的接口函数。

Data_open_check( )函数,在故障检测时,与故障检测推理机的接口函数。

Data_open_diagnose( )函数,在故障诊断时,将故障知识库中的故障现象显示给用户以供选择。

Do_diagnose( )函数,在故障诊断时,与故障诊断推理机的接口函数。

此外,还有推理机与采集程序的接口,推理机与知识库的接口,推理机与数据处理函数的接口,解释模块与知识库的接口等,由于数量非常多,就不一一列举了。

1) 专家系统后台数据库的实现

Visual Basic 6.0 提供了对数据库的支持,通过数据库编程接口——数据的直接访问对象 ADO 实现对数据库的各种操作。ADO 不仅支持开放式数据库连接 ODBC 的所有功能,如记录的插入、删除、查询等,而且加入了对数据库的操作功能,如创建数据库、创建表、创建域和索引等,因此 ADO 具有更强的独立性和数据库操作能力,使用更灵活更方便。专家系统的知识库管理系统通过 ADO 来实现。

由于模型知识是以动态连接库的形式给出,在知识库的管理中只需要建立相应的函数索引,因此,专家系统的知识库管理主要针对规则知识进行。对于规则表示的知识,存在规则和事实两类数据,从数据库观点,可以建立两个表:规则表和事实表。应用 ADO 知识库时,主要用到两个类:ConnectString 类和 ExecuteSQL 类。ConnectString 类用于数据库的连接,通过这个类可对数据库进行访问。ExecuteSQL 类用于数据库中表的操作,执行基本的 SQL 语句。在规则表中,索引定义为规则的编号,其余各字段为规则的前提、结论、可信度因子 CF 等;事实表的索引定义为事实的编号,其余字段是有关事实的说明信息,事实表可看作一个数据字典。

2) 故障诊断的实现

首先 ResetContent 函数根据选中的故障主题,到数据库中查询与该主题有关的知识,并通过 AlignToSymptomSrt( ) 来实现与用户的沟通,询问用户与故障主题有关的故障征兆的存在情况,如是、不是、可能是、或许可能是、不知道、不可能是等。然后会根据用户的选择到规则库中调用相应的运算函数,并根据具体情况进行适当的经验修正或数据修正。常用的运算函数类有:DataAcqusition 为数据采集类,包括电压测量、电阻测量、波形采集等;ResetContent 为基本运算函数类,包括比较函数、修正函数、规则翻译函数等;DataControl 为数据库基本操作函数类,包括数据添加/删除函数、搜索函数等;FuzzyMatrix 为模糊推理函数类。对此故障检测平台软件的开发,检测诊断主程序逻辑图如图 10-14 所示。针对不同的测试部件,专家系统推理机部分将有所不同,如果选择相关参数(如电压、电流值)测量时,则会根据知识库中的内容到相应的端口测取,再将采集到的数值与标准值进行比较。如果出现故障,对于电控系统而言,一般将采集到的由各端口 0、1 状态组成的二进制编码与故障码进行比较,确定故障原因;对于电传系统而言,一般选择故障特征,然后根据知识库中故障特征与故障原因的对应关系,以及每个故障原因的检测方法(一般是先测量电信号再与标准值比较),对故障原因——排除,最终确定真正的故障。

5. 软件调试的过程及问题

由于采用了多家公司的模块产品,在系统安装的初期,经常会发生某些模块使用不能正常的问题。例如系统中多路开关模块,按照使用说明书所要求的顺序安装了驱动程序,可是在调用时系统却始终提示找不到模块的踪影,在系

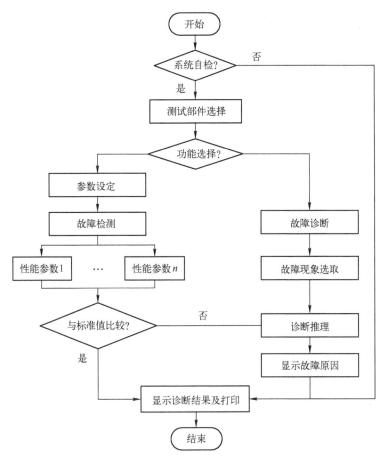

图 10-14 检测诊断主程序逻辑图

统的资源管理器中该模块的驱动却一切正常,考虑到该卡安装较晚,安装前机箱中已经有其他模块,为了查找原因,于是卸载了此模块的软件驱动,拔下了所有无关的模块,重新按照说明书的要求单独安装此模块,结果依旧,情急之下决定重新安装操作系统,操作系统安装完毕后首先插入此模块,按要求安装软、硬件驱动后,该模块终于可用了,至此以为一切正常,于是将剩余的模块逐一插入机箱,安装完相应的驱动,再次测试发现以前工作完全正常的模拟 I/O 模块罢工了。有了第一次的经验,再次重装操作系统,先插入模拟 I/O 模块,安装硬件驱动和相应软件后,模拟 I/O 模块能识别并正常工作,接着插入多路开关模块,按要求装好驱动,再次启动后,两模块均能正常工作,接下来逐一安装其他模块及相应的驱动和支持软件后,整个系统终于完全正常,说明 PXI 系统在构建过程中,尤其是在多家公司模块共存的情况下,按照常规的方法安装驱动程序有可能发生异常,多数情况下模块本身并不存在问题,关键在于需要细致、耐心地调整模块和软件的安装次序,多做几次试验往往能解决问题;另外,安装模块时一定要逐一安装测试,虽然频繁的关机、开机比较麻烦,但遇到问题可以及时解决,否则累积起来可能会导致意外的损失。

在调试采集程序的过程中,发现采集的数据与标准值之间出入很大,有的在数值上根本就不是一个数量级的,起初怀疑是采集卡自身的问题,但有之前安装时的经验,排除了模块自身问题。接着怀疑可能是模块没有校准造成的,但校准之后情况并没有发生明显的改变,后来对数据仔细分析才发现,是没有作数据格式转化所致,由于所要采集的信号种类多,单位差别大,信号在采集之后,如果没有经过数据格式转化就以一种格式来显示,那出现乱码是在所难免的。

在专家系统模块中,就目前为止,平台加入了某式通用炮塔电控系统故障知识库,我们虽然使用了基于遗传算法优化的模糊神经网络专家系统,但是在特殊情况下,有的时候还是感觉到了知识库的匮乏,并且我们所采用的推理方法的准确性还应提高。此外,要实现真正意义上的通用,能够应用于更多检测部件,丰富和完善知识库,解决专家系统故障知识库匮乏的问题就尤为重要了。

6. 界面介绍

系统管理子模块主要实现对系统操作人员的管理,包括系统登录、权限设置和退出系统等几部分。通过系统管理子模块,可以方便地对操作人员实现管理。系统管理子模块的运行界面如图 10-15 所示。

图 10-15　系统登录

图 10-16 所示为系统控制的主界面,它是整个系统管理与控制的核心,用来控制协调各子模块间的调度和信息交换,并为整个系统提供良好的人机交互界面。其主要由文件(系统自检、参数设置)、控制命令、知识库管理、数据库管理、故障诊断等部分组成。它将通过各层子菜单完成系统的自检、参数配置、打

印等功能及各子系统的调度,最终实现软件的模块化设计。

图 10-17 所示为该系统的故障知识添加/删除模块,其主要负责对知识库及数据库的修改工作,并为其他各子模块提供统一的访问端口,该系统对故障知识的管理设计了两个模块,即知识库管理模块和数据库管理模块。数据库管理模块主要是对系统动态数据的管理,其功能包括数据库创建、更新、检测数据的备份、故障征兆、原因、排除方法的添加及删改等;知识库管理模块主要包括知识库的创建,知识的添加、查询和修改。

图 10-16　系统控制主界面

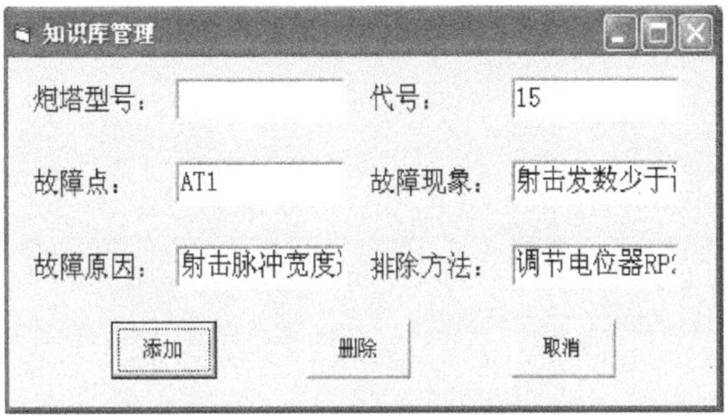

图 10-17　故障知识添加/删除

图 10-18 所示为本系统设计的故障知识库,主要功能是实现知识的综合管理。

在主界面选取故障诊断并设定参数之后,系统将弹出"故障特征选取"对话框,如图 10-19 所示。其主要功能是完成对故障征兆的搜索。

图 10-18 故障知识库管理

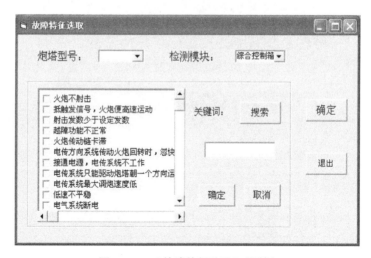

图 10-19 "故障特征选取"对话框

图 10-20 所示为本系统的"数据采集"对话框,其主要功能是完成对信号的触发、参数的设定、瞬时数据的采集、信号的过滤以及数据的保存和打印等功能。通过对信号的过滤实现了对初始数据的预处理,转换成便于处理且较精确的数据形式,然后按要求放入数据库中,为系统的故障诊断模块提供必要的样

本。本系统所设计的数据采集模块还可通过设定不同的通道、参数及选取不同的触发信号等过程,控制数据的采集。

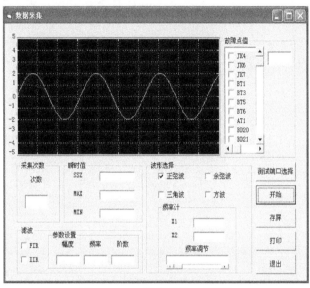

图 10-20 "数据采集"对话框

在人为制造原因的基础上,本系统以接通电源后,电传系统不工作为例,运用故障诊断平台进行故障检测,从检测的结果可以看出,检测出的故障原因正是实际人为制造的故障原因,系统通过对置信度的比较,能够准确地检测出系统的故障原因。诊断显示结果如图 10-21 所示。

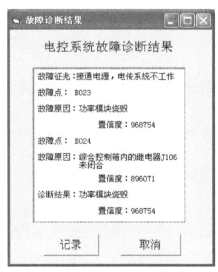

图 10-21 诊断结果

10.2.6 故障诊断系统应用实例

整个系统由 VB、MATLAB 和 SQL Server 联合开发,VB 用于编写程序主体部分,MATLAB 用于人工神经网络集成中各个网络的训练和原始数据的生成,SQL Server 负责记录样本及诊断结果。系统的结构组成如图 10-22 所示。

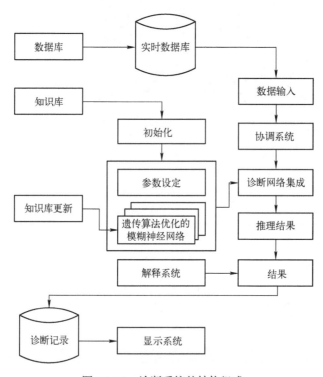

图 10-22　诊断系统的结构组成

为了真实地描述通用炮塔电控系统出现故障时情况,编写了一个专门的实时数据生成程序。其目的就是根据目前的电控系统工作状态,生成一组反映电控系统信息的数据,以供诊断系统工作之用。作者为每种故障模式选择了 200 组数据,将这批总数共 20000 组的数据存入数据库中,在工作中,通过实时数据生成程序,从这 20000 组数据中随机地选取一组相应的数据作为反映通用炮塔电控系统当前状态的反馈信息,传递给诊断系统。

图 10-23 所示为本通用炮塔电控系统基于遗传算法优化模糊神经网络的故障诊断专家系统的启动界面,由于此时程序中各种诊断知识和参数都未设定,所以先进入故障诊断系统的"文件"菜单进行设定。

图 10-23　启动界面

要使该系统正常工作,必须进行相应的初始化工作,如果未进行初始化,则系统会自动给出提示。初始化界面如图 10-24 所示。其中包括人工神经网络知识库的引入以及遗传算法优化模糊神经网络集成诊断所需的各个初始设定。选择默认,所有的遗传算法优化模糊神经网络集成中参与推理的人工神经网络个数为 6 个,推理方式为正向推理,各判断阈值为 0.8。

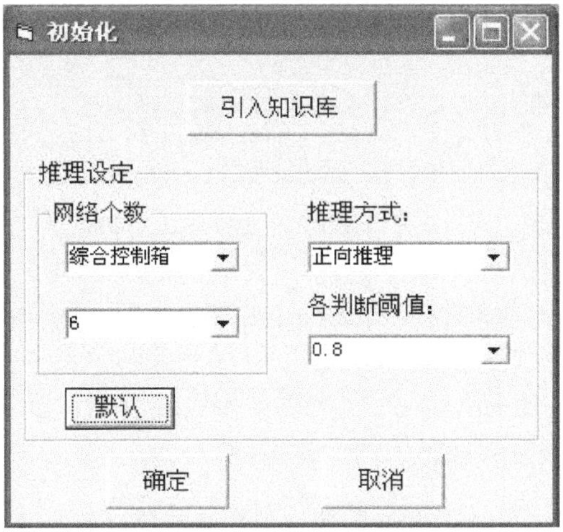

图 10-24　诊断系统初始化界面

初始化之后,单击"确定"按钮窗口将弹出网络训练的活动图标,如图 10-25 所示,单击此图标上的"训练"按钮对各网络集成进行训练。为了能够随时查看系统的诊断知识情况,只需单击相应的网络集成的"查看"按钮,就可以得到该网络集成的具体信息。

经过系统自检、初始化和网络训练之后,就可以用该系统进行故障诊断了。进入诊断子系统,如图 10-26 所示。实现对系统参数的设置之后,单击"开始"进行故障诊断。

图 10-25 诊断系统网络训练窗口

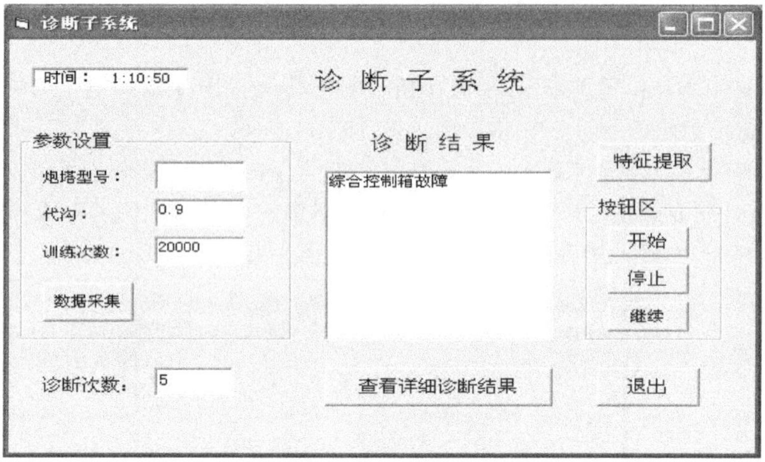

图 10-26 诊断子系统

利用故障诊断系统的数据采集部分对通用炮塔运转的故障信号数据进行采集处理,使其每种模式生成 500 组样本,并将其传送给故障诊断系统软件进行诊断处理,以 13 种模式的 6500 组样本检验该故障诊断专家系统的诊断性能,最后得出诊断结果,其结果如表 10-10 所列。

表 10-10 基于遗传算法优化模糊神经网络的故障诊断专家系统的部分诊断结果

	故障模式	正确个数	正确率/%
综合控制箱	主控板	492	98.4
	驱动板	494	98.8
	吸收电容	495	99.0
	功率模块	493	98.6
	直流接触器	494	98.8

续表

故 障 模 式		正 确 个 数	正确率/%
武器稳定器	高低速率陀螺仪	489	97.8
	方向速率陀螺仪	491	98.2
	倾角仪	493	98.6
	武器稳定显示控制盒	490	98.0
测速电机	速度反馈电路电阻 R18	494	98.8
	速度反馈电路电容 C9	487	97.4
	反馈电路保护电阻 R8	484	96.8
系统正常		490	98.0

参 考 文 献

[1] 朱继渊. 故障树原理和应用[M]. 西安:西安交通大学出版社.
[2] 秦俊奇. 大口径火炮故障分析与故障预测技术研究[D]. 石家庄:军械工程学院,2005.
[3] 高跃飞. 火炮反后座装置设计[M]. 北京:国防工业出版社,2010
[4] 张相炎. 火炮设计理论[M]. 北京:北京理工出版社,2005.
[5] 张梅军. 机械状态检测与故障诊断[M]. 北京:国防工业出版社,2008
[6] 钟秉林,黄仁. 机械故障诊断学[M]. 北京:机械工业出版社,1990
[7] 杨军,冯振声,黄考利等. 装备智能故障诊断技术[M]. 北京:国防工业出版社,2004.
[8] 周强,李铁骊. 基于模糊神经网络和遗传算法的故障诊断方法研究[J]. 大连理工大学学报,2005(12):69-80.
[9] 雷英杰,张善文,李续武等. MATLAB遗传算法工具箱及应用[M]. 西安:电子科技大学出版社,2005.
[10] 翟宜峰,李鸿雁,刘寒冰等. 用遗传算法优化化神经网络初始权重的方法[J]. 吉林大学学报,2003;36-48.
[11] 求是科技. MATLAB7.0从入门到精通[M]. 北京:人民邮电出版社,2006.
[12] 闻新,周露,李东江,等. MATLAB模糊逻辑工具箱的分析与应用[M]. 北京:科学出版社,2001.
[13] 谷荻隆嗣,荻原神文,等. 人工神经网络与模糊信号处理[M]. 马炫译. 北京:科学出版社,2003.
[14] 范贤光等. 基于PCI总线的光栅传感器数据采集系统的设计[J]. 测控技术,2005:103-106.
[15] 王自强. 基于PCI总线的虚拟仪器的研究[D]. 成都:西华大学硕士论文,2006.
[16] 叶玉明. 基于PCI总线技术的数据采集系统的研究与实现[D]. 成都:电子科技大学硕士论文,2003.
[17] 孙波. 基于PCI总线的高速数据采集卡的设计[D]. 成都:电子科技大学硕士论文,2007.
[18] 高光天,薛天宇. 模数转换器应用技术[M]. 北京:科学出版社,2001.
[19] 清华大学电子学教研组,模拟电子技术基础[M]. 北京:高等教育出版社,1988.
[20] 陈联琼. 基于PCI总线的高速数据采集模块研究[D]. 成都:电子科技大学硕士论文,2006(5):17-20.
[21] 齐春东,王华,匡镜明. 基于PCI总线高速数据采集卡传输模块设计[J]. 电子测量技术,2004:60-61.
[22] 潘海涛. 基于PCI总线的电缆故障数据采集系统的研究[D]. 西安:西安科技大学硕士论文,2008.
[23] 熊松. 基于PCI总线的数据采集卡的实现[D]. 南京:东南大学硕士论文,2006.
[24] Harvey M. Deitel. Visual Basic 6 大学教程[M]. 北京:电子工业出版社,2003.
[25] 刘璐,汪传生,徐敏奎. VB和MATLAB在混炼胶粘度预测神经网络专家系统中的研究[J]. 特种橡胶制品,2004.25(3):133-136.
[26] 贾东耀,彭树林,刘华友. Matlab与Visual Basic应用接口设计[J]. 电脑与信息技术,2007.15(1):128-132.

[27] 梁新成,黄志刚,朱慧.VB 与 Matlab 混合编程的研究[J].北京工商大学学报(自然科学版).2007.25(1):66-69.

[28] 李挺.装甲车辆武器故障综合检测平台技术研究[D].北京:装甲兵工程学院硕士论文,2006.

[29] 易继错,侯媛彬.智能控制技术[M].北京:北京工业大学出版社,2004.

[30] 周明,孙树栋.遗传算法原理及应用[M].北京:国防工业出版社,2001.

[31] (日)玄光男,程润伟.遗传算法与工程设计[M].汪定伟,唐加福,黄敏,译.北京:科学出版社,2000.

[32] 李擎,郑德玲,唐勇,等.一种新的模糊遗传算法[J].北京科技大学学报,2001(2):85-89.

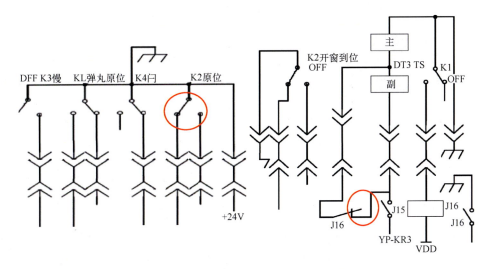

图 2-38 补弹时电路图

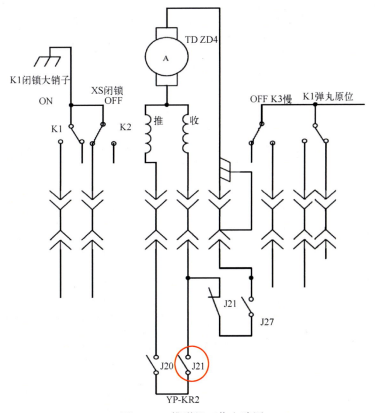

图 2-39 推弹机工作电路图

彩 1

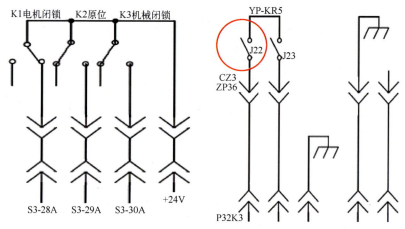

图 2-41 抬框架电路图

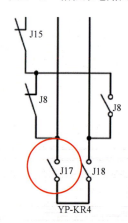

图 2-42 提升机工作电路图

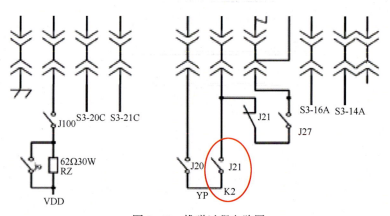

图 2-43 推弹过程电路图

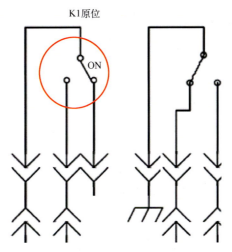

图 2-44 开窗机构电路图

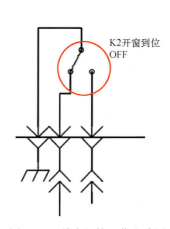

图 2-45 关窗机构工作电路图

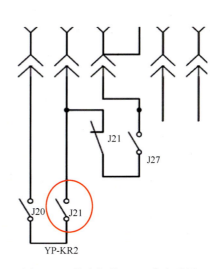

图 2-46 抛壳机构 K2 工作电路图

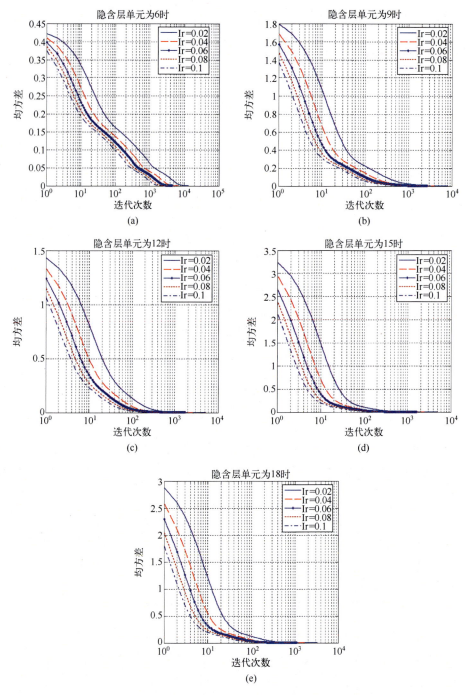

图 10-13 各隐含层单元、各学习率下的网络性能曲线